FUNÇÕES REAIS DE DUAS VARIÁVEIS REAIS, LIMITES E CONTINUIDADE

Blucher

Gilmar Pires Novaes

FUNÇÕES REAIS DE DUAS VARIÁVEIS REAIS, LIMITES E CONTINUIDADE

Funções reais de duas variáveis reais, limites e continuidade

Editora Edgard Blücher Ltda.

Publisher Edgard Blücher
Editores Eduardo Blücher e Jonatas Eliakim
Coordenação editorial Andressa Lira
Produção editorial Regiane da Silva Miyashiro
Revisão de texto Maurício Katayama
Diagramação Horizon Soluções Editoriais
Capa Laércio Flenic
Imagem da capa Gilmar Pires Novaes

Blucher

Rua Pedroso Alvarenga, 1245, 4° andar
CEP 04531-934 – São Paulo – SP – Brasil
Tel.: 55 11 3078-5366
contato@blucher.com.br
www.blucher.com.br

Segundo o Novo Acordo Ortográfico, conforme 6. ed. do *Vocabulário Ortográfico da Língua Portuguesa*, Academia Brasileira de Letras, julho de 2021.

Dados Internacionais de Catalogação na Publicação (CIP)
Angélica Ilacqua CRB-8/7057

Novaes, Gilmar Pires
Funções reais de duas variáveis reais, limites e continuidade / Gilmar Pires Novaes. – São Paulo: Blucher, 2024.
276 p.: il.

Bibliografia
ISBN 978-85-212-2186-9

1. Matemática – Estudo e ensino 2. Funções reais I. Título

23-4683 CDD 510.07

Índice para catálogo sistemático:
1. Matemática – Estudo e ensino

À minha esposa, Daniela Cardozo Barros,
pelo amor, apoio e cuidado constantes,
desde quando nos conhecemos.

Ao nosso filho, Pedro Gabriel Barros Novaes,
com muito orgulho por tudo o que ele representa para nós.

A todos aqueles a quem, à la Dante Alighieri,
"agrada-me mais a dúvida do que o saber".

Prefácio

Público-alvo. Este livro é destinado a estudantes de cursos de Graduação (Licenciatura/Bacharelado) em Matemática que necessitem se aprofundar em funções reais de duas variáveis reais, limites e continuidade, preparando-se, assim, para cursarem, de modo mais natural, a disciplina de Análise em $\mathbb{R}^n$.

De modo geral, o tratamento desses assuntos, em um curso de Cálculo, é bastante elementar (a par de até mesmo alguns deles nem sequer serem abordados), tendo como consequência natural a dificuldade de se apresentar um curso de Análise em $\mathbb{R}^n$, o qual, preocupado em sua essência com o formalismo do Cálculo, requer, por vezes, que o estudante saiba lidar com exemplos do Cálculo em um nível bem superior àquele que lhe é apresentado por meio do referido tratamento. Com base no ora exposto, preocupamo-nos em disponibilizar um texto que pudesse apresentar ao leitor os vários métodos de cálculo de funções reais de duas variáveis reais, focalizando os assuntos na definição desse tipo de função, no cálculo operacional dos limites e no conceito de continuidade, em conformidade com o modo como esses são necessários (com o devido rigor matemático) em um curso de Análise em $\mathbb{R}^n$.

Pré-requisito. O conhecimento que esperamos que o leitor desse livro possua é, naturalmente, aquele de um curso de Cálculo de Funções Reais de Uma Variável Real (mais precisamente, conceitos análogos àqueles de que tratamos nesse livro — função, limite e continuidade). (Para aqueles leitores que também já cursaram Cálculo de Funções Reais de Duas Variáveis Reais, este livro pode ser considerado como um Segundo Curso dessa disciplina, no que diz respeito aos assuntos abordados.)

Teoria-Prática. Uma sólida fundamentação teórico-prática em funções reais de duas variáveis reais, limites e continuidade, constitui, indubitavelmente, subsídio inestimável para o estudante em seus posteriores estudos de Matemática (notadamente em Análise em $\mathbb{R}^n$).

É digno de nota o seguinte. Por definição, a derivada de uma função real de variável complexa $f : \mathbb{C} \to \mathbb{R}$ em $z_0 \in \mathbb{C}$ é dada por $f'(z_0) = \lim\limits_{\substack{h \to 0 \\ h \in \mathbb{C}}} \dfrac{f(z_0 + h) - f(z_0)}{h}$, desde que esse limite exista em $\mathbb{C}$.

Se h_1 e h_2 denotam, respectivamente, a parte real e a parte imaginária de h, esse limite pode ser calculado por meio do cálculo dos limites, quando (h_1, h_2) tende a $(0, 0)$, das partes real e imaginária do quociente $\dfrac{f(z_0 + h) - f(z_0)}{h}$, que são limites dos tipos de que tratamos neste livro (sob a identificação $\mathbb{C} \equiv \mathbb{R}^2$).

Os motivos pelos quais focamos a nossa atenção em funções reais de duas variáveis reais são os seguintes:

i) ao lidarmos com funções reais de duas variáveis reais, temos a tão importante possibilidade de interpretação geométrica, uma vez que podemos representar pontos $(x, y, f(x, y))$ no espaço $\mathbb{R}^3$, obtendo, assim, o *gráfico* da função f (dado que gráficos de funções reais de três variáveis reais são subconjuntos de $\mathbb{R}^4$, não temos condições de visualizá-los, o que é também verdadeiro, de modo geral, para funções reais de mais variáveis reais);

ii) em geral, os resultados que estabelecemos para as funções reais de duas variáveis reais estendem-se para as funções reais de mais de duas variáveis reais (mais geralmente, para as funções vetoriais de várias variáveis reais $f : A \subseteq \mathbb{R}^m \to \mathbb{R}^n$), obedecendo ao mesmo tipo de raciocínio (mais precisamente, há uma mudança significativa na passagem do raciocínio de uma para duas variáveis, mas passar de duas para três ou mais, é relativamente simples);

iii) é conveniente fixarmos a atenção nas funções reais de duas variáveis reais, considerando funções reais de mais de duas variáveis reais apenas quando houver necessidade de focalizar alguma peculiaridade, propriedade ou resultado especial.

Estrutura. Este livro é composto por 5 capítulos, os quais descrevemos sucintamente a seguir.

No Capítulo 1, definimos o conceito de função real de duas variáveis reais (o qual constitui a base para todo o estudo subsequente), apresentamos alguns tipos especiais de tal classe de funções e algumas das aplicações do conceito de conjunto de nível, a saber:

i) aplicação (clássica) de conjuntos de nível à representação geométrica de uma função real de duas variáveis reais;

ii) aplicação de conjuntos de nível à obtenção das imagens de algumas funções reais de duas variáveis reais;

iii) aplicação de conjuntos de nível à obtenção de máximos e mínimos de algumas funções reais de duas variáveis reais condicionadas a determinados subconjuntos dos seus domínios.

No Capítulo 2, tratamos das noções gerais do conceito de limite (aspectos teóricos de limite). O conceito de limite é a base de todo o Cálculo: uma noção tão importante que, atualmente, todos os demais conceitos do Cálculo se baseiam nela. Assim é que, para tratar consentaneamente de tal conceito, consideramos, inicialmente, algumas noções topológicas que lhe são inerentes: distância, vizinhança e ponto de acumulação. Enfatizamos, em particular, a necessidade dessa última ao definir formalmente o conceito de limite.

No Capítulo 3, tratamos dos métodos de cálculo de limite, grande parte dos quais constituem aplicações imediatas dos teoremas clássicos sobre limites. Por um lado, alguns desses teoremas são simplesmente enunciados em livros de Cálculo; outros, não. O tão importante teorema que trata do limite da restrição de uma função (o qual afirma, em particular, que a existência, bem como o valor do limite de uma função dependem apenas do comportamento dessa função em uma vizinhança do ponto de acumulação sob análise — ou seja, traduz, assim, o importante caráter local do limite) é comumente omitido. Por outro lado, todos esses teoremas são abordados em um Curso de Análise em $\mathbb{R}^n$ (como extensões naturais dos seus análogos tratados em um Curso de Análise em $\mathbb{R}$), sem, contudo, a preocupação (em seu próprio direito) de exemplificá-los. Pois bem, neste livro, disponibilizamos ao leitor as demonstrações de todos os teoremas enunciados, comentamo-los em profundidade necessária e os aplicamos imediatamente a exemplos, mantendo sempre em mente os estudos posteriores aos quais eles são úteis.

Tratamos de todas as expressões indeterminadas, a saber: $\frac{0}{0}$, 0^0, 1^∞, ∞^0, $0 \times \infty$, $\frac{\infty}{\infty}$ e $\infty - \infty$. Finalizamos esse capítulo apresentando três estudos exaustivos de limites, não tratados pelos livros de Cálculo, em geral: limites iterados, análise geométrica do limite e limites infinitos (em um ponto)/no infinito/infinitos (no infinito). Em particular, realizamos uma análise das modificações (se possível, bem como, em caso afirmativo, necessárias) que devemos efetuar em alguns dos teoremas que demonstramos anteriormente nesse capítulo, com o objetivo de verificar quais deles continuam válidos nesse contexto.

Enfatizamos que, em particular, o estudo de limites iterados é preponderantemente importante, especialmente conforme o Teorema de Moore-Osgood (o qual enunciamos, demonstramos e aplicamos, no final da seção pertinente), uma vez que a afirmação por ele descrita sintetiza uma série de resultados clássicos sobre intercâmbio de operações com limites, fundamentais, mormente, em Análise.

Realmente, quando dissemos que "O conceito de limite é a base de todo o Cálculo: uma noção tão importante que, atualmente, todos os demais conceitos do Cálculo se baseiam nela", fomos um tanto modestos..., pois, conforme [9]:

"Pelo uso de métricas convenientes, o conjunto ordenado dos números naturais mais um elemento ideal e o conjunto parcialmente ordenado de todas as partições de um intervalo mais um elemento ideal são convertidos em espaços métricos. Assim, os três tipos diferentes de limite, que surgem na Análise clássica, são reduzidos ao mesmo modelo do limite de uma função em um ponto. Em seguida, o teorema do intercâmbio de limites iterados, válido sob a condição de que um dos limites iterados existe e o outro existe uniformemente, é usado para obter uma longa sequência de afirmações desse tipo que geralmente estão presentes nos cursos de Análise clássica. Todas as condições aparentemente variadas que acompanham tais afirmações são, então, desmascaradas e reduzidas a uma e à mesma coisa: existe um limite iterado e o outro existe uniformemente".

No Capítulo 4, tratamos das noções gerais do conceito de continuidade de uma função real de duas variáveis reais (aspectos teóricos de continuidade). O conceito de função contínua é o tema central da Topologia. No bojo das observações que se seguem à definição desse conceito, ao mesmo tempo em que enfatizamos a diferença entre os conceitos de limite e de continuidade, discutimos esta noção em termos daquela. Como consequência de tal discussão, antecipamo-nos ao conceito fundamental de extensão contínua, intimamente relacionado ao de continuidade, preparando-nos, assim, para finalizar o estudo dos assuntos a que nos propusemos.

No Capítulo 5, tratamos da continuidade de uma função real de duas variáveis reais (aspectos práticos de continuidade), com o objetivo de responder às seguintes perguntas:

i) dada uma função $f : A \to \mathbb{R}$ definida em um subconjunto próprio A de $\mathbb{R}^2$, ela é contínua em A?;

ii) dada uma função $f : \mathbb{R}^2 \to \mathbb{R}$, ela é contínua em todo o $\mathbb{R}^2$? (Em caso negativo, é possível estendê-la continuamente a todo o $\mathbb{R}^2$?);

iii) dada uma função $f : A \to \mathbb{R}$, contínua em um subconjunto próprio A de $\mathbb{R}^2$, é possível estendê-la continuamente a todo o $\mathbb{R}^2$? (Em caso negativo, qual é o maior subconjunto de $\mathbb{R}^2$ ao qual é possível estendê-la continuamente?).

Tratamos de cada qual dessas perguntas em uma subseção própria, cuja divisão tem tão somente o propósito de tornar didático o seu estudo.

Para concluir a exposição desse tópico, é oportuno mencionar o que segue.

1. Ao tratarmos da aplicação *iii*) (ref. Capítulo 1), tivemos como objetivo apresentar alguns exemplos aos quais o clássico método dos multiplicadores de Lagrange não se aplica, por não satisfazer pelo menos uma das suas hipóteses, de modo que a referida aplicação constitui um método alternativo para tal propósito.

2. Em geral, é possível aplicar mais de um dos métodos para o cálculo do limite de determinada função sob análise. Entretanto, não informamos ao leitor quais métodos ele pode usar para tal cálculo, embora seja instrutivo que, à medida que for lendo o livro, aplique tão somente o método estudado para resolver os exercícios da correspondente seção. É fundamental que o leitor, a par de todos os métodos estudados nesse capítulo, seja capaz, *per se*, de aplicar pelo menos um de tais métodos, bem como, sempre que possível, escolha o que melhor lhe convier.

3. Aplicamos o TVM (Teorema do Valor Médio), de Lagrange:

i) para obter funções limitantes, necessárias para o cálculo do limite de uma determinada função por meio do teorema do confronto (Seção 3.4);

ii) em uma forma generalizada, para tratar da caracterização da convergência de uma série de Taylor (Seção 3.10);

iii) em sua forma generalizada TVM (Teorema do Valor Médio), de Cauchy, para obter a extensão contínua de uma determinada função (Seção 5.1).

Exemplos. Os exemplos são bastante variados, trabalhados e em quantidade suficiente para cobrir os assuntos aos quais se referem, seguindo-se imediatamente à discussão de cada conceito, definição e resultado. No que diz respeito à primeira dessas características (a variedade), o leitor observará que, de modo geral, utilizamos ideias distintas em suas abordagens. Ademais, alguns deles os selecionamos, propositadamente, dentre os exercícios propostos por [8].

Exercícios. Entendemos que organizar os exercícios — selecionar, descobrir, formular — desempenha importante função por parte de um autor de livro. Os exercícios ensinam ao leitor aprofundar os exemplos, usar conceitos, resultados, desfazem possíveis mal entendidos, ajudam-no a fixar ideias novas, fornecem-lhe oportunidade para ele explorar as fronteiras da validez das teorias expostas no texto, bem como reconhecer a necessidade/suficiência das hipóteses, apresentam-lhe aplicações dos teoremas demonstrados e informam-no sobre resultados adicionais. Em resumo, os exercícios têm, pois, como objetivo, desenvolver a compreensão, a competência e a habilidade do leitor. Entendemos que somente mediante sério, concentrado e perseverante esforço em sua resolução é que o estudante poderá dominar o assunto pertinente.

Organizamos cuidadosamente cada conjunto de exercícios por subseção, seção e capítulo (não há, entretanto, qualquer menção sobre o grau de dificuldade de qualquer deles, de modo que evitamos, assim, qualquer indício, por vezes prejudicial, de subjetividade por parte do autor).

Devido ao ora exposto, atribuímos especial atenção aos exercícios, os quais tivemos o cuidado de selecionar criteriosamente, de modo comedido.

Projetos. Propomos alguns projetos, os quais desenvolvem um tópico específico em uma sequência de exercícios. Haja vista que alguns tratam de modos alternativos de abordar determinados assuntos objetos de artigos (do ponto de vista heurístico), podem, eles próprios, constituir futuros artigos. É precisamente sob esse ponto de vista que esperamos que contribuam para suscitar, nos presumíveis leitores, o sentido de prazer na realização de alguma pesquisa matemática, mesmo que básica.

Agradecimentos. Finalmente, como sempre ocorre após o período de trabalho intenso que sucede à conclusão de todo livro, o autor deste em particular deseja agradecer, primeiramente, a Deus, simplesmente por tudo (a Ele, toda glória, honra e poder!); ao Conselho Editorial, pela aprovação dessa obra; à Editora Edgard Blücher, nas pessoas dos editores, coodenadora editorial, produtora editorial, revisor de texto, diagramador e capista, por trabalharem intensamente para que essa obra se tornasse pública.

Conteúdo

Capítulo 1

Funções reais de duas variáveis reais

Apesar de ser possível descrever uma grande variedade de situações-problema por meio de funções reais de uma variável real, muitas outras requerem o uso de funções reais de duas variáveis reais. Há muitas fórmulas familiares ao leitor em que uma variável dada depende (do ponto de vista do conceito de função) de outras duas variáveis. Em última análise, funções reais de duas (mais precisamente, várias) variáveis reais constituem o objeto matemático por excelência para modelar determinados problemas.

Motivados pelo ora exposto, iniciamos este capítulo tornando preciso o conceito de função real de duas variáveis reais em toda a sua generalidade, o qual é a base para todo o estudo subsequente, de modo que, relativamente a tal classe de funções, tratamos dos seguintes assuntos:

a) **alguns tipos especiais de funções reais de duas variáveis reais** que desempenham papel importante, tanto em Matemática como nas mais diversas áreas do conhecimento humano;

b) **conceito de gráfico de uma função real de duas variáveis reais**, cuja representação, por meio de um software apropriado, apresentamos associada à correspondente função, tendo como objetivo a sua ulterior aplicação nesse livro;

c) **conceito de conjunto de nível de uma função real de duas variáveis reais**, o qual empregamos nas seguintes aplicações:

i) aplicação (clássica) de conjuntos de nível à representação geométrica de uma função real de duas variáveis reais;

ii) aplicação de conjuntos de nível à obtenção das imagens de algumas funções reais de duas variáveis reais;

iii) aplicação de conjuntos de nível à obtenção de máximos e mínimos de algumas funções reais de duas variáveis reais condicionadas a determinados subconjuntos dos seus domínios.

1.1 Funções reais de duas variáveis reais

A definição de função real de duas variáveis reais é análoga à de função real de uma variável real.

Definição 1.1.1. Uma *função real de duas variáveis reais* $f : A \subseteq \mathbb{R}^2 \to \mathbb{R}$ $(A \neq \emptyset)$[1] é uma regra que associa a cada par ordenado de números reais $(x, y) \in A$ um único valor $f(x, y) \in \mathbb{R}$.

Assim, uma função real de duas variáveis reais $f : A \subseteq \mathbb{R}^2 \to \mathbb{R}$ consiste no seguinte:

i) um conjunto A, denominado *domínio* de f (conjunto que contém todos os pontos (x, y) de $\mathbb{R}^2$ para os quais há sentido em calcular $f(x, y) \in \mathbb{R}$ — *valor* da função f em (x, y), ou seja, o conjunto em que a função está definida);

ii) o conjunto dos números reais ($\mathbb{R}$), denominado *contradomínio* de f (conjunto que contém os valores $f(x, y)$ da função f, ou seja, o conjunto em que a função toma valores);

iii) uma *regra*[2] f que permite associar, de modo bem determinado, a cada par ordenado $(x, y) \in A$, um único $f(x, y) \in \mathbb{R}$.

---

[1] Daqui em diante, admitiremos, tacitamente, que $A \neq \emptyset$.

[2] Tal regra, a qual prescreve as operações a serem realizadas com cada par ordenado $(x, y) \in A$ para obter o correspondente valor $f(x, y)$ da função f, é inteiramente arbitrária, sendo sujeita apenas às seguintes condições:

1) não deve haver exceções: para que a função f tenha A como domínio, a regra deve fornecer $f(x, y)$ para *todo* $(x, y) \in A$;

2) não deve haver ambiguidades: a cada $(x, y) \in A$, a regra deve fazer corresponder um *único* $f(x, y) \in \mathbb{R}$.

Formalmente falando, conforme essa definição, $(A, \mathbb{R}, f)$ é uma função real de duas variáveis reais, embora seja comum referirmo-nos a ela simplesmente por f, ou seja, apenas pela regra que define tal função (apenas um dos três conceitos que definimos, intrínsecos àquele de função). Entretanto, esse uso do mesmo símbolo para expressar a função e sua regra nos fornece um modo muito mais maleável para tratar funções. Tal uso já é corrente não apenas em Matemática mas também em toda área que emprega funções, de modo que é também o que empregaremos, às vezes, ao nos referirmos à f mais precisamente como "uma função real de duas variáveis reais $f : A \subseteq \mathbb{R}^2 \to \mathbb{R}$". Ademais, existem várias outras terminologias que são comumente usadas como sinônimos de "função", por exemplo, "aplicação", "operador" ou "transformação". Tais terminologias são usadas em contextos que melhor sugerem a transmissão do papel desempenhado por uma dada função específica.

O conjunto que consiste propriamente nos valores da função, ou seja, o conjunto $Im(f) = \{f(x, y) : (x, y) \in A\} \subseteq \mathbb{R}$, é denominado *imagem* da função: cada elemento $f(x, y)$ desse conjunto é a imagem, por f, de um elemento (x, y) de A. (Também referida na literatura matemática como *imagem direta* de A por f, denotada por $f(A)$.)

Às vezes, escrevemos $z = f(x, y)$, para tornar explícitos os valores de f em (x, y). Denominamos x e y *variáveis independentes*, e z, *variável dependente*. Em resumo: z é uma função de x e y, no sentido de que valores específicos (porém arbitrários) das variáveis independentes x e y determinam um *único* valor real da variável dependente z.

Dada uma função real de duas variáveis reais $f : A \subseteq \mathbb{R}^2 \to \mathbb{R}$, consideremos a sua regra de associação aquela expressa por meio de uma *fórmula*[3]. Ao nos referirmos a problemas sobre obtenção do domínio de tal função, entenderemos

[3] Dada uma função real de duas variáveis reais $f : A \subseteq \mathbb{R}^2 \to \mathbb{R}$, uma *fórmula* (algébrica) que representa f é uma expressão que estabelece operações (algébricas) a serem realizadas com todos os pares ordenados $(x, y) \in A$ para obter os valores $f(x, y)$ correspondentes. Consideraremos apenas funções que podem ser representadas por meio de fórmulas, a menos de menção em contrário.

por *domínio* de f **o maior subconjunto A de $\mathbb{R}^2$ tal que a fórmula dada nos forneça, para cada par $(x, y) \in A$, um único número real $f(x, y)$ bem definido**. Em outras palavras, podem constituir o domínio de f todos (e somente) os elementos de $\mathbb{R}^2$ para os quais é possível efetuarmos todas as operações mencionadas na expressão algébrica que define f. Em particular, no caso em que a função modela um problema de natureza prática (nas ciências em geral), entenderemos que o seu domínio será determinado também pelas restrições físicas sobre suas variáveis independentes, restrições essas inerentes a uma situação-problema de interesse específico em cada qual de tais ciências).

Em geral, a fórmula que expressa uma dada função real de duas variáveis reais consiste em combinações de outras funções expressas por frações, potências, raízes, logaritmos ou funções inversas de senos e cossenos, de modo que, para obter efetivamente o domínio daquela função, devemos considerar as interseções dos domínios dessas funções. Em outras palavras, dada uma função real de duas variáveis reais $f : A \subseteq \mathbb{R}^2 \to \mathbb{R}$ (expressa por uma fórmula), para obter o seu domínio A, devemos considerar simultaneamente todas as condições a que devem satisfazer as coordenadas do par ordenado $(x, y) \in A$ para os quais tal fórmula tenha sentido.

Uma classe geral particularmente importante de funções é aquela de uma função composta, conforme definimos a seguir[4].

Definição 1.1.2. Dadas as funções $f : A \subseteq \mathbb{R}^2 \to \mathbb{R}$ e $g : B \subseteq \mathbb{R} \to \mathbb{R}$, a *função composta* $g \circ f : C \subseteq \mathbb{R}^2 \to \mathbb{R}$ é a função real de duas variáveis reais definida por $(g \circ f)(x, y) = g(f(x, y))$, cujo domínio C é dado por $C \stackrel{\text{def.}}{=} \{(x, y) \in A : f(x, y) \in B\}$.

De acordo com essa definição, para formarmos a composta de f e g, é suficiente que a imagem de f seja subconjunto do domínio de g.

[4] O leitor pode consultar a definição de função composta que apresentamos no exercício da Subseção 1.1.2, de modo que ambas as opções são possíveis, bem como equivalentes para o desenvolvimento da teoria.

Grosso modo, no caso em que o contradomínio de f coincide com o domínio de g (ambos subconjuntos de $\mathbb{R}$, denotados por B), essa definição significa que, para obtermos a imagem de $(x, y) \in A$ por $g \circ f$, é suficiente obtermos a imagem de $f(x, y) \in B$ por g.

Uma vez obtido o domínio de f, podemos descrevê-lo por meio de palavras, bem como representá-lo geometricamente (esboçá-lo).

No Exemplo 1 a seguir, apresentamos o procedimento para obter, descrever e esboçar os domínios de algumas funções reais de duas variáveis reais.

Exemplo 1. Obtenha, descreva e esboce o domínio de cada uma das funções reais de duas variáveis reais $f : A \subseteq \mathbb{R}^2 \to \mathbb{R}$ cujas expressões são dadas a seguir:

a) $f(x, y) = \dfrac{y(y^2 - x^2)(y + y^2 - x^2)}{y^3 - (y^2 - x^2)^3}$.

b) $f(x, y) = arcos\left(\dfrac{x}{\sqrt{x^3 - y^2}}\right)$.

c) $f(x, y) = ln[cos(x^2 + y^2)]$.

Resolução.

a) Uma vez que a divisão por zero não está definida, decorre que o domínio de f consiste em todos os pares ordenados $(x, y) \in \mathbb{R}^2$ tais que $y^3 - (y^2 - x^2)^3 \neq 0$. Como

$$\begin{aligned}
y^3 - (y^2 - x^2)^3 = 0 \quad &\Leftrightarrow \quad y^3 = (y^2 - x^2)^3 \\
&\Leftrightarrow \quad y = y^2 - x^2 \\
&\Leftrightarrow \quad y^2 - y = x^2 \\
&\Leftrightarrow \quad y^2 - y + \frac{1}{4} = x^2 + \frac{1}{4} \\
&\Leftrightarrow \quad \left(y - \frac{1}{2}\right)^2 = \frac{4x^2 + 1}{4} \\
&\Leftrightarrow \quad y - \frac{1}{2} = \pm\frac{\sqrt{4x^2 + 1}}{2} \\
&\Leftrightarrow \quad y = \frac{1 \pm \sqrt{4x^2 + 1}}{2},
\end{aligned}$$

resulta que $y^3 - (y^2 - x^2)^3 \neq 0 \Leftrightarrow y \neq \dfrac{1 \pm \sqrt{4x^2+1}}{2}$. Logo, o domínio de f é o conjunto $A = \left\{(x,y) \in \mathbb{R}^2 : y \neq \dfrac{1 \pm \sqrt{4x^2+1}}{2}\right\}$. Na Figura 1.1 a seguir, apresentamos o esboço do domínio de f.

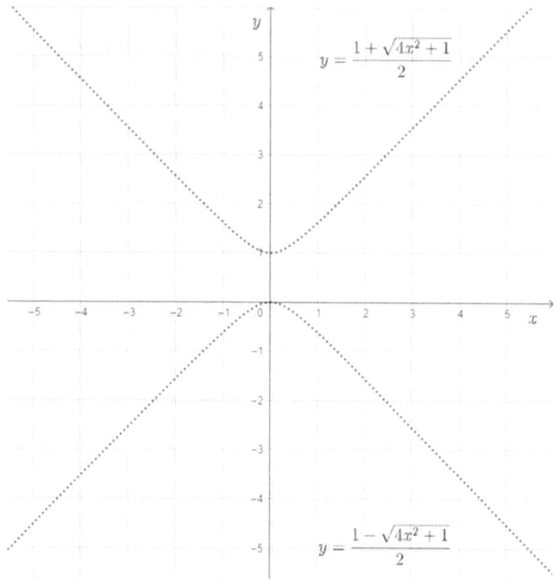

Figura 1.1: domínio de $f : A \subseteq \mathbb{R}^2 \to \mathbb{R}$, $f(x,y) = \dfrac{y(y^2-x^2)(y+y^2-x^2)}{y^3-(y^2-x^2)^3}$.

b) Uma vez que a raiz quadrada (em $\mathbb{R}$) está definida apenas para números reais não negativos, a divisão por zero não está definida e o argumento da função arccos deve pertencer ao intervalo $[-1, 1]$, decorre que o domínio de f consiste em todos os pares ordenados $(x, y) \in \mathbb{R}^2$ que satisfazem o sistema:

$$\begin{cases} x^3 - y^2 > 0 \\ -1 \leq \dfrac{x}{\sqrt{x^3-y^2}} \leq 1 \end{cases}.$$

Observando que x deve ser estritamente positivo, esse sistema se resume à $0 < x \leq \sqrt{x^3 - y^2}$. Assim, o domínio de f é $A = \{(x,y) \in \mathbb{R}^2 : 0 < x \leq \sqrt{x^3-y^2}\}$. Na Figura 1.2 a seguir, apresentamos o esboço do domínio de f.

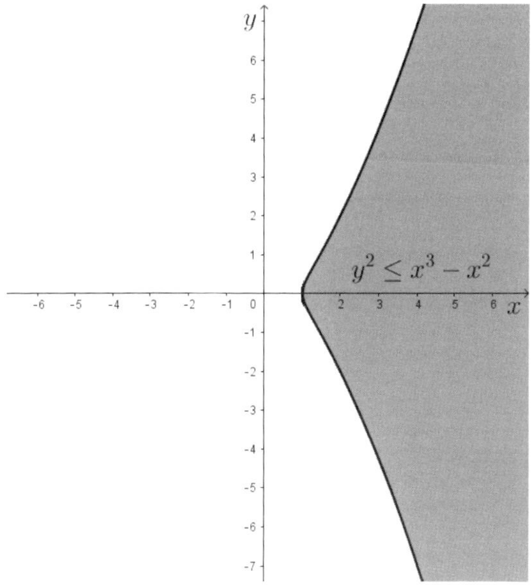

Figura 1.2: domínio de $f : A \subseteq \mathbb{R}^2 \to \mathbb{R}, f(x,y) = arcos\left(\dfrac{x}{\sqrt{x^3 - y^2}}\right)$.

c) Uma vez que a função logarítmica natural está definida apenas para números reais positivos, decorre que o domínio de f consiste em todos os pares ordenados $(x,y) \in \mathbb{R}^2$ tais que $cos(x^2 + y^2) > 0$, ou seja, $-\dfrac{\pi}{2} + 2n\pi < x^2 + y^2 < \dfrac{\pi}{2} + 2n\pi,\ n \in \mathbb{N}$ (uma vez que $x^2 + y^2 \geq 0$, para todos $x, y \in \mathbb{R}$, interessam-nos apenas valores de $n \geq 1$, de modo que $-\dfrac{\pi}{2} + 2n\pi > 0$). Para cada número natural $n \geq 1$ fixado, essas desigualdades correspondem, geometricamente, à interseção do interior do círculo de centro na origem e raio $\sqrt{\dfrac{\pi}{2} + 2n\pi}$ com o exterior do círculo de centro na origem e raio $\sqrt{-\dfrac{\pi}{2} + 2n\pi}$, de modo que o domínio de f consiste na união de todas essas regiões, quando $n \geq 1$ varia no conjunto dos números naturais. Na Figura 1.3 a seguir, apresentamos o esboço do domínio de f para alguns valores particulares de n $(n = 1, 2, 3, 4, 5)$.

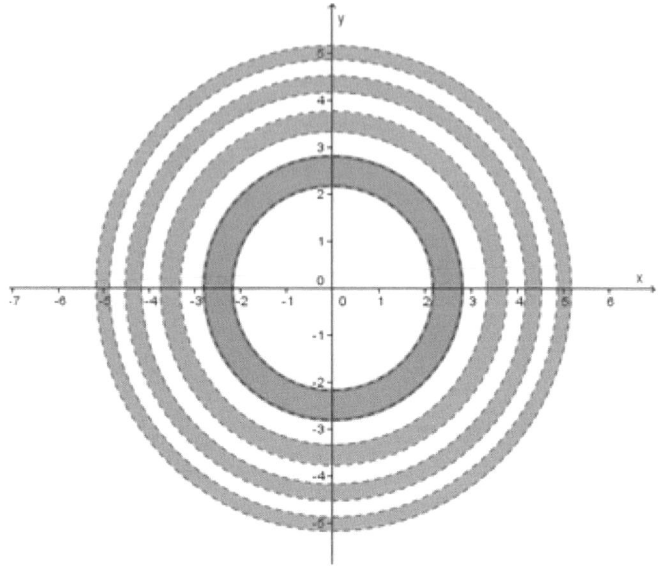

Figura 1.3: domínio de $f : A \subseteq \mathbb{R}^2 \to \mathbb{R}, f(x, y) = ln[cos(x^2 + y^2)]$.

Conhecida uma função real de duas variáveis reais, dada em termos de operações algébricas efetuadas em suas variáveis, às vezes é possível obter a sua expressão explicitamente, em termos das suas próprias variáveis, conforme o Exemplo 2 a seguir.

Exemplo 2. Dada $f\left(x + y, \dfrac{y}{x}\right) = x^2 - y^2$ $(x \neq 0)$, obtenha $f(x, y)$.

Resolução.

Consideremos o seguinte sistema de mudança de variáveis:

$$\begin{cases} x + y = u \\ \dfrac{y}{x} = v \end{cases}.$$

Da segunda equação desse sistema, obtemos $y = vx$. Substituindo esse valor de y na primeira equação, obtemos $x = \dfrac{u}{1 + v}$, desde que $v \neq -1$. Substituindo esse valor de x na expressão que obtivemos para y, obtemos, finalmente, $y = \dfrac{uv}{1 + v}$.

Logo, para todo $v \neq -1$, temos que

$$f(u,v) = \frac{u^2}{(1+v)^2} - \frac{u^2v^2}{(1+v)^2} \Rightarrow f(u,v) = \frac{u^2(1-v)}{1+v}.$$

Portanto, uma vez que as variáveis u e v são "mudas", temos $f : \{(x,y) \in \mathbb{R}^2 : y \neq -1\} \to \mathbb{R}$, definida por

$$f(x,y) = \frac{x^2(1-y)}{1+y}.$$

Desempenha fundamental importância (notadamente em aplicações) a modelagem matemática de uma dado problema por meio de uma função real de duas variáveis reais, conforme o Exemplo 3 a seguir.

Exemplo 3. De uma longa folha de metal galvanizado com a metros de largura deseja-se fabricar uma calha dobrando-se as bordas dessa folha de iguais quantidades (x), de modo que as abas façam o mesmo ângulo (θ) com a horizontal (Figura 1.4 a seguir). Obtenha a expressão da área $A(x,\theta)$ da seção transversal dessa calha.

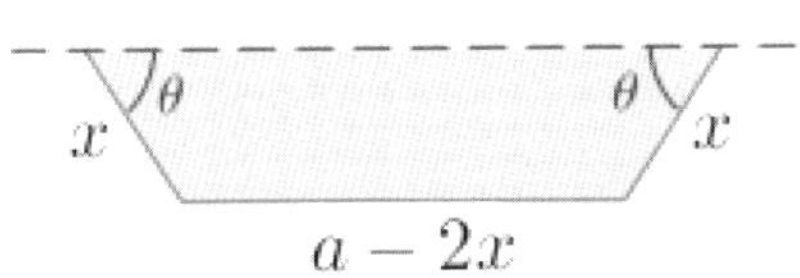

Figura 1.4: calha (Exemplo 3).

Resolução.

Inicialmente, observemos que $0 < x < \dfrac{a}{2}$ e $0 < \theta \leq \dfrac{\pi}{2}$.

Uma vez que a seção transversal da calha é um trapézio, a sua área $A(x,\theta)$ é dada por

$$A(x,\theta) = \frac{(B+b)h}{2},$$

em que B denota a base maior, b a base menor, e h a altura, todas em função de a e de x.

De acordo com a Figura 1.5 a seguir, temos

$B = (a - 2x) + 2t \Rightarrow B = (a - 2x) + 2xcos\theta;$

$b = a - 2x;$

$h = xsen\theta.$

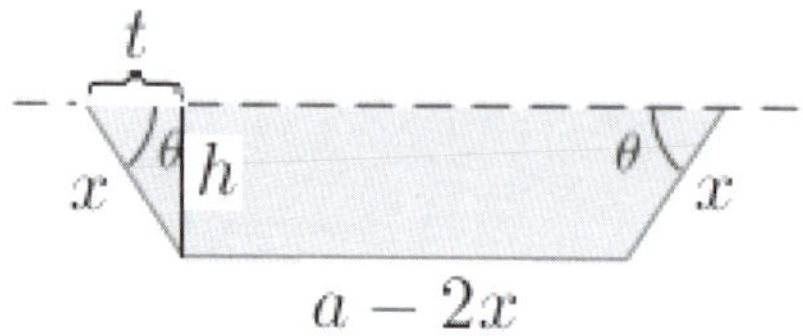

Figura 1.5: calha (Exemplo 3).

Logo,

$$A(x, \theta) = axsen\theta - 2x^2sen\theta + x^2sen\theta cos\theta, \quad 0 < x < \frac{a}{2} \text{ e } 0 < \theta \leq \frac{\pi}{2}.$$

1.2 Alguns tipos especiais de funções reais de duas variáveis reais

Nessa seção, apresentamos alguns tipos especiais de funções reais de duas variáveis reais que desempenham papel importante, tanto em Matemática quanto em outras áreas do conhecimento humano.

1. (**Função polinomial**) Uma função real de duas variáveis reais $f : \mathbb{R}^2 \to \mathbb{R}$ é denominada *função polinomial* se sua expressão algébrica é dada por

$$f(x, y) = \sum_{i=0}^{m} \sum_{j=0}^{n} a_{ij} x^i y^j.^{(5)},$$

em que $m, n \in \mathbb{N}$ e $a_{ij}s \in \mathbb{R}$, para todos i, j tais que $0 \leq i \leq m, \ 0 \leq j \leq n$.

[5] Podemos também expressar uma função polinomial real de duas variáveis reais $f : \mathbb{R}^2 \to \mathbb{R}$ por $f(x, y) = \sum_{m+n \leq p} a_{mn} x^m y^n$, em que p é um número natural arbitrário fixado, os a_{mn}s são números reais dados, e o somatório é estendido a todas as soluções (m, n), m e n números naturais, da inequação $m + n \leq p$.

Toda função polinomial é completamente determinada pelos valores dos seus coeficientes $a_{ij}s$.

1.1. **(Função afim)** Uma função polinomial real de duas variáveis reais $f : \mathbb{R}^2 \to \mathbb{R}$ é denominada *função afim* se sua expressão algébrica é dada por

$$f(x, y) = ax + by + c,$$

em que a, b, c são números reais arbitrários dados.

Em particular, toda *função constante* ($a = b = 0$) é uma função afim. Um tipo particular importante de função constante é a *função nula* ($a = b = c = 0$).

1.2. **(Função linear)** Uma função polinomial real de duas variáveis reais $f : \mathbb{R}^2 \to \mathbb{R}$ é denominada *função linear* se sua expressão algébrica é dada por

$$f(x, y) = ax + by,$$

em que a, b são números reais arbitrários dados.

Em particular, toda função linear é uma função afim ($c = 0$).

Toda função linear $f : \mathbb{R}^2 \to \mathbb{R}$ é completamente determinada pelos seus valores nos vetores da base canônica de $\mathbb{R}^2$: para todo $(x, y) \in \mathbb{R}^2$, decorre que $(x, y) = x(1, 0) + y(0, 1)$, de modo que a linearidade de f nos permite escrever

$$f(x, y) = f(x(1, 0) + y(0, 1)) = f(1, 0)x + f(0, 1)y = ax + by,$$

em que $a = f(1, 0)$ e $b = f(0, 1)$.

2. **(Função racional)** Uma função real de duas variáveis reais $f : A \subseteq \mathbb{R}^2 \to \mathbb{R}$ é denominada *função racional* se sua expressão algébrica é dada por

$$f(x, y) = \frac{p(x, y)}{q(x, y)},$$

em que p e q são funções polinomiais reais de duas variáveis reais, $q(x, y) \neq 0$, para todo $(x, y) \in A$.

Em particular, toda função polinomial é racional (basta considerar o caso em que $q(x, y) = c, c \in \mathbb{R} - \{0\}$, para todo $(x, y) \in A$).

Exemplo. Dada uma função polinomial $p : \mathbb{R}^2 \to \mathbb{R}$, quais são os seus possíveis conjuntos imagens?

Resolução.

Afirmação: os possíveis conjuntos imagens são $[k, k]$, $[k, +\infty)$, $(-\infty, k]$, $(-\infty, +\infty)$, $(k, +\infty)$ e $(-\infty, k)$, para todo $k \in \mathbb{R}$.

As quatro primeiras possibilidades dadas nessa afirmação são facilmente realizadas pelas seguintes funções polinomiais, respectivamente:

i) $p(x, y) = k$;

ii) $p(x, y) = x^2 + k$;

iii) $p(x, y) = k - x^2$;

iv) $p(x, y) = x$.

Agora, se p não é constante, então, sem perda de generalidade, existe uma potência positiva de x. Consideremos n a mais alta potência desse tipo. Fixemos y de modo que p se torne uma função polinomial em x com um termo não nulo em x^n (o que deve ser possível, pois apenas uma quantidade finita arbitrária de valores de y pode fornecer um termo nulo). Quando x tende a ∞, esse termo será dominante, de modo que tenderá a $-\infty$ ou a $+\infty$. Dado que p é uma função contínua, cujo domínio ($\mathbb{R}^2$) é conexo, decorre que o seu conjunto imagem deve também ser conexo. Portanto, não existem outras possibilidades além daquelas que mencionamos na afirmação.

Nota. É tentador pensar que não podemos obter $(k, +\infty)$, porém tentativas de demonstrá-lo falham. O leitor pode se convencer de que tal possibilidade realmente ocorre. Podemos, por exemplo, considerar o polinômio constituído por dois termos quadrados que não podem ser simultaneamente nulos, tal como $p(x, y) = (xy - 1)^2 + x^2 + k$. Podemos tornar x arbitrariamente pequeno (diferente de zero) e escolher y para tornar o primeiro termo nulo, porém se $x = 0$, então o primeiro termo é 1.

3. **(Função algébrica)** Uma função real de duas variáveis reais $f : A \subseteq \mathbb{R}^2 \to \mathbb{R}$ é denominada *função algébrica* se $z = f(x, y)$ satisfaz uma equação da forma

$$p_0(x, y)z^n + p_1(x, y)z^{n-1} + \cdots + p_{n-1}(x, y)z + p_n(x, y) = 0,$$

em que $p_0, p_1, \ldots, p_{n-1}, p_n$ são funções polinomiais com coeficientes racionais (ou inteiros) em x e y, e $n \in \mathbb{N}$.

Em outras palavras, uma função é algébrica se ela satisfaz uma equação polinomial.

De modo geral, uma equação do tipo acima pode ou não definir z como função de x e $y^{(6)}$. Mesmo nos casos afirmativos, não é possível, em geral, obter a expressão que define tal função. Entretanto, em qualquer de tais casos afirmativos, dizemos que a equação acima define z como *função implícita* de x e y (ou define *implicitamente* z como função de x e y). Assim, é muito comum representarmos a equação acima na forma $F(x, y, z) = 0$ (o símbolo $F(x, y, z)$ denota simplesmente uma função polinomial qualquer das variáveis x, y e z). No caso particular em que é possível obter a expressão que define tal função, ou seja, é possível resolver a equação acima para z como função de x e y, dizemos que a solução ($z = f(x, y)$) define z como *função explícita* de x e y (ou define *explicitamente* z como função de x e y).

A seguir, apresentamos os possíveis tipos de funções algébricas.

No caso em que $n = 1$, a equação

$$p_0(x, y)z^n + p_1(x, y)z^{n-1} + \cdots + p_{n-1}(x, y)z + p_n(x, y) = 0$$

reduz-se à

$$p_0(x, y)z + p_1(x, y) = 0,$$

a qual define uma *função* (algébrica) *racional fracionária*, a saber, $z(x, y) = -\dfrac{p_1(x, y)}{p_0(x, y)}$, se p_0 não é a função polinomial nula. Essa função racional é polino-

[6] Ao leitor interessado, informamos que o resultado que garante a existência de tal solução é o Teorema da Função Implícita, o qual ele terá a oportunidade de estudar em um Curso de Análise em $\mathbb{R}^n$.

mial (*racional inteira*), se p_0 é uma constante não nula (função polinomial constante não nula).

Ao resolver a equação $F(x, y, z) = 0$, com o objetivo de obter z como função de x e y, devemos, às vezes, extrair raízes de funções racionais, as quais conduzem às *funções algébricas irracionais*.

Exemplo. Em Geometria Analítica Espacial, curvas são frequentemente representadas não por equações em função apenas de x e y (ou de x e z ou de y e z), $z = f(x, y)$ (ou $y = g(x, z)$ ou $x = h(y, z)$), mas por equações em função de x, y e z simultaneamente, na forma $\overline{F}(x, y, z) = k$, em que k é uma constante real dada, tais como, por exemplo, as seguintes:

i) esfera: $(x - a)^2 + (y - b)^2 + (z - c)^2 = r^2$;

ii) elipsoide: $\dfrac{(x-a)^2}{p^2} + \dfrac{(y-b)^2}{q^2} + \dfrac{(z-c)^2}{r^2} = 1 \ (p \neq 0, q \neq 0, r \neq 0)$;

iii) hiperboloide (de uma folha): $\dfrac{(x-a)^2}{p^2} + \dfrac{(y-b)^2}{q^2} - \dfrac{(z-c)^2}{r^2} = 1 \ (p \neq 0, q \neq 0, r \neq 0)$.

Ao resolver essas equações, obtemos as seguintes funções explícitas z de x e y:

i')

$$z = -\sqrt{r^2 - (x-a)^2 - (y-b)^2} + c$$

ou

$$z = \sqrt{r^2 - (x-a)^2 - (y-b)^2} + c,$$

para todo (x, y) tal que $(x - a)^2 + (y - b)^2 < r^2$.

ii')

$$z = -\left|\frac{r}{pq}\right| \sqrt{p^2q^2 - q^2(x-a)^2 - p^2(y-b)^2} + c$$

ou

$$z = \left|\frac{r}{pq}\right| \sqrt{p^2q^2 - q^2(x-a)^2 - p^2(y-b)^2} + c,$$

para todo (x, y) tal que $\dfrac{(x-a)^2}{p^2} + \dfrac{(y-b)^2}{q^2} < 1$.

iii')

$$z = -\left|\frac{r}{pq}\right| \sqrt{q^2(x-a)^2 + p^2(y-b)^2 - p^2q^2} + c$$

ou

$$z = \left|\frac{r}{pq}\right| \sqrt{q^2(x-a)^2 + p^2(y-b)^2 - p^2q^2} + c,$$

para todo (x, y) tal que $\dfrac{(x-a)^2}{p^2} + \dfrac{(y-b)^2}{q^2} > 1$.

Em resumo, temos a seguinte classificação das funções algébricas:

$$\text{Funções Algébricas} \begin{cases} \text{Explícitas} \begin{cases} \text{Racionais} \begin{cases} \text{Inteiras} \\ \text{Fracionárias} \end{cases} \\ \text{Irracionais} \end{cases} \\ \text{Implícitas} \end{cases}$$

4. **(Função transcendente)** Uma função real de duas variáveis reais $f : A \subseteq \mathbb{R}^2 \to \mathbb{R}$ é denominada *função transcendente* se não é algébrica.

São funções transcendentes bem conhecidas do leitor as funções *trigonométricas*, *exponenciais*, *logarítmicas* ou qualquer combinação delas, de modo que lhe pedimos permissão para apresentar-lhe uma possivelmente não tão bem conhecida.

Exemplo. A **função *W* de Lambert** (a qual teremos a oportunidade de aplicar ao último exemplo na Seção 2.3) resolve a equação em y:

$$ye^y = x,$$

ou seja, se $y = W(x)$, então y resolve $ye^y = x$.

Trata-se de uma função transcendente, a qual pode ser considerada como a função inversa de $f(y) = ye^y$, decrescente para $y < -1$, crescente para $y > -1$, cujo mínimo global é dado por $f(-1) = -\dfrac{1}{e}$, motivo pelo qual W é uma função multivalorada, embora possa ser definida univocamente como uma função real no intervalo $\left(-\dfrac{1}{e}, +\infty\right)$.

5. **(Função homogênea)** Uma função real de duas variáveis reais $f : A \subseteq \mathbb{R}^2 \to \mathbb{R}$ é denominada *função homogênea de grau* n ($n \in \mathbb{R}$) se satisfaz a seguinte condição

$$f(tx, ty) = t^n f(x, y),$$

para todo $t \in \mathbb{R}$ e para todo $(x, y) \in A$, tais que $(tx, ty) \in A$.

No caso particular em que $t > 0$, dizemos que f, assim definida, é uma *função real positivamente homogênea de grau* n ($n \in \mathbb{R}$).

Exemplo. Para todo $n \in \mathbb{R}$, demonstre que existe uma função $f : \mathbb{R}^2 - \{(0,0)\} \to \mathbb{R}$, de classe C^∞, positivamente homogênea de grau n, tal que $f(x, y) > 0$, para todo $(x, y) \neq (0, 0)$, que não é uma função polinomial.

Resolução.

Definamos $f : \mathbb{R}^2 - \{(0,0)\} \to \mathbb{R}$, dada por $f(x, y) = \sqrt{x^{2n} + y^{2n}}$.

Claramente, f, assim definida, satisfaz as seguintes condições:

i) é de classe C^∞ (pois existem as derivadas parciais de f de todas as ordens em todos os pontos $(x, y) \in \mathbb{R}^2 - \{(0,0)\}$, as quais são contínuas);

ii) $f(x, y) > 0$, para todo $(x, y) \neq (0, 0)$;

iii) não é uma função polinomial.

Finalmente, para todo $t > 0$ tal que $(tx, ty) \in \mathbb{R}^2 - \{(0,0)\}$, temos

$$f(tx, ty) = \sqrt{(tx)^{2n} + (ty)^{2n}} = t^n \sqrt{x^{2n} + y^{2n}} = t^n f(x, y),$$

de modo que f é positivamente homogênea de grau n.

Nota. Tal exemplo é facilmente estendível a uma função real de n variáveis reais.

1.3 Gráfico

Ao tratar do conceito de gráfico de uma função real de duas variáveis reais, temos como principal objetivo a sua posterior aplicação ao estudo do limite desse tipo de função, a qual apresentaremos no próximo capítulo.

A definição de gráfico de uma função real de duas variáveis reais é análoga à definição de gráfico de função real de uma variável real.

Definição 1.3.1. O *gráfico* de uma função real de duas variáveis reais $f : A \subseteq \mathbb{R}^2 \to \mathbb{R}$ é o subconjunto $G(f)$ de $\mathbb{R}^3$ que consiste nos ternos ordenados (x, y, z) tais que $z = f(x, y)$, para todo $(x, y) \in A$.

Em linguagem simbólica:

$$G(f) = \{(x, y, z) \in \mathbb{R}^3 : z = f(x, y), \text{ para todo } (x, y) \in A\}.$$

Ao introduzir um sistema ortogonal de coordenadas cartesianas no espaço tridimensional, podemos considerar o gráfico de f como o lugar geométrico descrito pelo ponto $(x, y, f(x, y))$, quando (x, y) varia no domínio A de f.

O gráfico de uma função real de duas variáveis reais $f : A \subseteq \mathbb{R}^2 \to \mathbb{R}$ é, em geral, uma superfície[7] que representa o conjunto de todos os pontos no espaço tridimensional cujas coordenadas cartesianas são dadas pelos ternos ordenados de números reais (x, y, z), em que $z = f(x, y)$. Como, pela definição de função, a cada par ordenado de números reais (x, y) no domínio de f (um conjunto de pontos no plano xy) corresponde um único valor de z, nenhuma reta perpendicular ao plano xy pode intersectar o gráfico de f em mais de um ponto.

Tendo em vista o amplo acesso a programas que esboçam gráficos, remetemos o leitor ao seu uso destinado ao estudo de limites de algumas funções reais de duas variáveis reais (*vide* Capítulo 3 (Seção 3.15)).

Por ora, permita-nos o leitor apresentar-lhe o exemplo a seguir.

Exemplo. Dada a função $F(t) = f(cost, sent)$, em que

$$f(x, y) = \begin{cases} 1, & \text{se} \quad y \geq x \\ 0, & \text{se} \quad y < x \end{cases},$$

[7] A equação $z = f(x, y)$ define uma superfície $\mathbb{S}$ (subconjunto de $\mathbb{R}^3$) dada pela equação $z = f(x, y)$, ou seja, $\mathbb{S} = \{(x, y, z) \in \mathbb{R}^3 : z = f(x, y)\}$, **desde que A seja uma porção do (ou todo o) plano $\mathbb{R}^2$**. Caso A se reduza a um conjunto finito de pontos, o gráfico de f se reduzirá, também, a apenas um conjunto finito de pontos – as imagens dos pontos de A por f.

forneça uma interpretação geométrica do gráfico de F como a interseção de duas superfícies.

Resolução. Inicialmente, interpretemos geometricamente a superfície $z = f(x, y)$, como segue. Consideremos o plano $y = x$. De acordo com a definição de f, toda a parte do gráfico contida no semiespaço $y \geq x$ está em $z = 1$, bem como toda a parte contida no semiespaço $y < x$ está em $z = 0$. Observemos que $cost = sent$ para $t = \dfrac{\pi}{4} + n\pi, n \in \mathbb{Z}$. No intervalo $\left[0, \dfrac{\pi}{4}\right)$, $cost > sent \Leftrightarrow y < x$, de modo que $F(t) = 0$. No intervalo $\left[\dfrac{\pi}{4}, \dfrac{5\pi}{4}\right]$, $sent \geq cost \Leftrightarrow y \geq x$, de modo que $F(t) = 1$. No intervalo $\left(\dfrac{5\pi}{4}, 2\pi\right]$, $cost > sent \Leftrightarrow y > x$, de modo que $F(t) = 0$.

Logo,

$$F(t) = \begin{cases} 1, & \text{se} \quad t \in \left[\dfrac{\pi}{4} + 2n\pi, \dfrac{5\pi}{4} + 2n\pi\right] \\ 0, & \text{se} \quad t \in \left(\dfrac{5\pi}{4} + 2n\pi, \dfrac{9\pi}{4} + 2n\pi\right) \end{cases}, \quad n \in \mathbb{Z}.$$

Portanto, o gráfico de F é a interseção da superfície $z = f(x, y)$ com o cilindro $x^2 + y^2 = 1$.

1.4 Conjuntos de nível

Dada uma função real de duas variáveis reais, consideremos os seguintes problemas:

i) como obter uma noção do gráfico de tal função?

ii) como obter todos os possíveis valores das suas variáveis independentes cujas imagens por tal função sejam um valor fixo?

iii) como obter o menor (respectivamente, maior) valor que tal função pode atingir?

Todos esses problemas têm em comum um dos conceitos mais importantes da teoria das funções reais de duas variáveis reais, com o qual nos ocuparemos em toda essa seção: o conceito de *conjunto de nível*. Trata-se do que podemos interpretar simplesmente como a equação $f(x, y) = k$, $k \in \mathbb{R}$. Sob tal ponto de vista, o primeiro problema acima equivale a interpretar essa equação como as seções retas horizontais, de "altura" k, do gráfico de f; o segundo equivale a obter todos os pares ordenados (x, y) pertencentes ao domínio de f que satisfazem essa equação, para algum k fixado; finalmente, o terceiro equivale a obter o menor (respectivamente, maior) valor de k dentre aqueles fixados mencionados no problema anterior.

A definição formal de conjunto de nível de uma função real de duas variáveis reais é a seguinte.

Definição 1.4.1. Dada uma função real de duas variáveis reais $f : A \subseteq \mathbb{R}^2 \to \mathbb{R}$, o *conjunto de nível* de f é o subconjunto do domínio de f no qual f tem um valor fixo.

Referimo-nos ao *conjunto de nível* de f correspondente ao *nível* $f(x, y) = k$, de modo que f é constante sobre cada conjunto de nível.

De acordo com essa definição, o conjunto de nível de f é determinado pelas soluções da equação $f(x, y) = k$, em que k é uma constante real arbitrária fixada, ou, de outro modo, o conjunto de nível $f(x, y) = k$ é a imagem inversa $f^{-1}(k)$, a qual, por definição, é dada por $f^{-1}(k) = \{(x, y) \in A : f(x, y) = k\}$.

Em geral, o conjunto de nível de uma função real de duas variáveis reais f pode conter (ou coincidir com algum conjunto conveniente de) ponto(s) isolado(s), curvas (denominadas *curvas de nível* de f), ou mesmo outras porções do plano[8].

[8] É precisamente sob esse aspecto que a terminologia "conjunto de nível" é mais apropriada que a terminologia clássica "curva de nível", único motivo pelo qual preferimos aquela a esta. Porém, a terminologia "curva de nível" já está amplamente instituída em todas as áreas do conhecimento humano que dela se utilizam. A justificativa para o emprego de tal termi-

A definição a seguir nos fornece a terminologia característica do conjunto das curvas de nível de uma função real de duas variáveis reais.

Definição 1.4.2. O conjunto das curvas de nível de uma função real de duas variáveis reais é denominado *mapa* (*esboço* ou *diagrama*) *de contornos* dessa função.

Um mapa de contornos de uma função é, por vezes, uma ferramenta bastante útil para estudar o comportamento qualitativo de tal função[9].

Dada uma função real de duas variáveis reais $f : A \subseteq \mathbb{R}^2 \to \mathbb{R}$, consideremos o mapa de contornos de f, o qual consiste nas curvas de nível $C_i, i = 1, 2, 3, \ldots, f(x, y) = k_i$ (valores de f em C_i), em que $k_{i+1} - k_i = \Delta k$ é fixado, de modo que os valores de f ao longo de quaisquer curvas vizinhas C_i e C_{i+1} diferem por Δk.

Afirmação: na região em que as curvas de nível estão mais próximas umas das outras (respectivamente, mais afastadas umas das outras), o comportamento da função muda rapidamente (respectivamente, lentamente).

Demonstração: para demonstrar essa afirmação, consideremos um ponto P de C_i. Denotando por Δs a distância de P à C_{i+1} ao longo da reta normal à C_i em P, decorre que a taxa de variação de f em P naquela direção é, por definição, dada por $\dfrac{\Delta k}{\Delta s}$. Logo, quanto mais próximas as curvas C_is estão umas das outras, mais rápido a função muda.

Interpretando como inclinação do gráfico de f a taxa de variação de f que mencionamos acima, podemos reformular a afirmação precedente do seguinte modo: a superfície será mais inclinada (respectivamente, mais ou menos plana) onde as curvas de nível estiverem mais próximas (respectivamente, mais afastadas) umas das outras.

---

nologia se deve a $f^{-1}(k)$ ser mesmo uma curva, **sempre que o gradiente de f é não nulo ($\nabla f(x, y) \neq 0$), para todo $(x, y) \in A$ tal que $f(x, y) = k$.** (*Vide* Capítulo III, Seção 5, p. 141, da referência [3].)

[9] Tal estudo é frequentemente realizado, por exemplo, na área de Equações Diferenciais Ordinárias, ao considerar os denominados *retratos de fase*.

Uma aplicação típica desse fato é a obtenção de uma noção geral de declividade em um mapa topográfico bidimensional de uma paisagem, para a qual se considera a distância entre as suas curvas de nível.

Para alguns propósitos, tais como a obtenção de informações numéricas, o mapa de contornos é mais útil do que o gráfico.

No Exemplo 1 a seguir, obtemos, descrevemos e esboçamos as curvas de nível de uma dada função real de duas variáveis reais.

Exemplo 1. Obtenha, descreva e esboce as curvas de nível (mapas de contornos) de $f : \mathbb{R}^2 \to \mathbb{R}$, dada por $f(x, y) = e^{-xy}$.

Resolução.

Os conjuntos de nível k de f são determinados pelas soluções da equação $f(x, y) = k$.

Para descrever os conjuntos de nível k de f, observemos, inicialmente, que, se $k \leq 0$, então a equação $e^{-xy} = k$ não tem solução (a função exponencial é, por definição, positiva), de modo que o conjunto de nível k $(k \leq 0)$ de f é **vazio**. Assim, podemos nos ater ao caso em que $k > 0$, o que nos permite aplicar ln a ambos os membros da equação $e^{-xy} = k$, como segue:

$$\begin{aligned} e^{-xy} = k \quad &\Leftrightarrow \quad ln(e^{-xy}) = lnk \\ &\Leftrightarrow \quad -xy = lnk. \ (*) \end{aligned}$$

Com base em (*), devemos analisar, separadamente, os seguintes casos:

Caso 1: $0 < k < 1$.

Nesse caso, $lnk < 0$, de modo que, de acordo com (*), x e y devem ter sinais iguais. Assim, podemos expressar (*) na forma $y = -\dfrac{lnk}{x}$, equação essa que, para todo $0 < k < 1$, representa **hipérboles contidas nos quadrantes ímpares**.

Caso 2: $k = 1$.

Nesse caso, $lnk = 0$. Assim, (*) reduz-se à equação $-xy = 0$, a qual corresponde aos **eixos coordenados**.

Caso 3: $k > 1$.

Nesse caso, $lnk > 0$, de modo que, de acordo com (*), x e y devem ter sinais contrários. Assim, podemos expressar (*) na forma $y = -\dfrac{lnk}{x}$, equação essa que, para todo $k > 1$, representa **hipérboles contidas nos quadrantes pares**.

Finalmente, para esboçar convenientemente algumas das curvas de nível de f, observamos que, como a função exponencial é sobrejetiva, podemos considerar, sem perda de generalidade, valores de k tais que $k = e^a$ $(a \in \mathbb{R})$, de modo que $y = -\dfrac{lnk}{x} \Leftrightarrow y = -\dfrac{a}{x}$, o que está de acordo com as descrições acima.

Na Figura 1.6 a seguir, apresentamos o mapa de contornos de f.

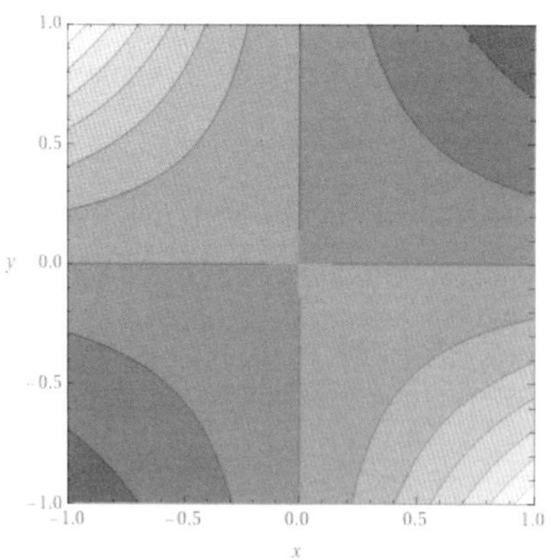

Figura 1.6: mapa de contornos de $f : \mathbb{R}^2 \to \mathbb{R}, f(x, y) = e^{-xy}$.

No Exemplo 2 a seguir, descrevemos os conjuntos de nível de uma dada função real de duas variáveis reais.

Exemplo 2. Descreva os conjuntos de nível (mapas de contornos) de $f : \mathbb{R}^2 \to \mathbb{R}$, dada por $f(x, y) = (x^2 + y^2 + 1)^2 - 4x^2$.

Resolução.

Inicialmente, observemos que

$$\begin{aligned} f(x,y) &= (x^2+y^2+1)^2-4x^2 \\ &= (x^2+y^2+1-2x)(x^2+y^2+1+2x) \\ &= [(x-1)^2+y^2][(x+1)^2+y^2]. \end{aligned}$$

Logo, podemos descrever os conjuntos de nível k de f, como segue:

Caso 1: $k < 0$.

Nesse caso, o conjunto de nível k de f é vazio.

Caso 2: $k = 0$.

Nesse caso, o conjunto de nível k de f é $\{(1,0),(-1,0)\}$.

Caso 3: $k > 0$.

Nesse caso, o conjunto de nível k de f é constituído pelos pontos para os quais o produto das suas distâncias a $(1,0)$ e $(-1,0)$ é igual à $\sqrt{k}$.

No Exemplo 3 a seguir, discutimos os possíveis conjuntos de nível de uma dada função real de duas variáveis reais, em termos de alguns parâmetros.

Exemplo 3. Descreva os conjuntos de nível (mapas de contornos) de $f : \mathbb{R}^2 \to \mathbb{R}$, dada por $f(x,y) = p(x-a)^2 + q(y-b)^2$, em que $p \neq 0$, $q \neq 0$, a e b são números reais fixados.

Resolução.

Os conjuntos de nível k de f são determinados pelas soluções da equação $f(x,y) = k$, ou seja, $p(x-a)^2 + q(y-b)^2 = k$.

Consideremos os seguintes casos:

Caso 1: $p = q$.

A equação torna-se $p(x-a)^2 + p(y-b)^2 = k$, a qual equivale a $(x-a)^2 + (y-b)^2 = \dfrac{k}{p}$.

Logo, nesse caso, o conjunto de nível k de f é

i) vazio, se k tem sinal oposto ao de p;

ii) $\{(a, b)\}$, se $k = 0$;

iii) constituído por círculos de centro (a, b) e raio $\sqrt{\frac{k}{p}}$, se k tem o mesmo sinal de p.

Caso 2: $p \neq q$ (de mesmo sinal).

Para descrever os conjuntos de nível k de f, devemos analisar, separadamente, os seguintes subcasos:

Subcaso 1: k tem sinal oposto ao de p e ao de q.

A equação $p(x-a)^2 + q(y-b)^2 = k$ não tem solução, ou seja, o conjunto de nível k de f é vazio.

Subcaso 2: $k = 0$.

A equação $p(x-a)^2 + q(y-b)^2 = 0$ tem apenas a solução (a, b), ou seja, o conjunto de nível k de f é $\{(a, b)\}$.

Subcaso 3: k tem o mesmo sinal de p e q.

Podemos expressar a equação $p(x-a)^2 + q(y-b)^2 = k$ como

$$\frac{(x-a)^2}{\left(\sqrt{\frac{k}{p}}\right)^2} + \frac{(x-b)^2}{\left(\sqrt{\frac{k}{q}}\right)^2} = 1.$$

Logo, nesse subcaso, o conjunto de nível k de f é a família de elipses de centro (a, b) e semieixos $\sqrt{\frac{k}{p}}, \sqrt{\frac{k}{q}}$.

Caso 2: $p \neq q$ (de sinais contrários).

Suponhamos, sem perda de generalidade, que $p > 0$ e $q < 0$ ($q = -q^*$ tal que $q^* > 0$).

Para descrever os conjuntos de nível k de f, devemos analisar, separadamente, os seguintes subcasos:

Subcaso 2: $k = 0$.

A equação $p(x-a)^2 - q^*(y-b)^2 = 0$ é equivalente à $y = \pm\sqrt{\frac{p}{q^*}}\,x + \left(b \pm \sqrt{\frac{p}{q^*}}\,a\right)$.

Logo, nesse subcaso, o conjunto de nível k de f é o feixe de retas com inclinações $\pm\sqrt{\frac{p}{q^*}}$ e intersectos-y $b \pm \sqrt{\frac{p}{q^*}}\,a$.

Subcaso 2: $k \neq 0$.

A equação $p(x-a)^2 - q^*(y-b)^2 = k$ é equivalente à $\dfrac{(x-a)^2}{\left(\sqrt{\frac{|k|}{p}}\right)^2} - \dfrac{(x-b)^2}{\left(\sqrt{\frac{|k|}{q^*}}\right)^2} = 1$.

Logo, nesse subcaso, o conjunto de nível k de f é a família de hipérboles de centro (a, b) e semieixos $\sqrt{\frac{|k|}{p}}, \sqrt{\frac{|k|}{q^*}}$.

1.4.1 Aplicações de conjuntos de nível

Nessa subseção, apresentamos as seguintes aplicações de conjuntos de nível:

i) aplicação (clássica) de conjuntos de nível à representação geométrica de uma função real de duas variáveis reais;

ii) aplicação de conjuntos de nível à obtenção das imagens de algumas funções reais de duas variáveis reais;

iii) aplicação de conjuntos de nível à obtenção de máximos e mínimos de algumas funções reais de duas variáveis reais condicionadas a determinados subconjuntos dos seus domínios.

***i*) Aplicação (clássica) de conjuntos de nível à representação geométrica de uma função real de duas variáveis reais**

O gráfico de uma função real de duas variáveis reais $f : A \subseteq \mathbb{R}^2 \to \mathbb{R}$ é um subconjunto de $\mathbb{R}^3$, de modo que sua representação geométrica (à mão) é, em geral, não apenas trabalhoso, mas, principalmente, difícil (por vezes, impossível mesmo). Por esse motivo, quando pretendemos obter a representação geométrica de tal função f, usamos as curvas de nível de f: como um subconjunto conveniente do domínio A (portanto, subconjunto de $\mathbb{R}^2$) de f, a sua representação geométrica é mais fácil de ser obtida do que propriamente o gráfico de f.

Dado o gráfico de uma função real de duas variáveis reais f, as curvas de nível $f(x, y) = k$ (obtidas conforme k varia na imagem de f) são as projeções, sobre o plano xy (plano $z = 0$), dos traços do gráfico de f (superfície $z = f(x, y)$) no plano horizontal $z = k$, as quais nos mostram onde o gráfico de f tem "altura" k. Equivalentemente, ao visualizar as curvas de nível de f, elevadas às alturas indicadas, podemos ter uma noção do gráfico de f reunindo todas essas informações. Em outras palavras, podemos obter o gráfico de f movendo cada ponto do seu domínio paralelamente ao eixo z por uma quantidade igual ao correspondente valor da função $z = f(x, y)$.

No Capítulo 3 (Seção 3.12), o leitor terá a oportunidade de observar tal procedimento aplicado ao estudo de limites de algumas funções reais de duas variáveis reais.

Por ora, permita-nos o leitor apresentar-lhe uma aplicação à Mecânica, suficientemente importante para ter sido proposta como exercício por [8] (Exercício 10 do §3 do Capítulo III).

Exemplo (Aplicação à Mecânica). Considere um movimento de uma partícula de massa m ao longo de uma reta sob a ação de um campo de forças conservativo $\overrightarrow{F} = -V'(x)$, em que $x \equiv x(t)$ (de classe C^2) descreve a posição dessa partícula sobre tal reta como uma função do tempo t, e $V(x)$, uma função de classe C^1, denominada a *energia potencial* da partícula. Pela segunda lei de Newton ($\overrightarrow{F} = m\overrightarrow{a}$), temos que

$$mx''(t) = -V'(x(t)),$$

ou, equivalentemente,

$$mx''(t) + V'(x(t)) = 0.$$

Multiplicando essa equação do movimento pela velocidade $x'(t)$ da partícula, obtemos

$$mx''(t)x'(t) + V'(x(t))x'(t) = 0.$$

Assim, pela Regra da Cadeia, temos

$$\frac{d}{dt}\left[\frac{1}{2}m(x'(t))^2 + V(x(t))\right] = 0.$$

A quantidade $\frac{1}{2}m(x'(t))^2$ é denominada *energia cinética* do ponto $x(t)$ (apenas a título de informação, a quantidade $p = mx'(t)$ é denominada um *momento* da partícula).

Resulta, pois, dessa última equação que a quantidade (a qual é denominada *energia total da partícula*)

$$E(x, p) = \frac{p^2}{2m} + V(x)$$

permanece constante durante o movimento, o que é conhecido como *Princípio da conservação da energia*: em cada instante t, a soma da energia cinética com a energia potencial é igual a uma constante.

Os conjuntos de nível da função energia $E(x, p) = k$ são chamados um *retrato do espaço de fase* de um sistema dinâmico. Dadas as condições iniciais $x(0) \equiv x_0$, $p(0) \equiv p_0$, tal sistema evolui para que permaneça no conjunto $E(x, p) = E(x_0, p_0)$. Em particular, se um conjunto de nível é uma curva que contém o ponto de estado inicial (x_0, p_0), então a solução da equação do movimento $(x(t), p(t))$ atravessa a curva $E(x, p) = E(x_0, p_0)$. Assim, *o retrato do espaço de fase descreve todos os movimentos possíveis (para todas as condições iniciais possíveis) de um dado sistema dinâmico.*

Por exemplo, de acordo com a lei de Hooke, pequenas vibrações de uma massa presa a uma mola são descritas pela equação

$$mx''(t) = -\lambda x(t),$$

em que $\lambda > 0$, e $x(t)$ é a coordenada da posição da massa em relação à posição de equilíbrio, que é definida em $x = 0$.

Uma vez que, nesse caso, $V'(x) = \lambda x$, a energia potencial elástica é $V(x) = \frac{\lambda x^2}{2}$ (adotando a convenção de que o valor mínimo da energia é definida ser zero: $V(0) = 0$). O retrato do espaço de fase desse sistema dinâmico é um mapa de contorno da função energia

$$E(x,p) = \frac{p^2}{2m} + \frac{\lambda x^2}{2},$$

o qual consiste em elipses (energias iniciais maiores correspondem a elipses mais amplas). Resulta do retrato do espaço de fase que *o movimento permanece limitado para quaisquer condições iniciais*, pois, para qualquer energia inicial E_0, temos

$$-\left(\frac{2E_0}{\lambda}\right)^{\frac{1}{2}} \leq x(t) \leq \left(\frac{2E_0}{\lambda}\right)^{\frac{1}{2}},$$

uma vez que $(x(t), p(t))$ atravessa a elipse $E(x,p) = E_0$.

ii) **Aplicação de conjuntos de nível à obtenção de imagens, pontos de máximo (mínimo) e valores máximos (mínimos) de algumas funções reais de duas variáveis reais**

Dada uma função real de duas variáveis reais $f : A \subseteq \mathbb{R}^2 \to \mathbb{R}$, obter o seu conjunto imagem, ou seja, o conjunto $Im(f) = \{f(x,y) : (x,y) \in A\}$, equivale a obter todos os números reais k que satisfazem a equação $f(x,y) = k$, para todo $(x,y) \in A$, de modo que o problema de obter o conjunto imagem de f equivale ao de obter todos os possíveis níveis k aos quais correspondem as curvas de nível de f.

Um conceito fundamental em Matemática, intimamente relacionado ao de imagem de uma função dada, é aquele de máximo (mínimo) absoluto dessa função, o qual definimos a seguir.

Definição 1.4.3. Consideremos uma função real de duas variáveis reais $f : A \subseteq \mathbb{R}^2 \to \mathbb{R}$ e $(x_0, y_0) \in A$. $f(x_0, y_0)$ é denominado *valor máximo absoluto* (ou, simplesmente, *máximo absoluto*) (respectivamente, *valor mínimo absoluto*) (ou, simplesmente, *mínimo absoluto*) de f se, para todo $(x,y) \in A$,

$$f(x_0, y_0) \geq f(x, y) \quad \text{(respectivamente, } f(x_0, y_0) \leq f(x, y)).$$

Tal ponto (x_0, y_0) é denominado *ponto de máximo absoluto* (respectivamente, *ponto de mínimo absoluto*) de f.

No exemplo a seguir, apresentamos o uso de curvas de nível para obter o conjunto imagem, os valores de máximo e de mínimo, bem como os seus correspondentes pontos de máximo e de mínimo de uma função real de duas variáveis reais dada, conforme descrevemos.

Exemplo. Dada $f : \mathbb{R}^2 - \{(0,0)\} \subseteq \mathbb{R}^2 \to \mathbb{R}$, definida por $f(x,y) = \dfrac{xy^2}{x^2 + y^4}$, obtenha:

a) o conjunto imagem de f.

b) os valores mínimo e máximo de f.

c) os pontos de mínimo e de máximo de f.

Resolução.

a) Para todo $(x, 0), x \neq 0$ (ou $(0, y), y \neq 0$), temos

$$f(x, 0) = 0 \ (= f(0, y)).$$

Logo, 0 (correspondente ao nível $k = 0$) pertence à imagem de f.

Agora, analisemos a equação $f(x, y) = k \ (k \neq 0)$, como segue:

$$f(x,y) = k \Leftrightarrow \frac{xy^2}{x^2 + y^4} = k \Leftrightarrow xy^2 = kx^2 + ky^4 \Leftrightarrow kx^2 - y^2x + ky^4 = 0.$$

Resolvendo essa equação em x, obtemos

$$x = \frac{y^2 \pm \sqrt{y^4 - 4k^2y^4}}{2k} \Rightarrow x = \left(\frac{1 \pm \sqrt{1 - 4k^2}}{2k}\right) y^2,$$

desde que $-\frac{1}{2} \leq k \leq \frac{1}{2}, k \neq 0$.

Portanto, resulta dessas análises que o conjunto imagem de f é $Im(f) = \left[-\frac{1}{2}, \frac{1}{2}\right]$.

b) Resultam do item a) que o valor mínimo de f é $-\frac{1}{2}$, e o seu valor máximo é $\frac{1}{2}$.

c) Substituindo $k = -\frac{1}{2}$ na equação que obtivemos em a), decorre que f atinge o seu valor mínimo em todos os pontos, diferentes de $(0, 0)$, da parábola $x = -y^2$. Analogamente, substituindo $k = \frac{1}{2}$ naquela mesma equação, resulta que f atinge o seu valor máximo em todos os pontos, diferentes de $(0, 0)$, da parábola $x = y^2$.

iii) **Aplicação de conjuntos de nível à obtenção de máximos e mínimos de algumas funções reais de duas variáveis reais condicionadas a determinados subconjuntos dos seus domínios**

Muitos problemas de otimização que ocorrem na prática contêm restrições devido a circunstâncias externas. O problema de que nos ocuparemos, comumente conhecido como "problema de otimização com uma restrição em igualdade", desempenha fundamental importância em praticamente todas as áreas do conhecimento humano. O método clássico de tratamento de tal problema é o denominado Método dos Multiplicadores de Lagrange. Entretanto, quando pelo menos uma das hipóteses de tal método não é satisfeita, ele não se aplica. Assim, temos por objetivo tratar da aplicação de conjuntos de nível sob análise restringindo-nos tão somente a alguns exemplos aos quais não podemos aplicar o referido método, de modo que, sob esse ponto de vista, essa aplicação constitui-se como um procedimento alternativo.

Motivados por esse prelúdio, dada uma função real de duas variáveis reais $f : A \subseteq \mathbb{R}^2 \to \mathbb{R}$, e dado $C = \{(x, y) \in A : g(x, y) = c$, para algum $c \in \mathbb{R}$ fixado$\}$, desejamos obter os valores extremos (máximos e mínimos) de f condicionada a C.

A definição a seguir (análoga à Definição 1.4.3) fornece-nos os conceitos formais de *valor máximo* (respectivamente, *valor mínimo*) e de *ponto de máximo* (respectivamente, *ponto de mínimo*) de uma função real de duas variáveis reais $f : A \subseteq \mathbb{R}^2 \to \mathbb{R}$ condicionada a um conjunto C, tal como estamos considerando.

Definição 1.4.4. Consideremos uma função real de duas variáveis reais $f : A \subseteq \mathbb{R}^2 \to \mathbb{R}$, $C \subseteq A$ (subconjunto do domínio de f) e $(x_0, y_0) \in C$. $f(x_0, y_0)$ é denominado *valor máximo* (ou, simplesmente, *máximo*) (respectivamente, *valor mínimo*) (ou, simplesmente, *mínimo*) de f condicionada a C se, para todo $(x, y) \in C$,

$$f(x_0, y_0) \geq f(x, y) \quad \text{(respectivamente, } f(x_0, y_0) \leq f(x, y)\text{)}.$$

Sob essas condições, o ponto (x_0, y_0) é denominado *ponto de máximo* (respectivamente, *ponto de mínimo*) de f condicionada a C.

Com base no ora exposto, estamos, agora, em condições de apresentar a justificativa geométrica da aplicação de curvas de nível à obtenção de máximos e mínimos de uma função real de duas variáveis reais condicionada a um subconjunto do seu domínio.

O conjunto $C = \{(x, y) \in A : g(x, y) = c$, para algum $c \in \mathbb{R}$ fixado$\}$ que estamos considerando é tal que $g(x, y) = c$ determina uma curva no plano (contida no domínio A de f), ou seja, definimos C[10] como a curva de nível c de uma função g dada. Assim, o problema de obter os valores extremos (máximos e mínimos) de f condicionada a C equivale ao problema de obter o maior e o menor valores de k, bem como os correspondentes pontos de máximo e mínimo tais que a curva de nível $f(x, y) = k$ tangencie a curva de nível $g(x, y) = c$, para algum $c \in \mathbb{R}$ fixado, ou seja, equivalentemente, resolver o sistema:

$$\begin{cases} f(x, y) = k \\ g(x, y) = c \end{cases}.$$

Nos exemplos a seguir, apresentamos o uso de curvas de nível para obter máximos e mínimos (bem como os respectivos pontos de máximo e de mínimo) de

[10] De outro modo, dada uma função real de duas variáveis reais $f : A \subseteq \mathbb{R}^2 \to \mathbb{R}$, suponhamos que um ponto descreva uma curva sobre o gráfico de f de modo que sua projeção sobre o plano xy também descreva uma curva. Sob essas condições, estamos interessados em obter os pontos dessa curva nos quais as alturas do gráfico de f sejam as maiores (respectivamente, menores) possíveis, bem como tais alturas propriamente (equivalentemente, os pontos daquela curva mais afastados (respectivamente, mais próximos) do plano xy).

algumas funções reais de duas variáveis reais condicionadas a determinados subconjuntos dos seus domínios, conforme descrevemos.

Exemplo 1. Dada $f : \mathbb{R}^2 \to \mathbb{R}$, definida por $f(x, y) = 2x + 3y$, obtenha o máximo e o mínimo, bem como os respectivos pontos de máximo e de mínimo de f, condicionada a $C = \{(x, y) \in \mathbb{R}^2 : \sqrt{x} + \sqrt{y} = 5\}$.

Resolução.

Para cada número real k fixado, pertencente à imagem de f, a curva de nível de f correspondente ao nível k, ou seja, $f(x, y) = k$, é

$$2x + 3y = k.$$

As curvas $2x + 3y = k$ e $\sqrt{x} + \sqrt{y} = 5$ devem se tangenciar para o maior valor de k ($k_{\text{máx}}$) e para o menor valor de k ($k_{\text{mín}}$), o que equivale a obter k de modo que o sistema

$$\begin{cases} 2x + 3y = k \\ \sqrt{x} + \sqrt{y} = 5 \end{cases}$$

tenha solução única.

Observemos, inicialmente, que a segunda equação desse sistema define y implicitamente como função de x, a saber, $y = (5 - \sqrt{x})^2, 0 \leq x \leq 25$, de modo que os pontos $(25, 0)$ e $(0, 25)$ são os intersectos x e y, respectivamente, da curva $\sqrt{x} + \sqrt{y} = 5$ (tais intersectos são precisamente as extremidades dessa curva). Dentre todas as curvas de nível de f, as únicas de interesse nesse exemplo são aquelas que intersectam o gráfico de $\sqrt{x} + \sqrt{y} = 5$: uma na extremidade $(0, 25)$, uma tangente e outra na extremidade $(25, 0)$. Observamos, de imediato, pela análise de tais curvas de nível, que o máximo de f ocorre no ponto $(0, 25)$ (uma das extremidades dessa curva). O valor máximo de f é, pois, $f(0, 25) = 75$. Também, podemos observar que o ponto $(25, 0)$ (a outra extremidade) não é nem de mínimo nem de máximo, pois há curvas de nível de f que intersectam tal curva em pontos arbitrariamente próximos desse ponto, tanto à esquerda quanto acima. Desses à esquerda, interessa-nos, assim, apenas aquele de tangência, de cuja determinação nos ocuparemos a seguir.

Da primeira equação do sistema sob análise, resulta que $y = -\frac{2}{3}x + \frac{k}{3}$. Substituindo esse valor de y na segunda equação desse sistema, obtemos (após algumas operações algébricas simples) a seguinte equação do segundo grau em x:

$$25x^2 - (150 + 10k)x + (k^2 - 150k + 5625) = 0.$$

Para que o referido sistema tenha solução única, o discriminante dessa equação do segundo grau deve ser igual a zero:

$$[-(150 + 10k)]^2 - 4 \cdot 25 \cdot (k^2 - 150k + 5625) = 0 \Rightarrow k = 30.$$

Logo, $k_{\text{mín}} = 30$ é o mínimo de f condicionada a C.

Para obter o correspondente ponto de mínimo de f condicionada a C, substituímos $k_{\text{mín}} = 30$ nessa equação do segundo grau, o que nos permite obter a abscissa desse ponto. A substituição do valor dessa abscissa em qualquer das equações do sistema inicial permite-nos obter a correspondente ordenada. Procedendo, pois, desse modo, obtemos $(9, 4)$, que é o ponto de mínimo de f condicionada a C.

Na Figura 1.7 a seguir, apresentamos os esboços da curva $\sqrt{x} + \sqrt{y} = 5$, da curva de nível $y = -\frac{2}{3}x + 10$, tangente a ela, e os pontos de mínimo e de máximo de f condicionada a C.

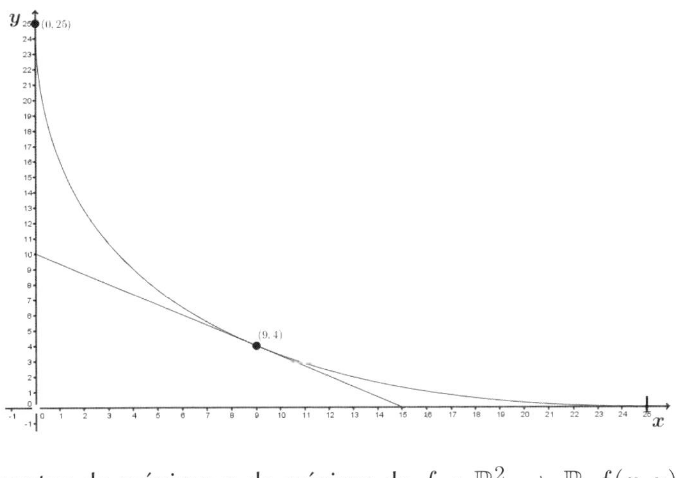

Figura 1.7: pontos de máximo e de mínimo de $f : \mathbb{R}^2 \to \mathbb{R}, f(x, y) = 2x + 3y$, condicionada a $C = \{(x, y) \in \mathbb{R}^2 : \sqrt{x} + \sqrt{y} = 5\}$.

Exemplo 2. Dada $f : \mathbb{R}^2 \to \mathbb{R}$, definida por $f(x, y) = x$, obtenha o máximo e o mínimo, bem como os respectivos pontos de máximo e de mínimo de f, condicionada a $C = \{(x, y) \in \mathbb{R}^2 : y^2 - x^3 + x^4 = 0\}$.

Resolução.

Para cada número real k fixado, pertencente à imagem de f, a curva de nível de f correspondente ao nível k, ou seja, $f(x, y) = k$, é

$$x = k.$$

As curvas $x = k$ e $y^2 - x^3 + x^4 = 0$ devem se tangenciar para o maior valor de k ($k_{\text{máx}}$) e para o menor valor de k ($k_{\text{mín}}$), o que equivale a obter k de modo que o sistema

$$\begin{cases} x = k \\ y^2 - x^3 + x^4 = 0 \end{cases}$$

tenha solução única.

Substituindo x por k na segunda equação desse sistema, obtemos

$$y^2 - k^3 + k^4 = 0 \Rightarrow y^2 = k^3 - k^4.$$

Como, para todo $y \in \mathbb{R}$, $y^2 \geq 0$, devemos ter $k^3 - k^4 \geq 0$, ou seja, $k^3(1 - k) \geq 0$, de modo que $0 \leq k \leq 1$.

Logo, $k_{\text{mín}} = 0$ e $k_{\text{máx}} = 1$ são, respectivamente, o mínimo e o máximo de f condicionada a C, os quais correspondem, devido à primeira equação do sistema sob análise, às abscisas dos pontos de mínimo e de máximo, respectivamente. Para obter as correspondentes ordenadas desses pontos, substituímos $k_{\text{mín}} = 0$ e $k_{\text{máx}} = 1$ na equação $y^2 = k^3 - k^4$, o que nos permite obter o ponto de mínimo $(0, 0)$ e o ponto de máximo $(1, 0)$ de f condicionada a C.

Na Figura 1.8 a seguir, apresentamos os esboços da curva $y^2 - x^3 + x^4 = 0$, das curvas de nível $x = 0$ (eixo y), $x = 1$ que intersectam essa curva, e os pontos de mínimo e de máximo de f condicionada a C.

No último exemplo a seguir, consideramos como restrição de f um subconjunto do seu domínio determinado por desigualdades no plano (geometricamente, um quadrado).

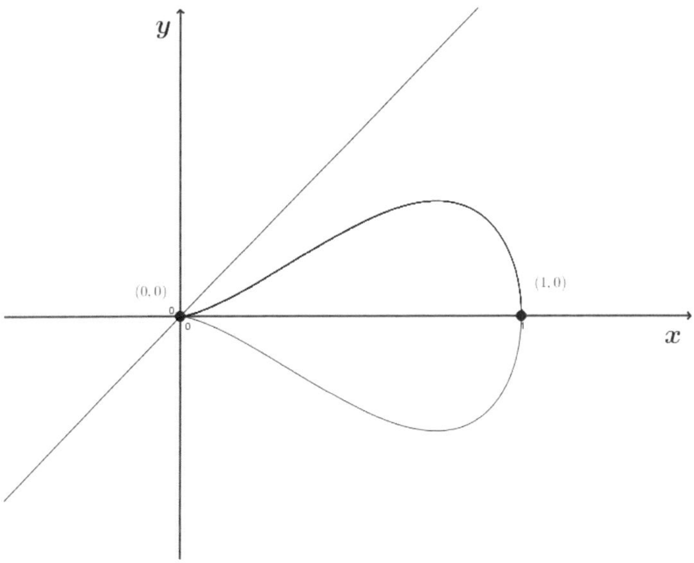

Figura 1.8: pontos de máximo e de mínimo de $f : \mathbb{R}^2 \to \mathbb{R}$, $f(x, y) = x$, condicionada a $C = \{(x, y) \in \mathbb{R}^2 : y^2 - x^3 + x^4 = 0\}$.

Exemplo 3. Dada $f : \{(x, y) \in \mathbb{R}^2 : x \neq 1\} \to \mathbb{R}$, definida por $f(x, y) = \frac{y}{x-1}$, obtenha o máximo e o mínimo, bem como os respectivos pontos de máximo e de mínimo de f, condicionada a $C = \{(x, y) \in \mathbb{R}^2 : -2 \leq x \leq -1, 1 \leq y \leq 2\}$.

Resolução.

Para cada número real k fixado, pertencente à imagem de f, a curva de nível de f correspondente ao nível k, ou seja, $f(x, y) = k$, é a reta de equação

$$y = kx - k, \forall x \neq 1,$$

isto é, a reta que passa pelo ponto $(1, 0)$, de inclinação k, da qual excluímos tal ponto. Assim, interpretando essa inclinação como a tangente do ângulo entre essa reta e o eixo das abscissas (sentido anti-horário, a partir do eixo x), decorre que, quanto menor (respectivamente, maior) for esse ângulo, menor (respectivamente, maior) será o correspondente valor de k $(= f(x, y))$, pois a função tangente é crescente em todo o seu domínio.

Portanto, $(-2, 1)$ é o ponto de máximo e $(-1, 2)$ é o ponto de mínimo de f condicionada a C. Substituindo as coordenadas desses pontos na equação da reta acima, obtemos $k_{\text{máx}} = -\frac{1}{3}$ e $k_{\text{mín}} = -1$, que são os correspondentes valores de máximo e de mínimo de f condicionada a C.

Na Figura 1.9 a seguir, apresentamos os esboços do quadrado $C = \{(x, y) \in \mathbb{R}^2 : -2 \leq x \leq -1, 1 \leq y \leq 2\}$ e das retas $y = -\frac{1}{3}x + \frac{1}{3}$, $y = -x + 1$ que intersectam esse quadrado, respectivamente, nos pontos de máximo $(-2, 1)$ e de mínimo $(-1, 2)$ de $f : \mathbb{R}^2 \to \mathbb{R}$, $f(x, y) = \dfrac{y}{x - 1}$, condicionada a C.

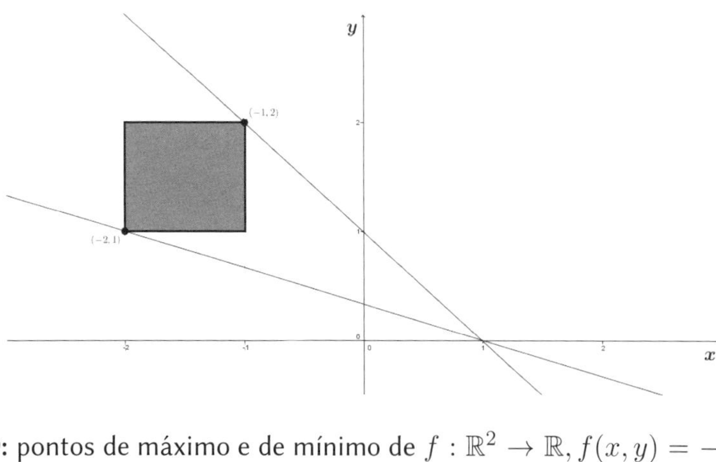

Figura 1.9: pontos de máximo e de mínimo de $f : \mathbb{R}^2 \to \mathbb{R}$, $f(x, y) = \dfrac{y}{x - 1}$, condicionada a $C = \{(x, y) \in \mathbb{R}^2 : -2 \leq x \leq -1, 1 \leq y \leq 2\}$.

1.5 Exercícios

Seção 1.1

1. Considere $f : A \subseteq \mathbb{R}^2 \to \mathbb{R}$ uma função real de duas variáveis reais. Dado $Y \subset \mathbb{R}$ (ou seja, dado um subconjunto do contradomínio de f), a *imagem inversa* de Y por f é, por definição, o conjunto $f^{-1}(Y) = \{(x, y) \in A : f(x, y) \in Y\}$. Assim, a imagem inversa de Y por f é um subconjunto do domínio A de f.

Os subconjuntos do plano definidos em Geometria Analítica por meio de equações, bem como inequações, são imagens inversas de certos conjuntos. Em cada caso a seguir, obtenha a função real de duas variáveis reais $f : \mathbb{R}^2 \to \mathbb{R}$ tal que o conjunto dado seja a imagem inversa de um subconjunto conveniente de $\mathbb{R}$ por f:

a) a reta de equação $ax + by = c$ é o conjunto $A = \{(x, y) \in \mathbb{R}^2 : ax + by = c;\ a, b$ não simultaneamente nulos$\}$.

b) o círculo de equação $x^2 + y^2 = r^2$ (centro na origem e raio $r > 0$) é o conjunto $B = \{(x, y) \in \mathbb{R}^2 : x^2 + y^2 = r^2\}$.

c) o disco de equação $x^2 + y^2 \leq r^2$ (centro na origem e raio $r > 0$) é o conjunto $C = \{(x, y) \in \mathbb{R}^2 : x^2 + y^2 \leq r^2\}$.

[Exercícios: 2-6] Obtenha, descreva e esboce o domínio de cada uma das funções reais de duas variáveis reais $f : A \subseteq \mathbb{R}^2 \to \mathbb{R}$ cujas expressões são dadas a seguir:

2. $f(x, y) = \dfrac{xy}{\sqrt{5x^2 + 2y^2 + 2xy + 1}}$.

3. $f(x, y) = \dfrac{x - y}{x^3 - 3x^2 + 2xy - x^2y + y^2}$.

4. $f(x, y) = \dfrac{ln(1 + x) + ln(1 + y)}{ln(1 - x) + ln(1 - y)}$.

5. $f(x, y) = \sqrt{y + senx} + \sqrt{-y + senx}$.

6. $f(x,y) = ln\left(\dfrac{1-y^2}{x^2+xy}\right)$.

[Extras]

1. Demonstre: se $f(x,y) \leq f(y,x)$, para todo $(x,y) \in \mathbb{R}^2$, então $f(x,y) = f(y,x)$, para todo $(x,y) \in \mathbb{R}^2$.

2.

a) Dada $f : A \subseteq \mathbb{R}^2 \to \mathbb{R}$, definida por $f(x,y) = ln(xy)$, obtenha, descreva e esboce o domínio de f.

b) Dada $g : B \subseteq \mathbb{R}^2 \to \mathbb{R}$, definida por $g(x,y) = lnx + lny$, obtenha, descreva e esboce o domínio de g.

c) Duas funções $f : A \subseteq \mathbb{R}^2 \to B$ e $g : C \subseteq \mathbb{R}^2 \to D$ são denominadas *iguais* se $A = C$, $B = D$ e $f(x,y) = g(x,y)$, para todo $(x,y) \in A\ (= C)$ (ou seja, duas funções são iguais se têm o mesmo domínio, o mesmo contradomínio e a mesma regra de correspondência). As funções f (do item a) e g (do item b) são iguais? Se sim, justifique. Se não, por que não contradiz o fato de que $ln(xy) = lnx + lny$?

3. Considere a seguinte definição de função composta, a qual exige que o contradomínio de f coincida com o domínio de g.

Definição. Dadas as funções $f : A \subseteq \mathbb{R}^2 \to B \subseteq \mathbb{R}$ e $g : B \subseteq \mathbb{R} \to \mathbb{R}$, a *função composta* de f e g (nessa ordem) é a função $g \circ f : A \subseteq \mathbb{R}^2 \to \mathbb{R}$ definida, para cada $(x,y) \in A$, por $(g \circ f)(x,y) = g(f(x,y))$.

Demonstre que essa definição é equivalente à Definição 1.1.2 de função composta que apresentamos neste livro.

[Exercícios: 7-12] Obtenha a expressão de cada uma das funções reais de duas variáveis reais $f : A \subseteq \mathbb{R}^2 \to \mathbb{R}$ cujas descrições são dadas a seguir.

7. Dado um triângulo, $f(x,y)$ é o ângulo desse triângulo cuja medida do lado oposto é conhecida.

8. Dado um triângulo cujo semiperímetro é $\frac{1}{2}$, $f(x, y)$ é a área desse triângulo.

9. Dado um triângulo, $f(x, y)$ é a soma das distâncias de um ponto interior a esse triângulo a cada um dos seus vértices.

10. Dado um triângulo retângulo de catetos a e b, hipotenusa c, e α um dos ângulos agudos (uma vez fixado um dos ângulos agudos de um triângulo retângulo como sendo α, o outro é completamente determinado como sendo $\dfrac{\pi}{2} - \alpha$),

a) $f(a, \alpha)$ é a área desse triângulo, em termos do cateto a e do ângulo agudo α.

b) $f(b, \alpha)$ é a área desse triângulo, em termos do cateto b e do ângulo agudo α.

c) $f(c, \alpha)$ é a área desse triângulo, em termos da hipotenusa c e do ângulo agudo α.

11. Dado um quadrado unitário dividido em quatro quadrados, conforme Figura 1.10 a seguir, $f(x, y)$ é a área da parte hachurada do retângulo cujos lados x e y são paralelos aos lados desse quadrado, tal que um dos ângulos coincide com o do quadrado hachurado.

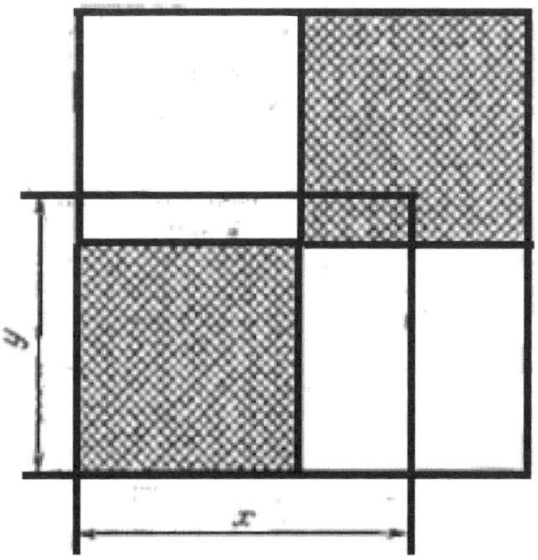

Figura 1.10: Exercício 11.

12. Dado um cone circular reto inscrito em uma esfera,

a) $f(r, h)$ é o volume desse cone, em termos do raio r da esfera e da altura h do cone.

b) $f(r, \theta)$ é o volume desse cone, em termos do raio r da esfera e do ângulo θ medido entre a altura do cone e o raio da esfera com extremidade na base do cone.

[Extra] Demonstre que a função real de duas variáveis reais $f : A \subseteq \mathbb{R}^2 \to \mathbb{R}$ que representa a área de um triângulo inscrito em um círculo dado de raio r em termos de dois (α e β) dos três ângulos centrais que subtendem os lados desse triângulo é dada por $f(\alpha, \beta) = \frac{r^2}{2}[sen\alpha + sen\beta - sen(\alpha + \beta)]$.

Seção 1.2

[Exercícios: 1-3] A equação de qualquer função linear real de duas variáveis reais é determinada quando se conhecem seu valor em um ponto dado, a inclinação do plano (representação geométrica do seu gráfico) na direção x e sua inclinação na direção y: se um plano passa pelo ponto (x_0, y_0), tem inclinação a na direção x e inclinação b na direção y, então sua equação é dada por $z = z_0 + a(x - x_0) + b(y - y_0)$. Esse plano é o gráfico da função linear $f(x, y) = z_0 + a(x - x_0) + b(y - y_0)$. Escrevendo $c = z_0 - ax_0 - by_0$, podemos expressar $f(x, y)$ na forma equivalente $f(x, y) = ax + by + c$.

1. Obtenha uma equação para o plano contendo a reta no plano xy em que $y = 1$ e a reta no plano xz em que $z = -1$.

2. Obtenha a equação da função linear $z = ax + by + c$ cujo gráfico intersecta o plano xz na reta $z = -3x + 1$ e intersecta o plano yz na reta $z = -y + 3$.

3. Obtenha a equação da função linear $z = ax + by + c$ cujo gráfico intersecta o plano xy na reta $y = -3x + 5$ e contém o ponto $(0, 0, -3)$.

4. Demonstre que uma função polinomial real de duas variáveis reais $f(x, y) = \sum_{i=0}^{m} \sum_{j=0}^{n} a_{ij} x^i y^j$ é uma função homogênea se e somente se $i + j = N$ $(N > 0)$, caso em que o grau de homogeneidade é precisamente N. (Em particular, uma função polinomial que tenha algum termo constante não nulo não pode ser homogênea.)

5. Dada $f : \mathbb{R}^2 \to \mathbb{R}$ uma função homogênea de grau 2 tal que $f(a, b) = a$, para todo (a, b) que satisfaz $a^2 + b^2 = 1$ (ou seja, (a, b) pertence ao círculo de centro na origem e raio 1), obtenha:

a) $f(2\sqrt{3}, 5)$.

b) $f(a, 0)$, $a \neq 0$.

c) $f(x, y)$, para todo $(x, y) \neq (0, 0)$.

6. Dada $f : \mathbb{R}^2 \to \mathbb{R}$ uma função homogênea de grau n qualquer, tal que $f(a, b) = 0$, para todo (a, b) que satisfaz $a^2 + b^2 = 1$ (ou seja, (a, b) pertence ao círculo de centro na origem e raio 1), demonstre que $f(x, y) = 0$, para todo $(x, y) \neq (0, 0)$.

7. Demonstre que uma função homogênea de grau $n \neq 0$ é completamente determinada quando se conhecem os seus valores sobre os pontos de um círculo de centro na origem (ou seja, dada $g : [0, 2\pi) \to \mathbb{R}$, existe uma única função $f : \mathbb{R}^2 \to \mathbb{R}$, homogênea de grau $n \neq 0$, tal que, para todo $\theta \in [0, 2\pi)$, $f(cos\theta, sen\theta) = g(\theta)$).

Seção 1.3

1. Dadas $f, g : A \subseteq \mathbb{R}^2 \to \mathbb{R}$ funções reais de duas variáveis reais, explique como podemos obter o gráfico de g com base no gráfico de f (analise cuidadosamente todos os casos possíveis de acordo com os valores dos parâmetros reais p, q, r, s dados):

a) $g(x, y) = p \pm f(x, y)$. $(p \neq 0)$

b) $g(x, y) = p \pm qf(x, y)$. $(q \neq 0)$

c) $g(x, y) = p \pm f(x - q, y - r)$. ($q$ e r não simultaneamente nulos)

d) $g(x, y) = p \pm qf(x - r, y - s)$. ($q \neq 0$, r e s não simultaneamente nulos)

e) $g(x, y) = p \pm f(qx, ry)$. ($q$ e r não simultaneamente nulos)

f) $g(x, y) = p \pm qf(rx, sy)$. ($q \neq 0$, r e s não simultaneamente nulos)

2. Dada $f : A \subseteq \mathbb{R}^2 \to \mathbb{R}$ uma função real de duas variáveis reais, explique como o gráfico de f depende dos parâmetros reais não nulos a, b, c dados:

a) $f(x, y) = e^{ax^2+y^2}$.

b) $f(x, y) = (ax^2 + by^2)e^{-x^2-y^2}$.

c) $f(x, y) = x^2 + cxy + y^2$.

3. Esboce o gráfico de cada qual das funções reais de duas variáveis dadas a seguir:

a) $f : \mathbb{R}^2 \to \mathbb{R}$, definida por $f(x, y) = \sqrt{x^2 + y^2}$.

b) $f : \mathbb{R}^2 \to \mathbb{R}$, definida por $f(x, y) = e^{\sqrt{x^2+y^2}}$.

c) $f : \mathbb{R}^2 - \{(0, 0)\} \to \mathbb{R}$, definida por $f(x, y) = ln(\sqrt{x^2 + y^2})$.

d) $f : \mathbb{R}^2 \to \mathbb{R}$, definida por $f(x, y) = sen(\sqrt{x^2 + y^2})$.

e) $f : \mathbb{R}^2 - \{(0, 0)\} \to \mathbb{R}$, definida por $f(x, y) = \dfrac{1}{\sqrt{x^2 + y^2}}$.

Em geral, se g é uma função real de uma única variável real, definida em $[0, +\infty)$ (de modo que possamos considerar $f(x, y) = g(\sqrt{x^2 + y^2})$), como obter o gráfico de f com base no gráfico de g? Justifique sua resposta.

Seção 1.4

[Exercícios: 1-10] Obtenha, descreva e esboce as curvas de nível (mapas de contornos) das funções reais de duas variáveis reais cujas expressões são dadas a seguir.

1. $f : \mathbb{R}^2 - \{(0,0)\} \to \mathbb{R}$, definida por $f(x,y) = \dfrac{x^2 - y^2}{x^2 + y^2}$.

2. $f : \{(x,y) \in \mathbb{R}^2 : y \geq -1 - x, x \neq 1\} \to \mathbb{R}$, definida por $f(x,y) = \dfrac{\sqrt{x+y+1}}{x-1}$.

3. $f : \mathbb{R}^2 \to \mathbb{R}$, definida por $f : \mathbb{R}^2 \to \mathbb{R}$, definida por $f(x,y) = min\{|x|, |y|\}$. [$min\{a,b\} \stackrel{\text{def.}}{=} \begin{cases} a, & \text{se} \quad a \leq b \\ b, & \text{se} \quad b \leq a \end{cases}$.]

4. $f : \mathbb{R}^2 \to \mathbb{R}$, definida por $f(x,y) = max\{|x|, |y|\}$. [$max\{a,b\} \stackrel{\text{def.}}{=} \begin{cases} a, & \text{se} \quad a \geq b \\ b, & \text{se} \quad b \geq a \end{cases}$.]

5. $f : \{(x,y) \in \mathbb{R}^2 : x^2 + y^2 < 1\} \to \mathbb{R}$, definida por

$$f(x,y) = ln\left(\frac{1 + \sqrt{x^2+y^2}}{1 - \sqrt{x^2+y^2}}\right).$$

6. $f : \mathbb{R}^2 \to \mathbb{R}$, definida por $f(x,y) = \sqrt{(x+1)^2 + y^2} + \sqrt{(x-1)^2 + y^2}$.

7. $f : \mathbb{R}^2 \to \mathbb{R}$, definida por $f(x,y) = \sqrt{x^2 + (y-1)^2} - \sqrt{x^2 + (y+1)^2}$.

8. $f : \mathbb{R}^2 - \{(0,0)\} \to \mathbb{R}$, definida por $f(x,y) = ae^{-\frac{1}{x^2+y^2}}$, em que a é uma constante real positiva dada.

9. $f : \{(x,y) \in \mathbb{R}^2 : x^2 + y^2 \neq a^2\} \to \mathbb{R}$, definida por $f(x,y) = arctg\left(\dfrac{ay}{x^2 + y^2 - a^2}\right)$, em que a é uma constante real positiva dada.

10. $f : \mathbb{R}^2 \to \mathbb{R}$, definida por $f(x,y) = \left[a^2 - \left(x^2 + \dfrac{y^2}{4}\right)\right]^2$, em que a é uma constante real positiva dada.

[Extras]

1. Compare as curvas de nível de $f : \mathbb{R}^2 \to \mathbb{R}$, definida por $f(x,y) = x^2 + y^2$ (cujo gráfico é um paraboloide), com as curvas de nível de $g : \mathbb{R}^2 \to \mathbb{R}$, definida por $g(x,y) = \sqrt{x^2 + y^2}$ (cujo gráfico é um cone), descrevendo quaisquer semelhanças, bem como diferenças. O que você

pode afirmar, com base em sua descrição, sobre toda função real de duas variáveis reais que dependa apenas de $x^2 + y^2$ (por exemplo, $F, G, H : \mathbb{R}^2 \rightarrow \mathbb{R}$, definidas por $F(x, y) = sen(x^2 + y^2)$, $G(x, y) = e^{-(x^2+y^2)}$ e $G(x, y) = ln\left(\frac{1}{x^2 + y^2}\right)$) (nesse caso, $0 < x^2 + y^2 \neq 1$)?

2. A *superfície minimal de Scherk* é denominada *minimal* porque tem a menor área de superfície dentre todas as superfícies com a mesma fronteira. (Se mergulhássemos um pedaço de arame com a forma da sua fronteira em água com sabão, a película de sabão que se formaria no arame teria a forma da superfície minimal). Essa superfície é o gráfico de $f(x, y) = ln\left(\frac{cosx}{cosy}\right)$. Obtenha, descreva e esboce as curvas de nível (mapa de contornos) dessa função.

3. É possível que o conjunto de nível de uma função real de duas variáveis reais seja igual a todo o seu domínio? Justifique sua resposta.

4.

a) Demonstre que quaisquer duas curvas de nível de uma função real de duas variáveis reais são sempre paralelas uma à outra.

b) Explique esse fato para o caso em que tal função é linear.

5. Dada uma função linear de duas variáveis reais $f : \mathbb{R}^2 \rightarrow \mathbb{R}$, $f(x, y) = ax + by + c$, em que $b \neq 0$,

a) demonstre que todas as curvas de nível de f são retas de inclinação $-\frac{a}{b}$.

b) demonstre que, para quaisquer x e y, $f(x + b, y - a) = f(x, y)$. (Analogamente, $f(x - b, y + a) = f(x, y)$.)

c) Explique a relação entre os itens a) e b).

6. Obtenha as curvas de nível da função z definida implicitamente pela equação $z + xlnz + y = 0$.

7. Considere $f : A \rightarrow \mathbb{R}$, definida por $f(x, y) = ln(2 - 2x^2 - 3y^2) + 2 - 4x^2 - 6y^2$.

a) Descreva as curvas de nível de f. (*Sugestão*: é conveniente introduzir uma nova variável u tal que $f(x, y) = F(u(x, y))$.)

b) Esboce a curva de nível zero de f.

8. Obtenha, descreva e esboce a curva de nível zero da função $f : \mathbb{R}^2 \to \mathbb{R}$ definida por $f(x, y) = sen x + sen y + sen(x + y)$. (*Sugestão*: expresse f como o produto de três fatores usando fórmulas trigonométricas de adição apropriadas.)

Subseção 1.4.1 *i*)

1. Suponha que a energia potencial de uma partícula de massa m seja $V(x) = -\lambda(x^2 - a^2)^2$. Esboce o retrato do espaço de fase desse sistema dinâmico (considere, separadamente, os casos $\lambda < 0$ e $\lambda > 0$). Determine o conjunto de todas as condições iniciais nas quais o movimento permanece limitado, em cada caso.

2. Um *pêndulo* é um peso suspenso em uma haste rígida de um pivô de modo que ele possa balançar livremente. Considere um movimento planar desse pêndulo. Assim, a sua posição pode ser descrita pelo ângulo $\theta \equiv \theta(t)$, contado no sentido anti-horário a partir da sua posição de equilíbrio, como uma função do tempo t. Se L é o comprimento desse pêndulo, m é a sua massa e g é a aceleração da gravidade, então a sua energia total é conhecida como $E = \frac{1}{2}L^2\left(\frac{d\theta}{dt}\right)^2 + mgL(1 - cos\theta)$. Defina $p = mL\frac{d\theta}{dt}$ (o *momento* desse pêndulo). Esboce o retrato do espaço de fase desse pêndulo. Determine o conjunto de todas as condições iniciais nas quais esse pêndulo não pode fazer uma volta completa (2π) sobre o ponto pivô.

Subseção 1.4.1 *ii)*

Dada $f : \{(x,y) \in \mathbb{R}^2 : y > x^2\}$, definida por $f(x,y) = \dfrac{xy-1}{\sqrt{y-x^2}}$, obtenha

a) o conjunto imagem de f.

b) os valores mínimo e máximo de f.

c) os pontos de mínimo e de máximo de f.

Subseção 1.4.1 *iii)*

[Exercícios 1-5] Dadas as funções reais de duas variáveis reais a seguir, juntamente com subconjuntos do seu domínio, obtenha os máximos e os mínimos de tais funções condicionadas a esses correspondentes subconjuntos. Justifique suas respostas, tanto algébrica quanto geometricamente.

1. $f : \mathbb{R}^2 \to \mathbb{R}$, definida por $f(x,y) = 3x - y + 1$;
   $C = \{(x,y) \in \mathbb{R}^2 : x \geq 0, y \geq 0, x + y \leq 1\}$.
2. $f : \mathbb{R}^2 \to \mathbb{R}$, definida por $f(x,y) = x + y + 3$;
   $C = \{(x,y) \in \mathbb{R}^2 : x \geq 0, y \geq 0, x + 3y \leq 5, 3x + y \geq 1, y \geq x - 1\}$.
3. $f : \{(x,y) \in \mathbb{R}^2 : y \neq -3\} \to \mathbb{R}$, definida por $f(x,y) = \dfrac{x}{y+3}$;
   $C = \left\{(x,y) \in \mathbb{R}^2 : 1 \leq x \leq 3; 1 \leq y \leq \dfrac{3}{2}\right\}$.
4. $f : \{(x,y) \in \mathbb{R}^2 : x \neq 3\} \to \mathbb{R}$, definida por $f(x,y) = \dfrac{y}{x-3}$;
   $C = \{(x,y) \in \mathbb{R}^2 : (x-3)^2 + (y-1)^2 \leq 1\}$.
5. $f : \{(x,y) \in \mathbb{R}^2 : x < 1\} \to \mathbb{R}$, definida por $f(x,y) = 2xy + 3ln(1-x)$;
   $C = \{(x,y) \in \mathbb{R}^2 : 0 < x < 1, -x \leq y \leq 4x\}$.

[Extras]

1. Dadas a elipse $3x^2 + 5y^2 = 7$ e a reta $x + y = 3$, obtenha o ponto P nessa elipse e o ponto Q nessa reta tais que a distância de P a Q seja a menor possível.

2. Um ponto P descreve uma curva sobre o gráfico da função $f : \mathbb{R}^2 \to \mathbb{R}$, definida por $f(x, y) = x^2 + y^2$, de modo que sua projeção Q sobre o plano xy descreve a reta $x + y = 3$.

a) Obtenha o ponto dessa curva mais próximo do plano xy.

b) Obtenha a expressão algébrica dessa curva.

c) Esboce a trajetória descrita por P.

3. Considerando a equação de uma reta expressa por $ax + by = c$ (a, b não simultaneamente nulos e $c \neq 0$), demonstre que a (menor) distância dessa reta à origem do sistema de coordenadas cartesianas é dada por $\dfrac{|c|}{\sqrt{a^2 + b^2}}$.

Capítulo 2

Limites de funções reais de duas variáveis reais: noções gerais

O conceito de limite de uma função real de duas variáveis reais é análogo ao de limite de uma função real de uma variável real: baseia-se na noção intuitiva de *aproximação*.

Consideremos uma função real de duas variáveis reais $f : A \subseteq \mathbb{R}^2 \to \mathbb{R}$ e $(a, b) \notin A$, *tal que possamos aproximar* (a, b) *por pontos* $(x, y) \in A$. Usamos a notação $\lim_{(x,y)\to(a,b)} f(x, y) = L$ $(L \in \mathbb{R})$ para significar, intuitivamente, o seguinte: os valores $f(x, y)$ se *aproximam* do número real L quando o ponto (x, y) se *aproxima* do ponto (a, b), tal que $(x, y) \neq (a, b)$, para todo $(x, y) \in A$. Em outras palavras: $\lim_{(x,y)\to(a,b)} f(x, y) = L$ significa que podemos tornar os valores $f(x, y)$ *tão próximos de L quanto quisermos* considerando pontos (x, y) *suficientemente próximos* do ponto (a, b), mas diferentes de (a, b). Ou, ainda, de modo equivalente: $\lim_{(x,y)\to(a,b)} f(x, y) = L$ significa que, à medida que um ponto qualquer (x, y) do domínio A de f se *aproxima* de um ponto (a, b) não pertencente a A, a imagem de (x, y), por f — $f(x, y)$ —, se *aproxima* de algum número real L.

A seguir, mencionamos alguns dos conceitos que usam a noção de limite de uma função real de duas variáveis reais, com os quais o leitor terá contato em seus estudos posteriores de Cálculo (o primeiro dos quais, em verdade, constitui-se no terceiro dos assuntos de que tratamos nesse livro):

1) definição de função contínua;

2) definição de derivada parcial;

3) conceito de plano tangente;

4) definição de derivada direcional;

5) conceito de vetor gradiente;

6) definição de integral;

7) conexão com o conceito de derivada de uma função complexa.

Motivados pelo ora exposto, tratamos, nesse capítulo, das noções gerais do conceito de limite (aspectos teóricos de limite). Consideramos, inicialmente, algumas noções topológicas que lhe são inerentes: distância, vizinhança, ponto de acumulação. Enfatizamos, em particular, a necessidade dessa última ao definir formalmente o conceito de limite (definição $\varepsilon - \delta$ de limite): descrevemos como procedemos para estabelecer a conexão entre a desigualdade que envolve o ε dado e a desigualdade que envolve o δ correspondente que devemos obter. A última observação a respeito do Teorema 2.4.1 (Propriedades operatórias de limites) justifica a necessidade do estudo dos métodos de limite que consideraremos em todo o Capítulo 3. Ao final, apresentamos a clássica interpretação geométrica de limite (expressas de três formas equivalentes).

2.1 Algumas noções topológicas

Para realizar, de modo matematicamente preciso, o estudo do conceito de limite de uma função real de duas variáveis reais, é necessário, inicialmente, considerarmos algumas noções topológicas, as quais lhe são inerentes, a saber:

i) distância (euclidiana) entre dois pontos de $\mathbb{R}^2$;

ii) vizinhança (de um ponto dado);

iii) ponto de acumulação (de um conjunto dado).

Definição 2.1.1. Dados dois pontos quaisquer (x_1, y_1) e (x_2, y_2) de $\mathbb{R}^2$, a *distância* (*euclidiana*) entre eles é dada por

$$d[(x_1, y_1), (x_2, y_2)] = \sqrt{(x_1 - x_2)^2 + (y_1 - y_2)^2}.$$

Definição 2.1.2. Dado $(a, b) \in \mathbb{R}^2$, a *vizinhança* de (a, b) e raio $r > 0$ é o subconjunto de $\mathbb{R}^2$ dado por

$$\mathscr{V}_r(a, b) = \{(x, y) \in \mathbb{R}^2 : d[(x, y), (a, b)] < r\}.$$

Em outras palavras, uma vizinhança de um ponto (a, b) é o conjunto de todos os pontos cuja distância a (a, b) é menor que algum número real positivo (região interna ao círculo de centro (a, b) e raio r).

No caso particular em que excluímos o próprio ponto (a, b), denominamos essa vizinhança de *vizinhança reduzida* (ou *perfurada*) de (a, b) e raio $r > 0$, a qual denotamos por $\mathscr{V}_r^*(a, b)$.

Definição 2.1.3. Um ponto $(a, b) \in \mathbb{R}^2$ é denominado *ponto de acumulação* (ou *ponto limite*) de um conjunto $A \subseteq \mathbb{R}^2$ se toda vizinhança de centro (a, b) e raio $r > 0$ contém algum ponto de A, diferente de (a, b).

Em linguagem simbólica:

$$\forall r > 0, \exists (x_0, y_0) \in A : 0 < \sqrt{(x_0 - a)^2 + (y_0 - b)^2} < r,$$

ou, mais simplificadamente,

$$\mathscr{V}_r(a, b) \cap A - \{(a, b)\} \neq \emptyset.$$

Dado $A \in \mathbb{R}^2$, denotamos o conjunto dos pontos de acumulação de A por A' (denominado *derivado* de A).

Observamos que um ponto de acumulação de um conjunto pode ou não pertencer a esse conjunto.

Um ponto $(a, b) \in A$ que não é ponto de acumulação de A é denominado *ponto isolado* de A.

Em linguagem simbólica:

$$\exists r > 0 : \mathscr{V}_r(a, b) \cap A = \{(a, b)\}.$$

Um conjunto cujos pontos são todos isolados é denominado *discreto*.

Embora a definição de ponto de acumulação $(a, b) \in \mathbb{R}^2$ de um conjunto $A \subseteq \mathbb{R}^2$ requeira que toda vizinhança de centro em (a, b) e raio $r > 0$, $\mathscr{V}_r(a, b)$, contenha **algum** ponto de A, diferente de (a, b), em verdade, fixado (a, b), cada qual de tais vizinhanças contém uma **infinidade** de pontos de A, diferentes de (a, b), conforme nos mostra o seguinte

Teorema 2.1.1. (Caracterização de ponto de acumulação) *Dado um conjunto $A \subseteq \mathbb{R}^2$, $A \neq \emptyset$, (a, b) é um ponto de acumulação de A se e somente se, para todo número real positivo r, a vizinhança de centro (a, b) e raio r, $\mathscr{V}_r(a, b)$, contém infinitos pontos de A.*

Demonstração.

(Direta) Se toda vizinhança $\mathscr{V}_r(a, b)$ contém uma infinidade de pontos de A, então, claramente, algum deles é diferente de (a, b) (se todos esses pontos fossem iguais entre si, então tal infinidade seria constituída por um só, o que é absurdo). Logo, da definição de ponto de acumulação decorre que $(a, b) \in A'$. Reciprocamente, se $(a, b) \in A'$, então, dada uma vizinhança $\mathscr{V}_r(a, b)$, existe $(x_1, y_1) \neq (a, b)$ tal que $(x_1, y_1) \in \mathscr{V}_r(a, b) \cap A$. Consideremos $r_1 = \sqrt{(x_1 - a)^2 + (y_1 - b)^2}$. Logo, $0 < r_1 < r$. Assim, existe $(x_2, y_2) \neq (a, b)$ tal que $(x_2, y_2) \in \mathscr{V}_{r_1}(a, b) \cap A$. Consideremos $r_2 = \sqrt{(x_2 - a)^2 + (y_2 - b)^2}$. Logo, $0 < r_2 < r_1 < r$. Assim, existe $(x_3, y_3) \neq (a, b)$ tal que $(x_3, y_3) \in \mathscr{V}_{r_2}(a, b) \cap A$. Consideremos $r_3 = \sqrt{(x_3 - a)^2 + (y_3 - b)^2}$. Logo, $0 < r_3 < r_2 < r_1 < r$. Esse procedimento nos mostra que $(x_1, y_1), (x_2, y_2), (x_3, y_3)$ são pontos distintos entre si, todos pertencentes a A, contidos na vizinhança $\mathscr{V}_r(a, b)$. Prosseguindo analogamente, obtemos uma infinidade de pontos $(x_1, y_1), (x_2, y_2), (x_3, y_3), \ldots$, pertencentes a A, contidos na vizinhança $\mathscr{V}_r(a, b)$ dada inicialmente, todos distintos entre si. □

Demonstração.

(Por contradição) Se toda vizinhança $\mathscr{V}_r(a, b)$ contém uma infinidade de pontos de A, então, claramente, algum deles é diferente de (a, b) (se todos esses pontos fossem iguais entre si, então tal infinidade seria constituída por um só, o que é absurdo). Reciprocamente, suponhamos, por contradição, que exista uma vizinhança $\mathscr{V}_r(a,b)$, que contenha apenas um número finito n de pontos de A, distintos de (a,b), por exemplo, $(a_1,b_1),(a_2,b_2),\ldots,(a_n,b_n)$. Consideremos $r_0 = min\{\sqrt{(a_k-a)^2+(b_k-b)^2} : k = 1,2,\ldots n\}$ (cada um desses n números é estritamente positivo, pois estamos supondo que $(a,b) \neq (a_k,b_k), k = 1,2,\ldots n$). Assim, $\mathscr{V}_{r_0}(a,b)$ não contém ponto algum de A, distinto de (a,b), o que contradiz a hipótese de que (a,b) é ponto de acumulação de A. □

Uma consequência imediata desse teorema é o seguinte

Corolário. Dado um conjunto $A \subseteq \mathbb{R}^2$, se $A' \neq \emptyset$, então A é infinito.

A seguir, apresentamos alguns exemplos dos conceitos que introduzimos (com ênfase naquele de ponto de acumulação), o primeiro dos quais nos mostra que a recíproca desse corolário é falsa.

Exemplo 1. O conjunto $A = \mathbb{N} \times \mathbb{N} \subset \mathbb{R} \times \mathbb{R}$ é infinito, porém não contém ponto de acumulação algum. A razão desse fato é a seguinte: se considerarmos um ponto qualquer $(m,n) \in A$, escolhendo, por exemplo, $r = 1$, então $\mathscr{V}_1(m,n)$ — ou seja, o conjunto dos pontos $(x,y) \in \mathbb{R}^2$ cuja distância ao ponto $(m,n) \in \mathbb{R}^2$ é menor do que 1 — não conterá ponto algum de A que satisfaça a condição $\sqrt{(x-m)^2+(y-n)^2} < 1$, exceto o próprio (m,n), o que nos mostra que a definição de ponto de acumulação não é satisfeita. Portanto, A não contém ponto de acumulação algum (todos os pontos de A são pontos isolados, ou seja, A é um conjunto discreto).

Tendo mostrado que a simples hipótese de infinitude de A não é suficiente para assegurar que ele contenha ponto de acumulação algum, o leitor pode se perguntar: qual hipótese se deve adicionar para que a recíproca desse corolário seja verdadeira? Para responder convenientemente a essa pergunta, é oportuno, por ora, nos determos sobre a justificativa do fato que apresentamos nesse exemplo, agora sob outro ponto de vista, a saber: uma vez que A é **ilimitado**, ele pode conter infinitos elementos, sem que seja necessário que esses estejam próximos uns dos outros. Assim, é, pois, precisamente a hipótese (adicional) de limitação que nos fornece a resposta correta à pergunta ora formulada, de modo que, agora, podemos informar ao leitor o teorema fundamental pertinente (Teorema de Bolzano-Weierstrass): se $A \subseteq \mathbb{R}^2$ é infinito e limitado, então $A' \neq \emptyset$.

De modo geral, dado um conjunto $A \subset \mathbb{R}^2$, pode ocorrer qualquer das seguintes situações: $A' \subset A$, $A \subset A'$, $A = A'$, $A' \not\subset A$, $A \not\subset A'$. No Exemplo 1, apresentamos a primeira de tais situações, ao mostrarmos que $A = \mathbb{N} \times \mathbb{N}$ não contém ponto de acumulação algum, ou seja, $A' = \emptyset$, de modo que $A' \subset A$. No Exemplo 2 a seguir, apresentamos as demais situações.

Exemplo 2.

a) $A = \mathbb{Q} \times \mathbb{Q} \subset \mathbb{R} \times \mathbb{R}$ é tal que $A' = \mathbb{R} \times \mathbb{R}$, de modo que $A \subset A'$.

b) $A = [0,1] \times [0,1] \subset \mathbb{R} \times \mathbb{R}$ é tal que $A = A'$.

c) $A = \mathbb{Q} \times \mathbb{Q} \subset \mathbb{R} \times \mathbb{R}$, definido por $A = \left\{\left(\frac{1}{n}, \left(1+\frac{1}{n}\right)^n\right) : n \in \mathbb{N}\right\}$. À medida que atribuímos a n valores cada vez maiores, podemos observar que os correspondentes pontos se "acumulam" na vizinhança do ponto $(0, e)$, de modo que $A' = \{(0, e)\}$ (Figura 2.1 a seguir). Como, para todo $n \in \mathbb{N}$, $\left(\frac{1}{n}, \left(1+\frac{1}{n}\right)^n\right) \neq (0, e)$, resulta que $A' \not\subset A$, bem como $A \not\subset A'$.

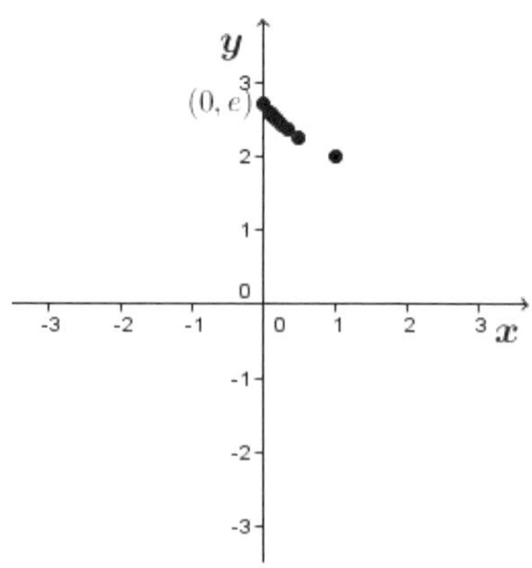

Figura 2.1: alguns dos pontos de $A = \left\{\left(\frac{1}{n}, \left(1+\frac{1}{n}\right)^n\right) : n \in \mathbb{N}\right\}$, juntamente com o seu ponto de acumulação $(0, e)$.

Exemplo 3. Dado $A = \mathbb{R}^2 - \{(0,0)\}$, $(0,0)$ é ponto de acumulação de A, pois qualquer vizinhança reduzida $\mathscr{V}_r^*(0,0)$ contém algum ponto de A, diferente de $(0,0)$ (mais geralmente, uma infinidade de tais pontos, devido ao Teorema 2.1.1). Na Figura 2.2 a seguir, apresentamos alguns desses infinitos pontos de A, bem como uma vizinhança típica $\mathscr{V}_r(0,0)$, $r > 0$ arbitrário fixado.

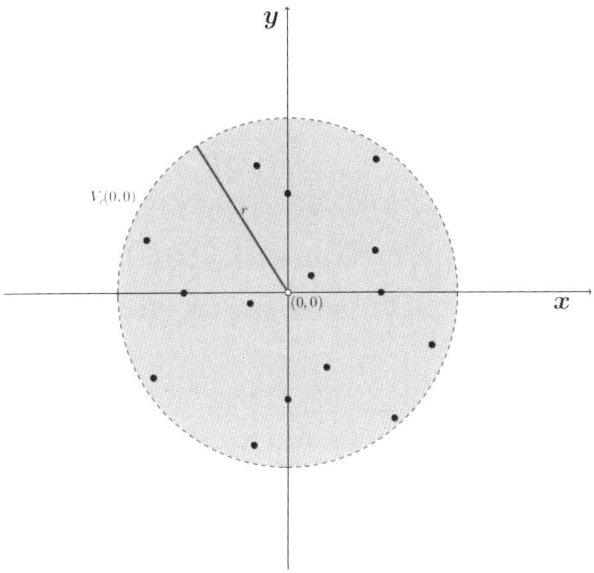

Figura 2.2: $(0,0)$ é ponto de acumulação de $A = \mathbb{R}^2 - \{(0,0)\}$: alguns dos infinitos pontos de A contidos em uma vizinhança $\mathscr{V}_r^*(0,0)$, $r > 0$ arbitrário fixado.

O exemplo a seguir, o qual nos mostra novamente que um ponto de acumulação de um conjunto pode não pertencer a esse conjunto, desempenha interesse especial, conforme a discussão que o segue.

Exemplo 4. Consideremos $A = \{(x,y) \in \mathbb{R}^2 : \sqrt{x^2 + y^2} < R,\ R > 0\}$.

Afirmação: todo ponto $(a,b) \in \mathbb{R}^2$, tal que $\sqrt{a^2 + b^2} = R$, é ponto de acumulação de A.

Demonstração: de acordo com a definição de ponto de acumulação, devemos demonstrar que

i) existe um ponto $(x_0, y_0) \in A$;

ii) $(x_0, y_0) \neq (a, b)$;

iii) $\forall r > 0$, $\sqrt{(x_0 - a)^2 + (y_0 - b)^2} < r$.

Essas condições requerem que o ponto (x_0, y_0) a ser obtido dependa de R, (a, b) e r. A condição *i*) equivale à $\sqrt{x_0^2 + y_0^2} < R$; *ii*) significa que podemos escolher (x_0, y_0) do tipo (ta, tb)[1], para algum $t \in \mathbb{R}$ tal que (ta, tb) satisfaça tanto *i*) quanto *iii*), ou seja, tal que $\sqrt{(ta)^2 + (tb)^2} < R$ e $\sqrt{(ta - a)^2 + (tb - b)^2} < r$. Assim, a escolha de (x_0, y_0) é determinada pela escolha de t. Decorre da primeira dessas desigualdades, em virtude de *i*), que $|t| < 1$; decorre da segunda, por sua vez, também em virtude de *i*), que $|t - 1| < \frac{r}{R}$. Desse modo, devemos considerar t tal que $1 - \frac{r}{R} < t < 1$. Escolhendo, por exemplo, $t = 1 - \frac{r}{2R}$, obtemos $(x_0, y_0) = \left(\left(1 - \frac{r}{2R}\right) a, \left(1 - \frac{r}{2R}\right) b\right)$ (Figura 2.3 a seguir). Finalmente, esse próprio procedimento nos assegura que tal ponto satisfaz as condições acima exigidas.

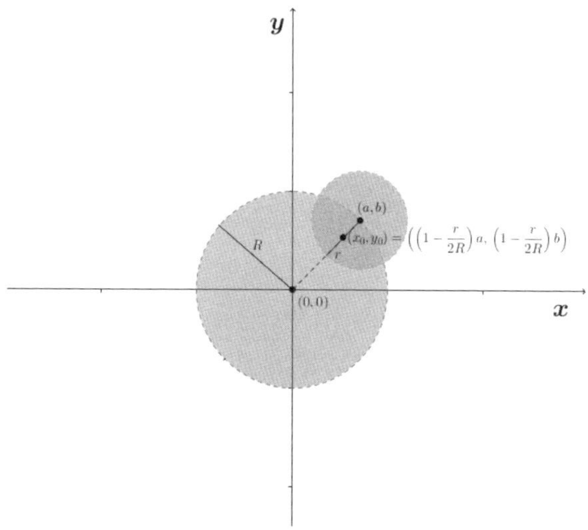

Figura 2.3: o ponto (a, b), tal que $\sqrt{a^2 + b^2} = R$, é ponto de acumulação de $A = \{(x, y) \in \mathbb{R}^2 : \sqrt{x^2 + y^2} < R,\ R > 0\}$.

[1] Identificando o ponto (a, b) com o vetor de origem em $(0, 0)$ e extremidade em (a, b), basta escolhermos (x_0, y_0) como um múltiplo $t(a, b)$ $(= (ta, tb))$ desse vetor, para algum $t \in \mathbb{R}$ que satisfaça as condições *i*), *ii*) e *iii*) acima. (O leitor está convidado a tentar obter um ponto (x_0, y_0) **não múltiplo** de (a, b) que satisfaça tais condições.)

Observação: o leitor se deparará, em seus estudos posteriores de Matemática, não com demonstrações (em detalhes) como essa que ora apresentamos, mas sim com demonstrações (por vezes, bastante resumidas), as quais requererão dele maturidade (a ser adquirida com sua experiência) para entender, bem como saber justificar os argumentos utilizados (às vezes, implícitos) e, igualmente, as afirmações declaradas, como a seguinte:

Demonstração: dado $r > 0$, **podemos supor, sem perda de generalidade, que $r < 2R$.** Assim, **o ponto $(x_0, y_0) = \left(\left(1 - \frac{r}{2R}\right)a, \left(1 - \frac{r}{2R}\right)b\right)$ pertence a A, é diferente de (a, b) e $\sqrt{(x_0 - a)^2 + (y_0 - b)^2} = \frac{r}{2} < r$.**

Após a leitura de demonstrações como essa, esperamos que, naturalmente, o leitor formule (bem como tente, por si mesmo, responder a) perguntas como as seguintes:

a) por que se pode supor, sem perda de generalidade, que $r < 2R$?

b) qual a justificativa para essa escolha do ponto (x_0, y_0)?

c) as afirmações de que o ponto (x_0, y_0) escolhido desse modo pertence a A, é diferente de (a, b) e $\sqrt{(x_0 - a)^2 + (y_0 - b)^2} = \frac{r}{2} < r$, são verdadeiras? (Sim, mas é importante que o leitor se convença desses fatos, verificando-os, o que é relativamente simples.)

Ademais, o exemplo ora apresentado é um dos tipos de exemplos a respeito dos quais esperamos que o leitor formule a seguinte pergunta: é possível generalizar tal exemplo? (Se sim, como demonstrar tal generalização? Se não, como fornecer um contraexemplo?). Mais precisamente, dado que foi solicitado demonstrar que todo ponto $(a, b) \in \mathbb{R}^2$, tal que $\sqrt{a^2 + b^2} = R$, é ponto de acumulação de A (ou seja, o conjunto de tais pontos está contido no derivado A' de A), podemos ampliar esse conjunto de pontos de acumulação de A?

Para responder a essa pergunta, observemos, inicialmente, que, em virtude da definição de ponto de acumulação de um conjunto, nenhum ponto $(a, b) \in \mathbb{R}^2$, tal que $\sqrt{a^2 + b^2} > R$, pode ser ponto de acumulação de A, pois sempre existe uma vizinhança de centro em qualquer de tais pontos e raio apropriado que não contém ponto algum de A. Assim, resta-nos tão somente verificar se algum ponto do próprio conjunto A é ponto de acumulação de A. Ora, ao contrário do que ocorre com pontos como os que acabamos de discutir, qualquer que seja o ponto (a, b) pertencente a A, toda vizinhança $\mathscr{V}_r(a, b)$ contém pelo menos um (em verdade, uma infinidade de) ponto(s) de A, diferente(s) de (a, b). Portanto, $A' = \{(x, y) \in \mathbb{R}^2 : \sqrt{x^2 + y^2} \leq r\}$[2].

Em que pese a importância desses exemplos, o de mais interesse para os nossos propósitos é o que apresentamos a seguir, no qual ainda nos permitimos usar a noção intuitiva de *aproximação*.

Exemplo 5. Consideremos $f, g : A \subseteq \mathbb{R}^2 \to \mathbb{R}$ funções reais de duas variáveis reais, e $(a, b) \in A'$. Suponhamos que, à medida que (x, y) $((x, y) \in A)$ se aproxima de (a, b), tanto $f(x, y)$ quanto $g(x, y)$ se aproximem de 0. Definamos o seguinte subconjunto de A: $B = \{(x, y) \in A : g(x, y) \neq 0\}$ de modo a que $(a, b) \in B'$. Assim, a função $h := \dfrac{f}{g}$ está definida em B. Como B (domínio de h) contém pontos arbitrariamente próximos de (a, b) (devido ao Teorema 2.1.1, pois $(a, b) \in B'$), há sentido em analisar o comportamento de $h(x, y) = \dfrac{f(x, y)}{g(x, y)}$ em tais pontos (bem entendido: pontos nos quais tanto o numerador quanto o denominador de h se anulam (pontos de acumulação do domínio de h)).

2.2 Definição de limite de uma função real de duas variáveis reais

Algumas das noções topológicas que apresentamos na seção anterior relacionam-se com a noção de limite de uma função real de duas variáveis reais, como segue.

---

[2] A título de conhecimento, informamos ao leitor que este é, em verdade, um exemplo do seguinte fato geral: o derivado de um conjunto aberto é a união desse conjunto com a sua fronteira. O conjunto A desse exemplo é aberto. O conjunto dos pontos mencionados na afirmação é a fronteira de A. O derivado que obtivemos é, precisamente, a união desses conjuntos.

Consideremos uma função real de duas variáveis reais $f : A \subseteq \mathbb{R}^2 \to \mathbb{R}$. Um ponto $(a, b) \in \mathbb{R}^2$ pode ou não pertencer ao domínio A de f. Interessa-nos estudar as seguintes possibilidades:

i) ***A* contém infinitos pontos arbitrariamente próximos de (a, b), distintos de (a, b), ou seja, (a, b) é ponto de acumulação do domínio *A* de *f* (*f* não está definida em (a, b));**

Exemplo. $f : \mathbb{R}^2 - \{(0,0)\} \to \mathbb{R}$, definida por $f(x, y) = \dfrac{sen(x^2 + y^2)}{x^2 + y^2}$. ($(0, 0)$ é ponto de acumulação do domínio A ($= \mathbb{R}^2 - \{(0, 0)\}$) de f, ou seja, A contém infinitos pontos arbitrariamente próximos de $(0, 0)$, distintos de $(0, 0)$.

ii) ***A* não contém pontos arbitrariamente próximos de (a, b), bem como *f* não está definida em (a, b);**

Exemplo. $f : \{(x, y) \in \mathbb{R}^2 : xy \geq 0\} \to \mathbb{R}$, definida por $f(x, y) = \sqrt{xy}$. O ponto $(-1, 1)$, por exemplo, não pertence ao domínio A ($= \{(x, y) \in \mathbb{R}^2 : xy \geq 0\}$) de f. Consideremos uma vizinhança $\mathscr{V}_1(-1, 1)$. Tal vizinhança não contém pontos de A (Figura 2.4 a seguir, na qual $A = A_p \cup A_n$).

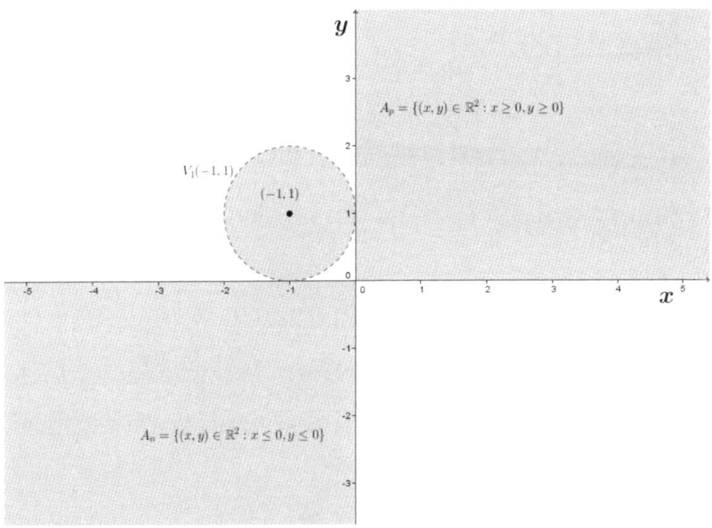

Figura 2.4: existência de uma vizinhança $\mathscr{V}_1(-1, 1)$ que não contém pontos do domínio A de f.

iii) **A se degenera em (*a*, *b*) (*f* está definida apenas em (*a*, *b*)).**

Exemplo. $f : A \to \mathbb{R}$, definida por $f(x, y) = \sqrt{-x^2 - y^2}$. O domínio A de f consiste no único ponto $(0, 0)$, de modo que não existe valor de f em qualquer ponto diferente da origem.

Em resumo: um ponto $(a, b) \in \mathbb{R}^2$ pode ou não pertencer ao domínio A de f. O limite de f em (a, b) não faz qualquer sentido se existe uma vizinhança $\mathscr{V}_r(a, b)$ que não contenha pontos de A, distintos, possivelmente, do próprio (a, b), pois, nesse caso, é impossível analisar os valores de f em pontos arbitrariamente próximos de (a, b).

Motivados por esse prelúdio, torna-se, pois, necessário que definamos, de modo matematicamente preciso, o conceito de limite de uma função real de duas variáveis reais.

A definição a seguir, referida na literatura matemática como definição $\varepsilon - \delta$ de limite, cumpre tal desiderato.

Definição 2.2.1. Consideremos uma função real de duas variáveis reais $f : A \subseteq \mathbb{R}^2 \to \mathbb{R}$ e $(a, b) \in A'$. O *limite de* $f(x, y)$, *quando* (x, y) *tende a* (a, b), *é* L $(L \in \mathbb{R})$, denotado por

$$\lim_{(x,y)\to(a,b)} f(x, y) = L,$$

se, para todo número real $\varepsilon > 0$, existe um número real $\delta > 0$ tal que,

$$\text{se } (x, y) \in A,\ 0 < \sqrt{(x-a)^2 + (y-b)^2} < \delta, \text{ então } |f(x, y) - L| < \varepsilon.$$

Em outras palavras: quando (a, b) é ponto de acumulação do domínio A de f, a expressão $\lim\limits_{(x,y)\to(a,b)} f(x, y) = L$ é uma abreviatura para a seguinte afirmação:

$$\forall \varepsilon > 0, \exists \delta > 0 : \forall (x, y) \in A, 0 < \sqrt{(x-a)^2 + (y-b)^2} < \delta \Rightarrow |f(x, y) - L| < \varepsilon.$$

Algumas importantes observações a respeito dessa definição estão em ordem, como seguem.

Observações.

1) (**(a, b) não pode ser ponto isolado do domínio A de f**). De acordo com a definição $\varepsilon - \delta$ de limite, só há sentido em escrever $\lim_{(x,y)\to(a,b)} f(x,y) = L$ quando (a,b) é ponto de acumulação do domínio A de f, pois, se $(a,b) \notin A'$, então todo número real L é limite de $f(x,y)$ quando (x,y) tende para (a,b). (Se $(a,b) \notin A'$, então, da definição de ponto de acumulação decorre que existe $\delta > 0$ tal que, para todo $(x,y) \in A$, é falso que $0 < \sqrt{(x-a)^2 + (y-b)^2} < \delta$. Considerando esse δ, é sempre verdade que, para todo $\varepsilon > 0$, $|f(x,y) - L| < \varepsilon$, qualquer que seja L. Portanto, $\lim_{(x,y)\to(a,b)} f(x,y) = L$.)

2) (**O domínio A de f não precisa conter (a, b)**). Ao considerarmos $\lim_{(x,y)\to(a,b)} f(x,y)$, não exigimos que (a,b) pertença ao domínio A da função f (nos casos mais interessantes de limite, $(a,b) \notin A$).

3) (**Não há, em geral, relação entre o valor do limite de f e o valor de f em (a, b)**). Mesmo nos casos em que $(a,b) \in A$, a afirmação $\lim_{(x,y)\to(a,b)} f(x,y) = L$ não se relaciona, de modo geral[3], com $f(a,b)$ (tal afirmação descreve apenas o comportamento dos valores $f(x,y)$ para (x,y) próximo de (a,b), mas $(x,y) \neq (a,b)$).

Uma vez que relacionamos os conceitos de distância, vizinhança e ponto de acumulação, por meio de uma única expressão — $\lim_{(x,y)\to(a,b)} f(x,y) = L$ —, é natural que eles mesmos estejam intimamente relacionados entre si, em conformidade com tal expressão. De outro modo, é necessário que (x,y) se aproxime de (a,b) para que $f(x,y)$ se aproxime de L, mas, de modo algum, é suficiente.

[3] Apenas se f é contínua em (a,b) é que, pela definição de continuidade, o valor L do limite de f coincide com o valor de f em (a,b), ou seja, $\lim_{(x,y)\to(a,b)} f(x,y) = f(a,b)$ (*vide* Capítulo 3).

2.3 Demonstração da existência de limites por meio da definição $\varepsilon - \delta$

A demonstração da existência de limites de funções reais de duas variáveis reais por meio da definição $\varepsilon - \delta$ de limite consiste, essencialmente, em estabelecer a conexão entre a desigualdade que envolve o ε dado e a desigualdade que envolve o δ correspondente que desejamos obter. Para estabelecer tal conexão, procedemos como segue:

i) desenvolvemos $|f(x, y) - L|$ até obtermos uma expressão que se relacione com $\sqrt{(x-a)^2 + (y-b)^2}$ (tal expressão a ser obtida decorre de uma sequência de desigualdades envolvendo $|f(x, y) - L|$ e, em geral, de um múltiplo positivo de $\sqrt{(x-a)^2 + (y-b)^2}$);

ii) exigimos que a expressão resultante acima seja menor que o $\varepsilon > 0$ dado arbitrariamente (essa exigência nos permite obter o $\delta > 0$ desejado), de modo que, assim, garantimos que $|f(x, y) - L| < \varepsilon$;

iii) (opcional) considerando o $\delta > 0$ obtido, podemos verificar que a definição $\varepsilon - \delta$ de limite é realmente satisfeita, de modo a nos assegurar que a demonstração esteja correta.

No Exemplo 1 a seguir, apresentamos o uso do procedimento geral de demonstração de limites pela definição $\varepsilon - \delta$ que ora descrevemos, aplicado a três especiais funções reais de duas variáveis reais:

a) **função constante**: $f : \mathbb{R}^2 \to \mathbb{R}$, definida por $f(x, y) = c$;

b) **primeira** (respectivamente, **segunda**) **projeção**: $f : \mathbb{R}^2 \to \mathbb{R}$, definida por $f(x, y) = x$ (respectivamente, $f(x, y) = y$);

c) **função produto**: $f : \mathbb{R}^2 \to \mathbb{R}$, definida por $f(x, y) = xy$.

Conquanto o uso da definição $\varepsilon - \delta$ de limite para demonstrar a existência dos limites dessas três particulares funções possa parecer um tanto ingênuo ao leitor, os resultados que ali mencionamos desempenham fundamental importância, particularmente no que diz respeito a um dos principais tipos de funções reais de duas variáveis reais mais gerais com que lidamos, a saber, as funções polinomiais, como teremos oportunidade de estudar no decorrer desse livro. Ademais, a simplicidade de tais funções exibe a verdade a respeito da "dependência" entre o δ (a ser obtido), o ε (dado) e o ponto de acumulação do domínio da função no qual calculamos o limite:

1) no item a), mostramos que o δ **não depende de** ε;

2) no item b), mostramos que o δ **depende de** ε, mas não do particular ponto;

3) no item c), mostramos que o δ **depende tanto de** ε **quanto do particular ponto**.

Assim, é inapropriado afirmar que "δ **depende** de ε e, em geral, do ponto (a, b) dado", denotando, consequentemente, δ por $\delta(\varepsilon; (a, b))$, para enfatizar tal afirmação (essa afirmação pressupõe, em particular, que δ **sempre** dependa de ε, o que não é verdade, conforme asseguramos no item a) do exemplo a seguir). O correto é afirmar que "δ **pode** depender de ε ou do ponto (ou de ambos)" (essa afirmação pressupõe, por sua vez, que pode ocorrer qualquer dos três casos que mencionamos).

Exemplo 1. Demonstre que:

a) $\lim\limits_{(x,y)\to(a,b)} c = c$, em que c é uma constante real arbitrária.

b) $\lim\limits_{(x,y)\to(a,b)} x = a$ (respectivamente, $\lim\limits_{(x,y)\to(a,b)} y = b$).

c) $\lim\limits_{(x,y)\to(a,b)} xy = ab$.

Demonstração.

a) De acordo com a definição $\varepsilon - \delta$ de limite de funções reais de duas variáveis reais, devemos demonstrar que

$$\forall \varepsilon > 0, \exists \delta > 0 : \forall (x, y) \in \mathbb{R}^2, 0 < \sqrt{(x-a)^2 + (y-b)^2} < \delta \Rightarrow |c - c| < \varepsilon,$$

em que (a, b) é um ponto de acumulação arbitrário fixado de $\mathbb{R}^2$.

Como a conclusão acima é satisfeita para todo $\varepsilon > 0$ dado, segue que podemos considerar qualquer $\delta > 0$ que satisfaça a hipótese acima.

Observamos, assim, que, nesse caso, δ **não depende de** ε.

b) De acordo com a definição $\varepsilon - \delta$ de limite de funções reais de duas variáveis reais, devemos demonstrar que

$$\forall\varepsilon > 0, \exists\delta > 0 : \forall(x,y) \in \mathbb{R}^2, 0 < \sqrt{(x-a)^2 + (y-b)^2} < \delta \Rightarrow |x-a| < \varepsilon,$$

em que (a, b) é um ponto de acumulação arbitrário fixado de $\mathbb{R}^2$. Temos

$$|x-a| = \sqrt{(x-a)^2} \le \sqrt{(x-a)^2 + (y-b)^2} < \delta,$$

de modo que, para termos $|x-a| < \varepsilon$, é suficiente considerarmos um δ tal que $0 < \delta \le \varepsilon$ (por exemplo, $\delta = \varepsilon$).

Observamos, assim, que, nesse caso, δ **depende de** ε (a escolha de um particular valor de δ não é única).

c) De acordo com a definição $\varepsilon - \delta$ de limite de funções reais de duas variáveis reais, devemos demonstrar que

$$\forall\varepsilon > 0, \exists\delta > 0 : \forall(x,y) \in \mathbb{R}^2, 0 < \sqrt{(x-a)^2 + (y-b)^2} < \delta \Rightarrow |xy-ab| < \varepsilon,$$

em que (a, b) é um ponto de acumulação arbitrário fixado de $\mathbb{R}^2$.

As desigualdades

$$|x-a| \le \sqrt{(x-a)^2 + (y-b)^2}\ (< \delta)$$

e

$$|y-a| \le \sqrt{(x-a)^2 + (y-b)^2}\ (< \delta)$$

nos sugerem considerar a seguinte identidade:

$$xy - ab = (x-a)(y-b) + a(y-b) + b(x-a).$$

Assim, temos

$$\begin{aligned} |xy-ab| &= |(x-a)(y-b) + a(y-b) + b(x-a)| \\ &\le |x-a||y-b| + |a||y-b| + |b||x-a| \\ &\le \delta^2 + (|a| + |b|)\delta. \end{aligned}$$

Agora, para cada $\varepsilon > 0$ fixado, exigimos que $\delta^2 + (|a| + |b|)\delta < \varepsilon$, ou seja, $\delta^2 + (|a| + |b|)\delta - \varepsilon < 0$. Resolvendo essa inequação em δ ($\delta > 0$), obtemos $0 < \delta < \dfrac{-(|a| + |b|) + \sqrt{(|a| + |b|)^2 + 4\varepsilon}}{2}$. □

Observamos, assim, que, nesse caso, δ **depende tanto de** ε **quanto do ponto** (a, b) (a escolha de um particular valor de δ não é única).

Exemplo 2. Dada $f : \mathbb{R}^2 - \{(0,0)\} \to \mathbb{R}$, definida por $f(x,y) = xy\left(\dfrac{x^2 - y^2}{x^2 + y^2}\right)$, demonstre que $\lim\limits_{(x,y)\to(0,0)} f(x,y) = 0$.

Resolução.

De acordo com a definição $\varepsilon - \delta$ de limite, devemos demonstrar que

$$\forall\varepsilon > 0, \exists\delta > 0 : \forall(x,y) \in A, 0 < \sqrt{x^2 + y^2} < \delta \Rightarrow \left|xy\left(\frac{x^2 - y^2}{x^2 + y^2}\right)\right| < \varepsilon.$$

Para estabelecer a conexão entre $\sqrt{x^2 + y^2} < \delta$ e $\left|xy\left(\dfrac{x^2 - y^2}{x^2 + y^2}\right)\right| < \varepsilon$, procedemos como segue:

$$\begin{aligned}
\left|xy\left(\frac{x^2 - y^2}{x^2 + y^2}\right)\right| &= \frac{|xy||x^2 - y^2|}{x^2 + y^2} \\
&\leq \frac{(1/2)(x^2 + y^2)|x^2 - y^2|}{x^2 + y^2} \\
&\leq \frac{|x^2 - y^2|}{2} \\
&\leq \frac{|x^2| + |y^2|}{2} \\
&= \frac{x^2 + y^2}{2} \\
&= \frac{(\sqrt{x^2 + y^2})^2}{2} \\
&\leq \frac{\delta^2}{2}.
\end{aligned}$$

Portanto, para que $\left|xy\left(\dfrac{x^2 - y^2}{x^2 + y^2}\right)\right| < \varepsilon$, é suficiente, de acordo com a última desigualdade acima, que consideremos um $\delta > 0$ tal que $\dfrac{\delta^2}{2} \leq \varepsilon$, ou seja, $0 < \delta \leq \sqrt{2\varepsilon}$ (por exemplo, $\delta = \sqrt{2\varepsilon}$).

Exemplo 3. Dada $f : \mathbb{R}^2 - \{(0,0)\} \to \mathbb{R}$, definida por $f(x,y) = \dfrac{y^5 cos^3 x + x^3 sen^2 y}{x^4 + y^4 + 2x^2y^2}$, demonstre que $\lim\limits_{(x,y)\to(0,0)} f(x,y) = 0$.

Resolução.

De acordo com a definição $\varepsilon - \delta$ de limite, devemos demonstrar que

$$\forall \varepsilon > 0, \exists \delta > 0 : \forall (x,y) \in A, 0 < \sqrt{x^2+y^2} < \delta \Rightarrow \left| \frac{y^5 cos^3 x + x^3 sen^2 y}{x^4 + y^4 + 2x^2y^2} \right| < \varepsilon.$$

Para estabelecer a conexão entre $\sqrt{x^2+y^2} < \delta$ e $\left| \dfrac{y^5 cos^3 x + x^3 sen^2 y}{x^4 + y^4 + 2x^2y^2} \right| < \varepsilon$, procedemos como segue:

$$\begin{aligned}
\left| \frac{y^5 cos^3 x + x^3 sen^2 y}{x^4 + y^4 + 2x^2y^2} \right| &= \frac{|y^5 cos^3 x + x^3 sen^2 y|}{x^4 + 2x^2y^2 + y^4} \\
&= \frac{|y^5 cos^3 x + x^3 sen^2 y|}{(x^2+y^2)^2} \\
&\leq \frac{|y^5 cos^3 x| + |x^3 sen^2 y|}{(x^2+y^2)^2} \\
&= \frac{|y^5||cos^3 x| + |x^3||sen^2 y|}{(x^2+y^2)^2} \\
&= \frac{y^4|y||cos^3 x| + x^2|x||sen^2 y|}{(x^2+y^2)^2} \\
&\leq \frac{(x^2+y^2)^2\sqrt{x^2+y^2}|cos^3 x| + (x^2+y^2)\sqrt{x^2+y^2}|sen^2 y|}{(x^2+y^2)^2} \\
&\leq \frac{(x^2+y^2)^2\sqrt{x^2+y^2} + (x^2+y^2)\sqrt{x^2+y^2}|y^2|}{(x^2+y^2)^2} \\
&\leq \frac{(x^2+y^2)^2\sqrt{x^2+y^2} + (x^2+y^2)\sqrt{x^2+y^2}(\sqrt{x^2+y^2})^2}{(x^2+y^2)^2} \\
&= \frac{(x^2+y^2)^{\frac{5}{2}} + (x^2+y^2)^{\frac{5}{2}}}{(x^2+y^2)^2} \\
&\leq \frac{2(x^2+y^2)^{\frac{5}{2}}}{(x^2+y^2)^2} \\
&= 2\sqrt{x^2+y^2} \\
&< 2\delta.
\end{aligned}$$

Portanto, para que $\left|\dfrac{y^5cos^3x + x^3sen^2y}{x^4 + y^4 + 2x^2y^2}\right| < \varepsilon$, é suficiente, de acordo com a última desigualdade acima, que consideremos um $\delta > 0$ tal que $2\delta \leq \varepsilon$, ou seja, $0 < \delta \leq \dfrac{\varepsilon}{2}$ (por exemplo, $\delta = \dfrac{\varepsilon}{2}$).

Pode ocorrer que a conexão entre a desigualdade que envolve o ε dado e a desigualdade que envolve o δ correspondente que desejamos obter seja um tanto mais complicada que aquelas que apresentamos, conforme o exemplo a seguir.

Exemplo. Dada $f : \mathbb{R}^2 - \{(0,0)\} \to \mathbb{R}$, definida por $f(x,y) = (x^2 + y^2)ln(\sqrt{x^2+y^2})$, demonstre que $\lim\limits_{(x,y)\to(0,0)} f(x,y) = 0$.

Resolução.

De acordo com a definição $\varepsilon - \delta$ de limite, devemos demonstrar que

$$\forall\varepsilon > 0, \exists\delta > 0 : \forall(x,y) \in A, 0 < \sqrt{x^2+y^2} < \delta \Rightarrow |(x^2+y^2)ln(\sqrt{x^2+y^2})| < \varepsilon.$$

Para estabelecer a conexão entre $\sqrt{x^2+y^2} < \delta$ e $|(x^2+y^2)ln(\sqrt{x^2+y^2})| < \varepsilon$, observemos que, em uma vizinhança apropriada da origem,

$$\sqrt{x^2+y^2} < \delta \Rightarrow |(x^2+y^2)ln(\sqrt{x^2+y^2})| < \delta^2 ln(\delta),$$

de modo que é suficiente demonstrar que existe $\delta > 0$ tal que

$$\delta^2 ln(\delta) \leq \varepsilon.$$

Considerando $t = ln\ \delta$, temos que $\delta = e^t$, de modo que tal inequação se torna

$$te^{2t} \leq \varepsilon.$$

Agora, a **função *W* de Lambert** resolve a seguinte equação em y:

$$ye^y = x,$$

ou seja, se $y = W(x)$, então y resolve $ye^y = x$.

Assim, expressando a inequação anterior como $2te^{2t} \leq 2\varepsilon$, obtemos $t = \dfrac{W(2\varepsilon)}{2}$.

Portanto, dado $\varepsilon > 0$, uma vez que $\delta = e^t$, podemos escolher δ tal que

$$0 < \delta \leq e^{\frac{W(2\varepsilon)}{2}}.$$

2.4 Propriedades operatórias de limites

O teorema a seguir estabelece as propriedades operatórias básicas com limites de funções reais de duas variáveis reais definidas em um mesmo conjunto[4]: adição, multiplicação de função por constante, subtração, multiplicação de funções, divisão e radiciação.

O leitor pode desejar se deter na demonstração de cada qual dessas propriedades: ao assim proceder, ele observará que tal demonstração exprime, em seu próprio direito, um autêntico uso da definição $\varepsilon - \delta$ de limite.

Teorema 2.4.1. (Propriedades operatórias de limites) *Consideremos* $f, g : A \subseteq \mathbb{R}^2 \to \mathbb{R}$ *funções reais de duas variáveis reais,* $(a, b) \in A'$, *e* c *um número real qualquer. Se* $\lim\limits_{(x,y)\to(a,b)} f(x, y) = L$ *e* $\lim\limits_{(x,y)\to(a,b)} g(x, y) = M$, *então*

i) $\lim\limits_{(x,y)\to(a,b)} [f(x, y) + g(x, y)] = L + M.$

ii) $\lim\limits_{(x,y)\to(a,b)} cf(x, y) = cL.$

iii) $\lim\limits_{(x,y)\to(a,b)} [f(x, y) - g(x, y)] = L - M.$

iv) $\lim\limits_{(x,y)\to(a,b)} [f(x, y)g(x, y)] = LM.$

v) $\lim\limits_{(x,y)\to(a,b)} \left[\dfrac{f(x, y)}{g(x, y)}\right] = \dfrac{L}{M}$, **desde que $M \neq 0$, em alguma vizinhança $\mathscr{V}_r(a, b)$.**

vi) $\lim\limits_{(x,y)\to(a,b)} \sqrt{f(x, y)} = \sqrt{L}$, **desde que $L > 0$, em alguma vizinhança $\mathscr{V}_r(a, b)$.**

Demonstração.

i) De acordo com a definição $\varepsilon - \delta$ de limite, devemos demonstrar que

$$\forall\varepsilon > 0, \exists\delta > 0 : \forall(x, y) \in A,$$

[4] Apenas por simplicidade, consideramos funções f e g definidas em um mesmo conjunto A. Se f estiver definida em um conjunto A e g em um conjunto B ($A \neq B$ tal que $A \cap B \neq \emptyset$), deveremos exigir que $(a, b) \in A' \cap B'$: em *i*), *iii*) e *iv*), o domínio deve ser $A \cap B$, enquanto que em *v*), o domínio deve ser $A \cap B$, tal que $\lim\limits_{(x,y)\to(a,b)} g(x, y) \neq 0$, em alguma vizinhança $\mathscr{V}_r(a, b)$.

$$0 < \sqrt{(x-a)^2 + (y-b)^2} < \delta \Rightarrow |[f(x,y) + g(x,y)] - (L+M)| < \varepsilon.$$

Observemos que

$$\begin{aligned} |[f(x,y) + g(x,y)] - (L+M)| &= |[f(x,y) - L] + [g(x,y) - M]| \\ &\leq |f(x,y) - L| + |g(x,y) - M|. \end{aligned}$$

Assim, podemos tornar $|[f(x,y)+g(x,y)]-(L+M)| < \varepsilon$, desde que exista um $\delta > 0$ tal que tanto $|f(x,y) - L| < \frac{\varepsilon}{2}$ quanto $|g(x,y) - M| < \frac{\varepsilon}{2}$. Por hipótese, dado qualquer $\varepsilon > 0$, existem $\delta_1 > 0$ e $\delta_2 > 0$ tais que, para todo $(x,y) \in A$,

$$0 < \sqrt{(x-a)^2 + (y-b)^2} < \delta_1 \Rightarrow |f(x,y) - L| < \frac{\varepsilon}{2},$$

$$0 < \sqrt{(x-a)^2 + (y-b)^2} < \delta_2 \Rightarrow |g(x,y) - M| < \frac{\varepsilon}{2}.$$

Considerando $\delta = min\{\delta_1, \delta_2\}$, temos

$$\begin{aligned} |[f(x,y) + g(x,y)] - (L+M)| &= |[f(x,y) - L] + [g(x,y) - M]| \\ &\leq |f(x,y) - L| + |g(x,y) - M| \\ &< \frac{\varepsilon}{2} + \frac{\varepsilon}{2} \\ &= \varepsilon. \end{aligned}$$

Portanto, $\lim_{(x,y)\to(a,b)} [f(x,y) + g(x,y)] = L + M.$

ii) De acordo com a definição $\varepsilon - \delta$ de limite, devemos demonstrar que

$$\forall \varepsilon > 0, \exists \delta > 0 : \forall (x,y) \in A,$$

$$0 < \sqrt{(x-a)^2 + (y-b)^2} < \delta \Rightarrow |cf(x,y) - cL| < \varepsilon.$$

O caso em que $c = 0$ é um caso particular do Exemplo 1 a). Consideremos, pois, $c \neq 0$. Observemos que

$$|cf(x,y) - cL| = |c||f(x,y) - L|.$$

Assim, podemos tornar $|cf(x,y) - cL| < \varepsilon$ (equivalentemente, $|c||f(x,y) - L| < \varepsilon$), desde que exista um $\delta > 0$ tal que $|f(x,y) - L| < \dfrac{\varepsilon}{|c|}$.

Por hipótese, dado qualquer $\varepsilon > 0$, existe $\delta > 0$, tal que, para todo $(x, y) \in A$,

$$0 < \sqrt{(x-a)^2 + (y-b)^2} < \delta \Rightarrow |f(x,y) - L| < \frac{\varepsilon}{|c|}.$$

Assim, considerando esse mesmo $\delta > 0$, temos

$$\begin{aligned} |cf(x,y) - cL| &= |c||f(x,y) - L| \\ &< |c|\frac{\varepsilon}{|c|} \\ &= \varepsilon. \end{aligned}$$

Portanto, $\lim\limits_{(x,y)\to(a,b)} [cf(x,y)] = cL$.

iii) Como $f(x,y) - g(x,y) = f(x,y) + (-1)g(x,y)$, o resultado segue da aplicação dos itens *i*) e *ii*) ($c = -1$) desse teorema.

Portanto, $\lim\limits_{(x,y)\to(a,b)} [f(x,y) - g(x,y)] = L - M$.

iv) De acordo com a definição $\varepsilon - \delta$ de limite, devemos demonstrar que

$$\forall \varepsilon > 0, \exists \delta > 0 : \forall (x,y) \in A,$$

$$0 < \sqrt{(x-a)^2 + (y-b)^2} < \delta \Rightarrow |f(x,y)g(x,y) - LM| < \varepsilon.$$

Observemos que

$$\begin{aligned} |f(x,y)g(x,y) - LM| &= |f(x,y)g(x,y) - f(x,y)M + f(x,y)M - LM| \\ &\leq |f(x,y)g(x,y) - f(x,y)M| + |f(x,y)M - LM| \\ &= |f(x,y)||g(x,y) - M| + |M||f(x,y) - L| \\ &\leq |f(x,y)||g(x,y) - M| + |1 + M||f(x,y) - L|. \end{aligned}$$

Assim, podemos tornar $|f(x,y)g(x,y) - LM| < \varepsilon$, desde que exista um $\delta > 0$ tal que tanto $|f(x,y)||g(x,y) - M| < \frac{\varepsilon}{2}$ quanto $|1 + M||f(x,y) - L| < \frac{\varepsilon}{2}$. Por hipótese, dado qualquer $\varepsilon > 0$, existem $\delta_1 > 0$, $\delta_2 > 0$ e $\delta_3 > 0$ tais que, para todo $(x, y) \in A$,

$$0 < \sqrt{(x-a)^2 + (y-b)^2} < \delta_1 \Rightarrow |f(x,y) - L| < 1$$

(considerando, por exemplo, $\varepsilon = 1$, de modo que $|f(x,y)| < 1 + |L|$),

$$0 < \sqrt{(x-a)^2 + (y-b)^2} < \delta_2 \Rightarrow |g(x,y) - M| < \frac{\varepsilon}{2(1+|L|)}$$

e

$$0 < \sqrt{(x-a)^2 + (y-b)^2} < \delta_3 \Rightarrow |f(x,y) - L| < \frac{\varepsilon}{2(1+|M|)}.$$

Considerando $\delta = min\{\delta_1, \delta_2, \delta_3\}$, temos

$$\begin{aligned}
|f(x,y)g(x,y) - LM| &= |f(x,y)g(x,y) - f(x,y)M + f(x,y)M - LM| \\
&\leq |f(x,y)g(x,y) - f(x,y)M| + |f(x,y)M - LM| \\
&= |f(x,y)||g(x,y) - M| + |M||f(x,y) - L| \\
&\leq |f(x,y)||g(x,y) - M| + |1 + M||f(x,y) - L| \\
&< (1+|L|)\frac{\varepsilon}{2(1+|L|)} + (1+M)\frac{\varepsilon}{2(1+|M|)} \\
&= \frac{\varepsilon}{2} + \frac{\varepsilon}{2} \\
&= \varepsilon.
\end{aligned}$$

Portanto, $\lim\limits_{(x,y)\to(a,b)} [f(x,y)g(x,y)] = LM$.

v) Como $\dfrac{f(x,y)}{g(x,y)} = f(x,y)\dfrac{1}{g(x,y)}$, é suficiente demonstrar que $\lim\limits_{(x,y)\to(a,b)} \dfrac{1}{g(x,y)} = \dfrac{1}{M}$, pois, assim, podemos obter o resultado desejado pela aplicação do item *iv*) desse teorema a esse produto.

De acordo com a definição $\varepsilon - \delta$ de limite, devemos, pois, demonstrar que

$$\forall \varepsilon > 0, \exists \delta > 0 : \forall (x,y) \in A,$$

$$0 < \sqrt{(x-a)^2 + (y-b)^2} < \delta \Rightarrow \left| \frac{1}{g(x,y)} - \frac{1}{M} \right| < \varepsilon.$$

Observemos que

$$\begin{aligned}
\left| \frac{1}{g(x,y)} - \frac{1}{M} \right| &= \left| \frac{M - g(x,y)}{Mg(x,y)} \right| \\
&= \frac{1}{|M||g(x,y)|} |g(x,y) - M|.
\end{aligned}$$

Assim, podemos tornar $\left|\dfrac{1}{g(x,y)} - \dfrac{1}{M}\right| < \varepsilon$, desde que exista um $\delta > 0$ tal que $\dfrac{1}{|M||g(x,y)|}|g(x,y) - M| < \varepsilon$. Por hipótese, dado qualquer $\varepsilon > 0$, existe $\delta_1 > 0$ tal que, para todo $(x, y) \in A$,

$$0 < \sqrt{(x-a)^2 + (y-b)^2} < \delta_1 \Rightarrow |g(x,y) - M| < \frac{|M|}{2}$$

(consideramos $\varepsilon = \frac{|M|}{2}$). Consequentemente, para todo tal (x, y), temos

$$\begin{aligned} |M| &= |g(x,y) + [M - g(x,y)]| \\ &\leq |g(x,y)| + |M - g(x,y)| \\ &< |g(x,y)| + \frac{|M|}{2}, \end{aligned}$$

ou seja,

$$\frac{|M|}{2} < |g(x,y)|,$$

de modo que

$$\frac{1}{|g(x,y)|} < \frac{2}{|M|}.$$

Substituindo esse limitante superior de $\dfrac{1}{|g(x,y)|}$ na igualdade $\left|\dfrac{1}{g(x,y)} - \dfrac{1}{M}\right| = \dfrac{1}{|M||g(x,y)|}|g(x,y) - M|$, obtemos

$$\left|\frac{1}{g(x,y)} - \frac{1}{M}\right| < \frac{2}{|M|^2}|g(x,y) - M|,$$

de modo que, agora, tornar $\left|\dfrac{1}{g(x,y)} - \dfrac{1}{M}\right| < \varepsilon$ equivale a tornar $|g(x,y) - M| < \dfrac{|M|^2}{2}\varepsilon$. Por hipótese, dado qualquer $\varepsilon > 0$, existe $\delta_2 > 0$ tal que, para todo $(x, y) \in A$,

$$0 < \sqrt{(x-a)^2 + (y-b)^2} < \delta_2 \Rightarrow |g(x,y) - M| < \frac{|M|^2}{2}\varepsilon.$$

Finalmente, considerando $\delta = min\{\delta_1, \delta_2\}$, temos

$$\begin{aligned}\left|\frac{1}{g(x,y)} - \frac{1}{M}\right| &< \frac{2}{|M|^2}\frac{|M|^2}{2}\varepsilon \\ &= \varepsilon.\end{aligned}$$

Logo, $\displaystyle\lim_{(x,y)\to(a,b)} \frac{1}{g(x,y)} = \frac{1}{M}$.
Portanto,

$$\begin{aligned}\lim_{(x,y)\to(a,b)} \frac{f(x,y)}{g(x,y)} &= \lim_{(x,y)\to(a,b)} \left[f(x,y)\frac{1}{g(x,y)}\right] \\ &= \left[\lim_{(x,y)\to(a,b)} f(x,y)\right]\left[\lim_{(x,y)\to(a,b)} \frac{1}{g(x,y)}\right] \\ &= \frac{L}{M},\end{aligned}$$

em que aplicamos o item *iv*) desse teorema à última igualdade, juntamente com o resultado auxiliar que ora demonstramos.

vi) De acordo com a definição $\varepsilon - \delta$ de limite, devemos demonstrar que

$$\forall\varepsilon > 0, \exists\delta > 0 : \forall(x,y) \in A,$$

$$0 < \sqrt{(x-a)^2 + (y-b)^2} < \delta \Rightarrow |\sqrt{f(x,y)} - \sqrt{L}| < \varepsilon.$$

Inicialmente, observemos que

$$\begin{aligned}|\sqrt{f(x,y)} - \sqrt{L}| &= \frac{|f(x,y) - L|}{\sqrt{f(x,y)} + \sqrt{L}} \\ &\leq \frac{|f(x,y) - L|}{\sqrt{L}}.\end{aligned}$$

Assim, podemos tornar $|\sqrt{f(x,y)} - \sqrt{L}| < \varepsilon$, desde que exista um $\delta > 0$ tal que $\dfrac{|f(x,y) - L|}{\sqrt{L}} < \varepsilon$. Por hipótese, dado qualquer $\varepsilon > 0$, existe $\delta > 0$ tal que, para todo $(x,y) \in A$,

$$0 < \sqrt{(x-a)^2 + (y-b)^2} < \delta \Rightarrow |f(x,y) - L| < \sqrt{L}\varepsilon.$$

Logo, considerando esse mesmo $\delta > 0$, temos

$$\begin{aligned} |\sqrt{f(x,y)} - \sqrt{L}| &= \frac{|f(x,y) - L|}{\sqrt{f(x,y)} + \sqrt{L}} \\ &\leq \frac{|f(x,y) - L|}{\sqrt{L}} \\ &< \frac{1}{\sqrt{L}}(\sqrt{L}\varepsilon) \\ &= \varepsilon. \end{aligned}$$

Portanto, $\lim\limits_{(x,y)\to(a,b)} \sqrt{f(x,y)} = \sqrt{L}$. □

Referimo-nos comumente às propriedades operatórias básicas com limites que descrevemos no Teorema 2.4.1 do seguinte modo:

i) o limite da soma é a soma dos limites;

ii) o limite de uma constante vezes uma função é igual a essa constante vezes o limite dessa função;

iii) o limite da diferença é a diferença dos limites;

iv) o limite do produto é o produto dos limites;

v) o limite do quociente é o quociente dos limites, **desde que o limite do denominador seja diferente de zero**;

vi) o limite da raiz é a raiz do limite, **desde que o limite do radicando seja positivo**.

Em resumo: limites de funções comportam-se apropriadamente com respeito a adições, multiplicações por constante, subtrações, multiplicações, divisões e radiciações.

Exemplo. Considere a função real de duas variáveis reais $f : \mathbb{R}^2 \to \mathbb{R}$ definida por

$$f(x,y) = \begin{cases} \dfrac{(2^x - 1)seny}{xy}, & \text{se} \quad x \neq 0 \text{ e } y \neq 0 \\ ln\,2 \quad, & \text{se} \quad x = 0 \text{ ou } y = 0 \end{cases}.$$

Calcule

a) $\lim\limits_{(x,y)\to(0,0)} f(x,y)$.

b) $\lim\limits_{(x,y)\to(a,0)} f(x,y)$, para todo $a \in \mathbb{R} - \{0\}$.

c) $\lim\limits_{(x,y)\to(0,b)} f(x,y)$, para todo $b \in \mathbb{R} - \{0\}$.

Resolução.

Inicialmente, observemos que podemos expressar a função dada do seguinte modo:

$$f(x,y) = \begin{cases} \left(\dfrac{2^x - 1}{x}\right)\left(\dfrac{sen y}{y}\right), & \text{se} \quad x \neq 0 \text{ e } y \neq 0 \\ \qquad ln\, 2 & , \text{se} \quad x = 0 \text{ ou } y = 0 \end{cases}.$$

Temos

a)

$$\lim_{(x,y)\to(0,0)} \frac{2^x - 1}{x} \overset{\text{l'H}}{=} \lim_{(x,y)\to(0,0)} 2^x ln 2 = ln 2,$$

$$\lim_{(x,y)\to(0,0)} \frac{sen y}{y} = 1.$$

Logo,

$$\begin{aligned} \lim_{(x,y)\to(0,0)} f(x,y) &= \lim_{(x,y)\to(0,0)} \left(\frac{2^x - 1}{x}\right)\left(\frac{sen y}{y}\right) \\ &= \left(\lim_{(x,y)\to(0,0)} \frac{2^x - 1}{x}\right)\left(\lim_{(x,y)\to(0,0)} \frac{sen y}{y}\right) \\ &= ln 2. \end{aligned}$$

b)

$$\lim_{(x,y)\to(a,0)} \frac{2^x - 1}{x} = \frac{2^a - 1}{a} \quad (\text{para todo } a \in \mathbb{R} - \{0\}),$$

$$\lim_{(x,y)\to(a,0)} \frac{sen y}{y} = 1.$$

Logo,

$$\begin{aligned}
\lim_{(x,y)\to(a,0)} f(x,y) &= \lim_{(x,y)\to(a,0)} \left(\frac{2^x-1}{x}\right)\left(\frac{sen y}{y}\right)\\
&= \left(\lim_{(x,y)\to(a,0)} \frac{2^x-1}{x}\right)\left(\lim_{(x,y)\to(a,0)} \frac{sen y}{y}\right)\\
&= \frac{2^a-1}{a}.
\end{aligned}$$

c)

$$\lim_{(x,y)\to(0,b)} \frac{2^x-1}{x} \overset{\text{l'H}}{=} \lim_{(x,y)\to(0,b)} 2^x ln2 = ln2,$$

$$\lim_{(x,y)\to(0,b)} \frac{sen y}{y} = \frac{sen b}{b} \quad (\text{para todo } b \in \mathbb{R} - \{0\}).$$

Logo,

$$\begin{aligned}
\lim_{(x,y)\to(0,b)} f(x,y) &= \lim_{(x,y)\to(0,b)} \left(\frac{2^x-1}{x}\right)\left(\frac{sen y}{y}\right)\\
&= \left(\lim_{(x,y)\to(0,b)} \frac{2^x-1}{x}\right)\left(\lim_{(x,y)\to(0,b)} \frac{sen y}{y}\right)\\
&= ln2\,\frac{sen b}{b}.
\end{aligned}$$

Observações:

1) por indução, resulta dos itens *i*) e *ii*) do Teorema 2.4.1, que, se $c_1, \ldots, c_n$ são constantes e $f_1, \ldots, f_n : A \subseteq \mathbb{R}^2 \to \mathbb{R}$ são funções reais de duas variáveis reais tais que $\lim_{(x,y)\to(a,b)} f_1(x,y), \ldots, \lim_{(x,y)\to(a,b)} f_n(x,y)$ existam, então

$$\lim_{(x,y)\to(a,b)} \left[\sum_{i=1}^{n} c_i f_i(x,y)\right] = \sum_{i=1}^{n} \left[c_i \lim_{(x,y)\to(a,b)} f_i(x,y)\right];$$

2) por indução, resulta do item *iv*) do Teorema 2.4.1, que, se $f_1, \ldots, f_n : A \subseteq \mathbb{R}^2 \to \mathbb{R}$ são funções reais de duas variáveis reais tais que $\lim_{(x,y)\to(a,b)} f_1(x,y), \ldots, \lim_{(x,y)\to(a,b)} f_n(x,y)$ existam, então

$$\lim_{(x,y)\to(a,b)} \left[\prod_{i=1}^{n} f_i(x,y)\right] = \prod_{i=1}^{n} \left[\lim_{(x,y)\to(a,b)} f_i(x,y)\right];$$

Caso especial: f é uma função real de duas variáveis reais separáveis, ou seja, pode ser escrita como o produto de uma função de x por uma função de y.

Se $f(x, y) = g(x)h(y)$, então

$$\lim_{(x,y)\to(a,b)} f(x,y) = \lim_{(x,y)\to(a,b)} g(x)h(y) = \left[\lim_{(x,y)\to(a,b)} g(x)\right]\left[\lim_{(x,y)\to(a,b)} h(y)\right],$$

desde que ambos os limites existam.

Esse caso especial generaliza o Exemplo 1 c).

3) podemos generalizar o item *vi*) do seguinte modo: $\lim_{(x,y)\to(a,b)} \sqrt[n]{[f(x,y)]^m} = \sqrt[n]{L^m}$, para todos $m, n \in \mathbb{N}$, **desde que $\sqrt[n]{L^m}$ seja um número real** (isto é, **desde que n seja ímpar (L qualquer), ou n seja par e $L > 0$)**;

4) resulta do Exemplo 1 c), juntamente com a Observação 2 desse teorema, que

$$\lim_{(x,y)\to(a,b)} x^n = \underbrace{\left(\lim_{(x,y)\to(a,b)} x\right)\cdots\left(\lim_{(x,y)\to(a,b)} x\right)}_{n \text{ fatores}} = \underbrace{a\cdots a}_{n \text{ fatores}} = a^n$$

e

$$\lim_{(x,y)\to(a,b)} y^n = \underbrace{\left(\lim_{(x,y)\to(a,b)} y\right)\cdots\left(\lim_{(x,y)\to(a,b)} y\right)}_{n \text{ fatores}} = \underbrace{b\cdots b}_{n \text{ fatores}} = b^n;$$

5) resulta do item *iv*) do Teorema 2.4.1, juntamente com a Observação 4 desse teorema, que

$$\lim_{(x,y)\to(a,b)} x^n y^n = \lim_{(x,y)\to(a,b)} a^n b^n;$$

6) resulta das Observações 1) e 5) que, se f é uma função polinomial, então

$$\lim_{(x,y)\to(a,b)} f(x,y) = f(a,b).$$

Em outras palavras: **para calcular o limite de uma função polinomial em um ponto, basta calcular o valor dessa função nesse ponto**;

7) resulta do item *v*) do Teorema 2.4.1, juntamente com a Observação 6 desse teorema, que, se f é uma função polinomial e g também é uma função polinomial tal que $\lim_{(x,y)\to(a,b)} g(x,y) \neq 0$ (ou seja, $g(a,b) \neq 0$), então existe $\lim_{(x,y)\to(a,b)} \dfrac{f(x,y)}{g(x,y)}$, dado por

$$\lim_{(x,y)\to(a,b)} \frac{f(x,y)}{g(x,y)} = \frac{f(a,b)}{g(a,b)}.$$

Em outras palavras: **para calcular o limite de uma função racional em um ponto no qual o seu denominador não se anula, basta calcular o valor dessa função nesse ponto**;

8) com relação aos itens *i*) e *iv*) do Teorema 2.4.1, as condições sobre a existência dos limites das funções f e g são suficientes, mas não necessárias: o limite da soma (respectivamente, do produto) pode existir, mesmo que os limites das parcelas (respectivamente, dos fatores) não existam;

9) se $\lim_{(x,y)\to(a,b)} g(x,y) = 0$, então o quociente $\dfrac{f(x,y)}{g(x,y)}$ só *pode* ter limite quando (x,y) se aproxima de (a,b) se, também, $\lim_{(x,y)\to(a,b)} f(x,y) = 0$. Se $\lim_{(x,y)\to(a,b)} g(x,y) = 0$, mas $\lim_{(x,y)\to(a,b)} f(x,y) \neq 0$, então o quociente $\dfrac{f(x,y)}{g(x,y)}$ não pode sequer ser limitado em uma vizinhança $\mathscr{V}_r(a,b)$. Portanto, pelo Teorema 3.6.1, *a fortiori*, $\lim_{(x,y)\to(a,b)} \dfrac{f(x,y)}{g(x,y)}$ não pode existir;

10) em que pese a importância do Teorema 2.4.1, os exemplos mais interessantes de limites que surgem em Cálculo (em particular, de funções reais de duas variáveis reais) não podem ser calculados diretamente por meio de teoremas gerais como esse, pois tais exemplos provêm das assim denominadas "expressões indeterminadas": $\dfrac{0}{0}, 0^0, (\pm\infty)^0, 1^{(\pm\infty)}, 0\cdot(\pm\infty), \dfrac{\pm\infty}{\pm\infty}, \infty-\infty$. Talvez o exemplo mais importante desse fato (em particular, da expressão indeterminada $\dfrac{0}{0}$), que tem aplicação prática imediata, seja o das derivadas parciais: dada

$f : A \subseteq \mathbb{R}^2 \to \mathbb{R}$ uma função real de duas variáveis reais, a *derivada parcial* de f em relação à x (respectivamente, y) em um ponto $(x_0, y_0) \in A$ é definida por

$$f_x(x_0, y_0) = \lim_{h\to 0} \frac{f(x_0 + h, y_0) - f(x_0, y_0)}{h}$$

$$\text{(respectivamente, } f_y(x_0, y_0) = \lim_{h\to 0} \frac{f(x_0, y_0 + h) - f(x_0, y_0)}{h}\text{)},$$

desde que tal limite exista.

São precisamente os limites provenientes das "expressões indeterminadas" que mencionamos acima (particularmente, $\frac{0}{0}$) que mais nos interessam: todos os métodos de cálculo de limite que estabeleceremos nesse livro são, em verdade, métodos destinados ao cálculo de limites desses tipos.

Na tabela a seguir, apresentamos todos os tipos de expressões indeterminadas, as condições que as expressam em termos dos limites dos quais elas se originam e as correspondentes transformações para o tipo mais comum de tais expressões indeterminadas ($\frac{0}{0}$). É importante salientar que tais transformações têm o intuito apenas de informar ao leitor o relacionamento existente entre os vários tipos de expressões indeterminadas com aquele que é o mais comum dentre elas. Assim é que, a título de conhecimento para o leitor, informamo-lhe que, embora no caso de funções reais de uma variável real, a Regra de l'Hôspital constitua-se no principal resultado utilizado para o estudo das expressões indeterminadas $\frac{0}{0}$, $\frac{\infty}{\infty}$, bem como $0 \cdot \infty$ e $\infty - \infty$ (essas, via equivalência com $\frac{0}{0}$), no caso presente de funções reais de duas varáveis reais o tratamento de tais expressões indeterminadas requer métodos próprios diversos, conforme o leitor terá a oportunidade de estudar no decorrer desse livro.

Expressões indeterminadas		
Tipos	**Condições**	**Transformação para $\frac{0}{0}$**
$\frac{0}{0}$	$\lim_{(x,y)\to(a,b)} f(x,y) = 0, \lim_{(x,y)\to(a,b)} g(x,y) = 0$	-
0^0	$\lim_{(x,y)\to(a,b)} f(x,y) = 0, \lim_{(x,y)\to(a,b)} g(x,y) = 0$	$\lim_{(x,y)\to(a,b)} [f(x,y)]^{g(x,y)} = e^{\lim_{(x,y)\to(a,b)} \frac{g(x,y)}{\frac{1}{ln[f(x,y)]}}}$
∞^0	$\lim_{(x,y)\to(a,b)} f(x,y) = \infty, \lim_{(x,y)\to(a,b)} g(x,y) = 0$	$\lim_{(x,y)\to(a,b)} [f(x,y)]^{g(x,y)} = e^{\lim_{(x,y)\to(a,b)} \frac{g(x,y)}{\frac{1}{ln[f(x,y)]}}}$
1^∞	$\lim_{(x,y)\to(a,b)} f(x,y) = 1, \lim_{(x,y)\to(a,b)} g(x,y) = \infty$	$\lim_{(x,y)\to(a,b)} [f(x,y)]^{g(x,y)} = e^{\lim_{(x,y)\to(a,b)} \frac{ln[f(x,y)]}{\frac{1}{ln[g(x,y)]}}}$
$0 \cdot (\pm\infty)$	$\lim_{(x,y)\to(a,b)} f(x,y) = 0, \lim_{(x,y)\to(a,b)} g(x,y) = \pm\infty$	$\lim_{(x,y)\to(a,b)} [f(x,y)g(x,y)] = \lim_{(x,y)\to(a,b)} \frac{f(x,y)}{\frac{1}{g(x,y)}}$
$\frac{\pm\infty}{\pm\infty}$	$\lim_{(x,y)\to(a,b)} f(x,y) = \pm\infty, \lim_{(x,y)\to(a,b)} g(x,y) = \pm\infty$	$\lim_{(x,y)\to(a,b)} \frac{f(x,y)}{g(x,y)} = \lim_{(x,y)\to(a,b)} \frac{\frac{1}{g(x,y)}}{\frac{1}{f(x,y)}}$
$\infty - \infty$	$\lim_{(x,y)\to(a,b)} f(x,y) = \infty, \lim_{(x,y)\to(a,b)} g(x,y) = \infty$	$\lim_{(x,y)\to(a,b)} [f(x,y) - g(x,y)] = \lim_{(x,y)\to(a,b)} \frac{\frac{1}{g(x,y)} - \frac{1}{f(x,y)}}{\frac{1}{f(x,y)g(x,y)}}$

2.5 Interpretações geométricas da definição de limite de uma função real de duas variáveis reais

Podemos interpretar geometricamente a definição $\varepsilon - \delta$ de limite de uma função real de duas variáveis reais $f : A \subseteq \mathbb{R}^2 \to \mathbb{R}$, de qualquer das três formas seguintes (equivalentes entre si):

i) Podemos tornar a distância entre $f(x, y)$ e L (ou seja, $|f(x, y) - L|$) arbitrariamente pequena (menor que qualquer $\varepsilon > 0$ dado), desde que consideremos a distância entre (x, y) e (a, b) (ou seja, $\sqrt{(x-a)^2 + (y-b)^2}$) suficientemente pequena (menor que algum $\delta > 0$), mas não nula.

ii) Se $\varepsilon > 0$ é dado, então podemos obter $\delta > 0$ tal que, se (x, y) pertence à $\mathscr{V}_\delta(a, b)$, então sua imagem em $\mathbb{S}$ (superfície que descreve o gráfico de f) está entre os planos horizontais $z = L - \varepsilon$ e $z = L + \varepsilon$. Se $\varepsilon > 0$ é dado, então podemos obter $\delta > 0$ tal que, se (x, y) pertence à vizinhança $\mathscr{V}_\delta(a, b)$, $(x, y) \neq (a, b)$, então sua imagem em $\mathbb{S}$ está entre os planos horizontais $z = L - \varepsilon$ e $z = L + \varepsilon$.

iii) Dado um pequeno intervalo aberto de centro L e raio ε, ou seja, $(L - \varepsilon, L + \varepsilon)$, contido no eixo z, então podemos obter uma vizinhança $\mathscr{V}_\delta(a, b)$ tal que f transforma todos os pontos de $\mathscr{V}_\delta(a, b)$ (exceto, possivelmente, (a, b)) no intervalo $(L - \varepsilon, L + \varepsilon)$.

Ao ter contato com os diversos gráficos de funções, no decorrer desse livro, o leitor não terá dificuldade em analisar qualquer dessas formas de interpretação geométrica.

2.6 Exercícios

Seção 2.3

[Exercícios 1-3] Dadas as funções reais de duas variáveis reais $f : \mathbb{R}^2 - \{(0,0)\} \to \mathbb{R}$ a seguir, demonstre que $\lim\limits_{(x,y)\to(0,0)} f(x,y) = 0$.

1. $f(x,y) = \dfrac{x^3 + y^4}{x^2 + y^2}$.

2. $f(x,y) = \dfrac{x^3 - y^7}{x^2 + y^4}$.

3. $f(x,y) = \dfrac{x^4 y^3}{x^4 + y^8}$.

[Extra]

1. Dada $f : \mathbb{R}^2 - \{(0,0)\} \to \mathbb{R}$, definida por $f(x,y) = \dfrac{x^3 + 5x^2y^3 - 4y^4}{3x^2 + 4y^2}$, demonstre que $\lim\limits_{(x,y)\to(0,0)} f(x,y) = 0$.

Seção 2.4

1. Verifique se cada afirmação a seguir é verdadeira ou falsa. Justifique suas respostas.

a) De acordo com a definição de limite, para que o limite de uma função real de duas variáveis reais exista, é necessário que exista um número real $\delta > 0$ correspondente a **todo** número real $\varepsilon > 0$.

b) De acordo com a definição de limite, para que o limite de uma função real de duas variáveis reais exista, é necessário que, para cada número real $\varepsilon > 0$, exista um número real $\delta > 0$ correspondente a **esse** ε.

c) Se $\lim\limits_{(x,y)\to(a,b)} f(x,y)$ e $\lim\limits_{(x,y)\to(a,b)} g(x,y)$ não existem, então $\lim\limits_{(x,y)\to(a,b)} [f(x,y) + g(x,y)]$ também não existe.

d) Se $\lim\limits_{(x,y)\to(a,b)} [f(x,y) + g(x,y)]$ existe, mas $\lim\limits_{(x,y)\to(a,b)} f(x,y)$ não existe, então $\lim\limits_{(x,y)\to(a,b)} g(x,y)$ não existe.

e) Se $\lim\limits_{(x,y)\to(a,b)} f(x,y)$ e $\lim\limits_{(x,y)\to(a,b)} [f(x,y) + g(x,y)]$ não existem, então $\lim\limits_{(x,y)\to(a,b)} g(x,y)$ não existe.

f) Se $\lim\limits_{(x,y)\to(a,b)} f(x,y)$ e $\lim\limits_{(x,y)\to(a,b)} [f(x,y) + g(x,y)]$ existem, então $\lim\limits_{(x,y)\to(a,b)} g(x,y)$ existe.

g) Se $\lim\limits_{(x,y)\to(a,b)} f(x,y)$ e $\lim\limits_{(x,y)\to(a,b)} g(x,y)$ não existem, então $\lim\limits_{(x,y)\to(a,b)} [f(x,y)g(x,y)]$ não existe.

h) Se $\lim\limits_{(x,y)\to(a,b)} f(x,y)$ e $\lim\limits_{(x,y)\to(a,b)} f(x,y)g(x,y)$ existem, então $\lim\limits_{(x,y)\to(a,b)} g(x,y)$ existe.

i) Se $\lim\limits_{(x,y)\to(a,b)} f(x,y)$ e $\lim\limits_{(x,y)\to(a,b)} \dfrac{f(x,y)}{g(x,y)}$ existem, então $\lim\limits_{(x,y)\to(a,b)} g(x,y)$ existe.

j) Se $\lim\limits_{(x,y)\to(a,b)} g(x,y)$ e $\lim\limits_{(x,y)\to(a,b)} \dfrac{f(x,y)}{g(x,y)}$ existem, então $\lim\limits_{(x,y)\to(a,b)} f(x,y)$ existe.

k) Se $\lim\limits_{(x,y)\to(a,b)} f(x,y)$ existe, mas $\lim\limits_{(x,y)\to(a,b)} \dfrac{f(x,y)}{g(x,y)}$ não existe, então $\lim\limits_{(x,y)\to(a,b)} g(x,y)$ não existe.

l) Se $\lim\limits_{(x,y)\to(a,b)} f(x,y)$ não existe, mas $\lim\limits_{(x,y)\to(a,b)} \dfrac{f(x,y)}{g(x,y)}$ existe, então $\lim\limits_{(x,y)\to(a,b)} g(x,y)$ não existe.

m) Se $\lim\limits_{(x,y)\to(a,b)} g(x,y)$ existe, mas $\lim\limits_{(x,y)\to(a,b)} \dfrac{f(x,y)}{g(x,y)}$ não existe, então $\lim\limits_{(x,y)\to(a,b)} f(x,y)$ não existe.

n) Se $\lim_{(x,y)\to(a,b)} g(x,y)$ não existe, mas $\lim_{(x,y)\to(a,b)} \dfrac{f(x,y)}{g(x,y)}$ existe, então $\lim_{(x,y)\to(a,b)} f(x,y)$ não existe.

o) Se $\lim_{(x,y)\to(a,b)} g(x,y) = 0$ e $\lim_{(x,y)\to(a,b)} \dfrac{f(x,y)}{g(x,y)}$ existe, então $\lim_{(x,y)\to(a,b)} f(x,y) = 0$.

p) Se $\lim_{(x,y)\to(a,b)} f(x,y) = 0$ e $\lim_{(x,y)\to(a,b)} [f(x,y)g(x,y)] = K$ $(K \neq 0)$, então $\lim_{(x,y)\to(a,b)} g(x,y)$ não existe.

q) Se $\lim_{(x,y)\to(a,b)} f(x,y) = L$ $(L \neq 0)$ e $\lim_{(x,y)\to(a,b)} [f(x,y)g(x,y)] = K$ $(K \neq 0)$, então $\lim_{(x,y)\to(a,b)} g(x,y)$ existe.

r) Se $\lim_{(x,y)\to(a,b)} f(x,y) = L$, então $\lim_{x\to a} f(x,b) = L$.

s) Se $\lim_{x\to a} f(x,b) = L$, então $\lim_{(x,y)\to(a,b)} f(x,y) = L$.

t) Se $\lim_{x\to a} f(x,b) = \lim_{y\to b} f(a,y) = L$, então $\lim_{(x,y)\to(a,b)} f(x,y) = L$.

u) Se $\lim_{(x,y)\to(a,b)} f(x,y) = 0$, então $\lim_{(x,y)\to(a,b)} f(cx,y) = 0$, para qualquer constante real c, tal que (cx,y) pertença ao domínio de f.

v) Se $\lim_{(x,y)\to(a,b)} f(x,y) = L$ $(L \neq 0)$ e $\lim_{(x,y)\to(a,b)} g(x,y) = 0$, então $\lim_{(x,y)\to(a,b)} \dfrac{f(x,y)}{g(x,y)}$ não existe.

x) Se $\lim_{(x,y)\to(a,b)} \sqrt{f(x,y)} =$ existe, então $\lim_{(x,y)\to(a,b)} f(x,y)$ existe.

2. Dada $f : \mathbb{R}^2 \to \mathbb{R}$ definida por

$$f(x,y) = \begin{cases} \dfrac{ysenx}{xy+2x}, & \text{se} \quad x \neq 0 \text{ e } y \neq -2 \\ \dfrac{1}{3}, & \text{se} \quad x = 0 \text{ ou } y = -2 \end{cases},$$

calcule

a) $\lim\limits_{(x,y)\to(0,-2)} f(x,y)$.

b) $\lim\limits_{(x,y)\to(0,b)} f(x,y)$, para todo $b \in \mathbb{R} - \{0\}$.

c) $\lim\limits_{(x,y)\to(2k\pi,-2)} f(x,y)$, para todo $k \in \mathbb{Z}$.

3. Dada $f : \{(x,y) \in \mathbb{R}^2 : \sqrt{x^2+y^2} \neq k\pi,\ k \in \mathbb{Z}_+\} \to \mathbb{R}$ definida por $f(x,y) = \dfrac{e^{-\frac{1}{x^2+y^2}}}{sen(\sqrt{x^2+y^2})}$, calcule $\lim\limits_{(x,y)\to(0,0)} f(x,y)$. (*Sugestão*: $t = \sqrt{x^2+y^2}$, $t > 0$.)

[Extras]

1. (**O limite de uma potência é a potência do limite**) Considere uma função real de duas variáveis reais $f : A \subseteq \mathbb{R}^2 \to \mathbb{R}$ e $(a,b) \in A'$. Demonstre que, se $\lim\limits_{(x,y)\to(a,b)} f(x,y) = L$ $(L > 0)$, então $\lim\limits_{(x,y)\to} (a,b)[f(x,y)]^{\frac{m}{n}}$ $= L^{\frac{m}{n}}$, para todos $m, n \in \mathbb{N}$, **desde que $L^{\frac{m}{n}}$ seja um número real.**

2. (**O limite do valor absoluto é o valor absoluto do limite**) Considere uma função real de duas variáveis reais $f : A \subseteq \mathbb{R}^2 \to \mathbb{R}$ e $(a,b) \in A'$. Por definição, $|f|(x,y) = |f(x,y)|$ (valor absoluto de f). Demonstre que $\lim\limits_{(x,y)\to(a,b)} |f(x,y)| = \left|\lim\limits_{(x,y)\to(a,b)} f(x,y)\right|$.

3. Considere uma função real de duas variáveis reais $f : A \subseteq \mathbb{R}^2 \to \mathbb{R}$ e $(a,b) \in A'$, tais que $\lim\limits_{(x,y)\to(a,b)} [f(x,y)]^2 = L$.

a) Demonstre que, se $L = 0$, então $\lim\limits_{(x,y)\to(a,b)} f(x,y) = 0$.

b) Forneça um contraexemplo que mostre que, se $L \neq 0$, então $\lim\limits_{(x,y)\to(a,b)} f(x,y)$ pode não existir.

4. Dado que $\lim\limits_{(x,y)\to(a,b)} [f(x,y) + g(x,y)] = L$ e $\lim\limits_{(x,y)\to(a,b)} [f(x,y) - g(x,y)] = M$, qual o valor de $\lim\limits_{(x,y)\to(a,b)} [f(x,y)g(x,y)]$? Justifique sua resposta.

Capítulo 3

Limites de funções reais de duas variáveis reais: métodos de cálculo

Apesar de que o conceito de limite de funções reais de duas variáveis reais é análogo ao de limite de funções reais de uma variável real, é conveniente revelar antecipadamente ao leitor a realidade com a qual ele está prestes a ter contato: **o estudo de limite de funções reais de duas variáveis reais é, em geral, muito mais complexo do que o estudo de limite de funções reais de uma variável real.** O leitor pode apreciar tal complexidade, tanto por meio da análise minuciosa dos exemplos fornecidos, quanto (principalmente) por meio dos exercícios propostos nesse livro. É precisamente com o desejo de que o leitor consiga entender possivelmente todos esses exemplos, que fornecemos a resolução detalhada de cada um deles, de modo que eles devam lhe servir como base para a consecução de um dos principais objetivos a ser por ele almejado: a resolução de todos os exercícios propostos.

O primeiro resultado que apresentaremos, além de importante em si mesmo, constitui, de certo modo, a base de todo o nosso estudo sobre limites. Mais precisamente, conquanto a definição $\varepsilon - \delta$ de limite nos forneça apenas o critério formal para demonstrarmos que um dado número real L é o limite de uma dada função f em um dado ponto de acumulação (a, b) do seu domínio A, nada, até o presente momento, assegura-nos que tal número real L, em verdade, exista (na prática, um possível valor do limite é tipicamente desconhecido), tampouco, em caso afirmativo, se é ou não único. Pois bem, o resultado sob consideração assegura-nos que, se uma função real de duas variáveis reais tem limite, então esse limite é único. Esse resultado é, pois, conhecido na literatura matemática naturalmente como *unicidade do limite.*

Teorema 3.0.1. (Unicidade do limite) *Se* $f : A \subseteq \mathbb{R}^2 \to \mathbb{R}$ *é uma função real de duas variáveis reais tal que* $\lim\limits_{(x,y)\to(a,b)} f(x,y) = L$ *e* $\lim\limits_{(x,y)\to(a,b)} f(x,y) = M$*, em que* $(a,b) \in A'$*, então* $L = M$.

Demonstração.

Por hipótese, dado qualquer $\varepsilon > 0$, existem $\delta_1 > 0$ e $\delta_2 > 0$ tais que, para todo $(x,y) \in A$, $0 < \sqrt{(x-a)^2+(y-b)^2} < \delta_1 \Rightarrow |f(x,y) - L| < \dfrac{\varepsilon}{2}$ e $0 < \sqrt{(x-a)^2+(y-b)^2} < \delta_2 \Rightarrow |f(x,y) - M| < \dfrac{\varepsilon}{2}$.

Consideremos $\delta = min\{\delta_1, \delta_2\}$. Como (a,b) é um ponto de acumulação do domínio A de f, podemos obter $(\overline{x},\overline{y}) \in A$ tal que $0 < \sqrt{(\overline{x}-a)^2+(\overline{y}-b)^2} < \delta$. Usando esse $(\overline{x},\overline{y})$, decorre que $|L - M| = |L - f(\overline{x},\overline{y}) + f(\overline{x},\overline{y}) - M| \leq |L - f(\overline{x},\overline{y})| + |f(\overline{x},\overline{y}) - M| < \dfrac{\varepsilon}{2} + \dfrac{\varepsilon}{2} = \varepsilon$, ou seja, $|L - M| < \varepsilon$.

Portanto, como ε é arbitrário, resulta que $L = M$. □

O Teorema 3.0.1 (Unicidade do limite) é útil para demonstrarmos a não existência do limite de uma dada função real de duas variáveis, tal como no exemplo a seguir.

Exemplo. Dada $f : \mathbb{R}^2 - \{(0,0)\} \to \mathbb{R}$, definida por $f(x,y) = \dfrac{xy}{x^2+y^2}$, demonstre que $\lim\limits_{(x,y)\to(0,0)} f(x,y)$ não existe.

Resolução.

Suponhamos que

$$\lim_{(x,y)\to(0,0)} \frac{xy}{x^2+y^2} = L.$$

Assim, de acordo com a definição $\varepsilon - \delta$ de limite, dado $\varepsilon > 0$, deve existir $\delta > 0$ tal que, para todo $(x,y) \in \mathbb{R}^2 - \{(0,0)\}$,

$$(x,y) \in \mathscr{V}_\delta(0,0) \Rightarrow \left|\frac{xy}{x^2+y^2} - L\right| < \varepsilon.$$

Por um lado, uma vez que $\left(0, \frac{\delta}{2}\right) \in \mathscr{V}_\delta(0,0)$, temos $|0 - L| < \varepsilon$. Dado que $\varepsilon > 0$ é arbitrário, temos $L = 0$.

Por outro lado, uma vez que, também, $\left(\frac{\delta}{2}, \frac{\delta}{2}\right) \in \mathscr{V}_\delta(0,0)$, temos

$$\left| \frac{\frac{\delta}{2} \cdot \frac{\delta}{2}}{\left(\frac{\delta}{2}\right)^2 + \left(\frac{\delta}{2}\right)^2} - L \right| = \left| \frac{1}{2} - L \right| < \varepsilon,$$

de modo que (pelo mesmo motivo anterior) $L = \frac{1}{2}$, o que contradiz o Teorema 3.0.1 (Unicidade do limite).

Portanto, $\lim\limits_{(x,y)\to(0,0)} f(x,y)$ não existe.

3.1 Limite da restrição de uma função

O próximo teorema assegura-nos que, se uma função tem limite, então qualquer restrição sua a um subconjunto do seu domínio que contenha em comum com esse o ponto de acumulação, relativamente ao qual aquele limite está sendo considerado, não só tem limite, mas também tal limite coincide com o daquela função.

De outro modo, esse teorema afirma, em particular, que a existência, bem como o valor do limite de uma função dependem apenas do comportamento dessa função em uma vizinhança do ponto de acumulação sob análise — ou seja, traduz, assim, o importante caráter local do limite.

Como já tivemos a oportunidade de observar que, na prática, um possível valor do limite é tipicamente desconhecido, decorre da contrapositiva daquele fato estabelecido nesse teorema que, se a referida restrição não tem limite, então também não tem limite a função dada, contrapositva essa que, por sua vez, usamos tanto (principalmente) na Seção 3.2 quanto na Seção 3.6.

Teorema 3.1.1. (Limite da restrição de uma função) *Consideremos* $f : A \subseteq \mathbb{R}^2 \to \mathbb{R}$ *uma função real de duas variáveis reais, e* $(a, b) \in A'$. *Dado* $B \subset A$ *tal que* $(a, b) \in B'$, *definamos a restrição* $g : B \subset A \to \mathbb{R}$ *de* f *(ou seja,* $g = f_{|B}$*).*

i) Se $\lim_{(x,y)\to(a,b)} f(x, y) = L$, *então* $\lim_{(x,y)\to(a,b)} g(x, y) = L$.

ii) Se $B = \mathscr{V}_\delta(a, b) \cap A$, *tal que* $\lim_{(x,y)\to(a,b)} g(x, y) = L$, *então* $\lim_{(x,y)\to(a,b)} f(x, y) = L$.

Demonstração.

i) Esse item é uma consequência imediata da própria definição $\varepsilon - \delta$ de limite. Por hipótese, temos

$$\forall \varepsilon > 0, \exists \delta > 0 : \forall (x, y) \in A, 0 < \sqrt{(x-a)^2 + (y-b)^2} < \delta \Rightarrow |f(x, y) - L| < \varepsilon.$$

Restringindo (x, y) a $B \subset A$, decorre, evidentemente, que a condição acima permanece satisfeita para tal (x, y), ou seja,

$$\forall \varepsilon > 0, \exists \delta > 0 : \forall (x, y) \in B, 0 < \sqrt{(x-a)^2 + (y-b)^2} < \delta \Rightarrow |g(x, y) - L| < \varepsilon.$$

Portanto, $\lim_{(x,y)\to(a,b)} g(x, y) = L$.

ii) Esse item é, de certo modo, o próprio Teorema 3.0.1 (Unicidade do limite).

Por hipótese, temos

$$\forall \varepsilon > 0, \exists \delta > 0 : \forall (x, y) \in B (= \mathscr{V}_\delta(a, b) \cap A), 0 < \sqrt{(x-a)^2 + (y-b)^2} < \delta \Rightarrow |g(x, y) - L| < \varepsilon.$$

Ora, a condição acima é, evidentemente, satisfeita, em particular, para todo $(x, y) \in A$, ou seja,

$$\forall \varepsilon > 0, \exists \delta > 0 : \forall (x, y) \in A, 0 < \sqrt{(x-a)^2 + (y-b)^2} < \delta \Rightarrow |f(x, y) - L| < \varepsilon.$$

Portanto, $\lim_{(x,y)\to(a,b)} f(x, y) = L$. □

Observações:

1) o item *i*) afirma que, se existe $\lim\limits_{(x,y)\to(a,b)} f(x,y)$, então o seu valor deve ser o mesmo ao longo de qualquer curva (contida no domínio de f) que passa por (a,b). (É instrutivo que o leitor compare esse resultado com o seu análogo para funções reais de uma única variável real: se existe $\lim\limits_{x\to a} f(x)$, então também existem os limites laterais $\lim\limits_{x\to a^-} f(x)$ e $\lim\limits_{x\to a^+} f(x)$, sendo os seus valores todos iguais.)

2) o item *ii*), por sua vez, afirma que a existência e o valor de $\lim\limits_{(x,y)\to(a,b)} f(x,y)$ dependem apenas do comportamento de f em uma vizinhança $\mathscr{V}_\delta(a,b)$, ou seja, o conceito de limite é um conceito *local*. Mais precisamente, dadas as funções[1] $f, g : A \subseteq \mathbb{R}^2 \to \mathbb{R}$ e dado $(a,b) \in A'$, se existe uma vizinhança $\mathscr{V}_\delta(a,b)$ tal que $f(x,y) = g(x,y)$, para todo $(x,y) \neq (a,b)$, $(x,y) \in \mathscr{V} \cap A$, então existe $\lim\limits_{(x,y)\to(a,b)} f(x,y)$ se (e somente se) existe $\lim\limits_{(x,y)\to(a,b)} g(x,y)$. Além disso, se esses limites existem, então eles são iguais. Fundamenta-se, igualmente, nessa observação, outro modo pelo qual podemos nos referir ao Teorema 3.0.1 (Unicidade do Limite): se $\lim\limits_{(x,y)\to(a,b)} f(x,y) = L$, $\lim\limits_{(x,y)\to(a,b)} g(x,y) = M$ e $f(x,y) = g(x,y)$, para todo $(x,y) \neq (a,b)$, $(x,y) \in \mathscr{V}_\delta(a,b) \cap A$, então $L = M$. Essa propriedade é conhecida na literatura matemática também como "passagem do limite na igualdade".

3) usamos a propriedade referida em 2) com muita frequência nos cálculos de certos limites[2].

[1] Na prática, apenas a função f é dada, da qual desejamos calcular o limite em um dado ponto de acumulação do seu domínio. Obtemos, por meio de métodos próprios (*vide* Seção 3.4), a função g. Somente após tal procedimento é que verificamos, efetivamente, o caráter local do limite que descrevemos.

[2] Igualmente, no próximo capítulo: do ponto de vista da continuidade (conforme estudaremos no próximo capítulo), a propriedade referida em 2), de acordo com essa observação, é equivalente à "relação entre uma função que tem limite e uma função conínua", a saber: **se $f : A \subseteq \mathbb{R}^2 \to \mathbb{R}$ é uma função real de duas variáveis reais e $(a,b) \in A'$, então $\lim\limits_{(x,y)\to(a,b)} f(x,y) = L$ se e somente se existe uma função $g : B \subseteq \mathbb{R}^2 \to \mathbb{R}$, tal que $g(x,y) = f(x,y)$, para todo $(x,y) \in A$, $(x,y) \neq (a,b)$, g contínua em (a,b).**

Nota. O procedimento de cálculo do limite de determinados tipos de função fundamenta-se, essencialmente, no Teorema 3.1.1 (Limite da restrição de uma função), no sentido de que a função dada coincide, em alguma vizinhança do ponto sob análise, com a função que dela resulta por simplificação algébrica, racionalização ou algum outro tipo de manipulação específica (trigonométrica, exponencial ou logarítmica), cujo limite calculamos prontamente por meio do Teorema 2.4.1 (Propriedades operatórias de limites), conforme o exemplo subsequente.

Exemplo.

Dada

$f : \left\{(x, y) \in \mathbb{R}^2 : x \neq (2k-1)\frac{\pi}{2}, y \neq (2l-1)\frac{\pi}{2}, y \neq x + m\pi,\ k, l, m \in \mathbb{Z}\right\} \to \mathbb{R}$,

definida por $f(x, y) = \dfrac{sen x - sen y}{tg\, x - tg\, y}$, calcule $\lim\limits_{(x,y)\to(0,0)} f(x, y)$.

Resolução.

$$\begin{aligned}
\lim_{(x,y)\to(0,0)} \frac{sen x - sen y}{tg\, x - tg\, y} &= \lim_{(x,y)\to(0,0)} \frac{2cos\left(\dfrac{x+y}{2}\right) sen\left(\dfrac{x-y}{2}\right)}{\dfrac{sen(x-y)}{cos x\, cos y}} \\
&= \lim_{(x,y)\to(0,0)} \frac{2cos\left(\dfrac{x+y}{2}\right) sen\left(\dfrac{x-y}{2}\right) cos x\, cos y}{sen(x-y)} \\
&= \lim_{(x,y)\to(0,0)} \frac{2cos\left(\dfrac{x+y}{2}\right) sen\left(\dfrac{x-y}{2}\right) cos x\, cos y}{2sen\left(\dfrac{x-y}{2}\right) cos\left(\dfrac{x-y}{2}\right)} \\
&= \lim_{(x,y)\to(0,0)} \frac{cos\left(\dfrac{x+y}{2}\right) cos x\, cos y}{cos\left(\dfrac{x-y}{2}\right)} \\
&= 1.
\end{aligned}$$

Portanto, $\lim\limits_{(x,y)\to(0,0)} \dfrac{sen x - sen y}{tg x - tg y} = 1$.

Comentário.

Considerando

1. $A = \left\{(x,y) \in \mathbb{R}^2 : x \neq (2k-1)\frac{\pi}{2}, y \neq (2l-1)\frac{\pi}{2}, y \neq x + m\pi,\ k, l, m \in \mathbb{Z}\right\}$;

2. $(a,b) = (0,0)$;

3. $B = \{(x,y) \in \mathbb{R}^2 : y \neq x - (2n-1)\pi,\ n \in \mathbb{Z}\}$, temos que, devido à característica local do conceito de limite, a função dada $f : A \to \mathbb{R}$, definida por $f(x,y) = \dfrac{sen x - sen y}{tg x - tg y}$, e a função $g : B \to \mathbb{R}$, definida por $g(x,y) = \dfrac{cos\left(\dfrac{x+y}{2}\right) cos x\, cos y}{cos\left(\dfrac{x-y}{2}\right)}$, coincidem em alguma vizinhança $\mathscr{V}_\delta(0,0)$, para todo $(x,y) \neq (0,0)$, $(x,y) \in \mathscr{V}_\delta(0,0) \cap A$, o que justifica a penúltima igualdade acima (consequentemente, a igualdade dos limites $\lim\limits_{(x,y)\to(0,0)} f(x,y)$ e $\lim\limits_{(x,y)\to(0,0)} g(x,y)$, uma vez que esse existe).

3.2 Limite ao longo de curvas

Iniciaremos o estudo dos limites relativos de funções reais de duas variáveis reais considerando aquele que, comumente, é o mais distinguido de tais limites: *limites ao longo de curvas* (também referido como *limites (por ou ao longo de) caminhos*).

O resultado fundamental intimamente relacionado com esse método é a contrapositiva do item *i*) do Teorema 3.1.1 (Limite da restrição de uma função).

Para as funções reais f de uma variável real, quando x tende a a, existem *apenas duas direções* possíveis de aproximação (pela esquerda e pela direita), de modo que, se os limites laterais são distintos, ou seja, $\lim\limits_{x\to a^-} f(x) \neq \lim\limits_{x\to a^+} f(x)$, então $\lim\limits_{x\to a} f(x)$ não existe, enquanto que, para as funções reais f de duas variáveis reais, existem infinitos modos pelos quais podemos aproximar (x,y) de (a,b) por uma *quantidade infinita de direções*, de qualquer modo que desejemos, bastando manter (x,y) no domínio de f.

Do ponto de vista geométrico, a definição de limite de funções reais de duas variáveis reais $f : A \subseteq \mathbb{R}^2 \to \mathbb{R}$ refere-se somente à *distância* entre (x, y) e (a, b), mas não à sua *direção de aproximação*, pelo motivo ora exposto. Assim, se $\lim\limits_{(x,y)\to(a,b)} f(x, y)$ existe, então $f(x, y)$ deve se aproximar do mesmo valor limite L (devido ao Teorema 3.0.1 (Unicidade do limite)), independentemente do modo como (x, y) se aproxima de (a, b). Equivalentemente, se conseguirmos obter duas curvas diferentes (contidas no domínio A de f) que passem por (a, b) como ponto de acumulação comum, tais que, quando (x, y) se aproxima de (a, b), f tenha limites distintos, então $\lim\limits_{(x,y)\to(a,b)} f(x, y)$ não existirá.

Estamos, agora, em condições de enunciar o teorema principal dessa seção. Esse teorema, o qual torna precisa a discussão que ora descrevemos, é uma consequência imediata do Teorema 3.0.1 (Unicidade do Limite).

Eis, pois, o enunciado do teorema que trata de *limites ao longo de curvas.*

Teorema 3.2.1. (Limite ao longo de curvas) *Consideremos* $f : A \subseteq \mathbb{R}^2 \to \mathbb{R}$ *uma função real de duas variáveis reais e* $(a, b) \in A'$. *Se* $\lim\limits_{(x,y)\to(a,b)} f(x, y) = L_1$ *quando* (x, y) *tende a* (a, b) *ao longo de uma curva* $C_1 \subset A$ *e* $\lim\limits_{(x,y)\to(a,b)} f(x, y) = L_2$, $L_1 \neq L_2$, *quando* (x, y) *tende a* (a, b) *ao longo de outra curva* $C_2 \subset A$, *tais que* $(a, b) \in C_1' \cap C_2'$, *então* $\lim\limits_{(x,y)\to(a,b)} f(x, y)$ *não existe.*

Demonstração.

Pelas hipóteses, temos,

$$\begin{aligned} &\text{para todo } (x, y) \in C_1 \subset A\text{:} \lim_{(x,y)\to(a,b)} f(x, y) = L_1, \\ &\text{para todo } (x, y) \in C_2 \subset A\text{:} \lim_{(x,y)\to(a,b)} f(x, y) = L_2, \end{aligned}$$

em que $L_1 \neq L_2$, sendo $(a, b) \in A'$ tal que $(a, b) \in C_1' \cap C_2'$.

Agora, suponhamos que $\lim\limits_{(x,y)\to(a,b)} f(x, y)$ exista. Então, pelo Teorema 3.0.1 (Unicidade do limite), L_1 deve ser igual a L_2, o que contradiz a hipótese de que $L_1 \neq L_2$.

Portanto, $\lim\limits_{(x,y)\to(a,b)} f(x, y)$ não existe. □

Ressaltamos que o Teorema 3.2.1 é bastante útil para demonstrar a **não existência** do limite de uma determinada função: dada $f : A \subseteq \mathbb{R}^2 \to \mathbb{R}$, se $C_1 \subset A$ e $C_2 \subset A$ são duas curvas tais que $(a, b) \in C_1' \cap C_2'$, então

$$\lim_{\substack{(x,y)\to(a,b)\\(x,y)\in C_1}} f(x, y) = \lim_{\substack{(x,y)\to(a,b)\\(x,y)\in C_2}} f(x, y)$$

não significa que $\lim\limits_{(x,y)\to(a,b)} f(x, y)$ exista.

Mais geralmente, dada $f : A \subseteq \mathbb{R}^2 \to \mathbb{R}$, se $C_1, C_2, \ldots, C_n$ ($C_i \subset A$, para todo i, $1 \leq i \leq n$) são n (fixo, porém arbitrário) curvas que passam pelo ponto de acumulação (a, b) de A, então

$$\lim_{\substack{(x,y)\to(a,b)\\(x,y)\in C_1}} f(x, y) = \lim_{\substack{(x,y)\to(a,b)\\(x,y)\in C_2}} f(x, y) = \ldots = \lim_{\substack{(x,y)\to(a,b)\\(x,y)\in C_n}} f(x, y)$$

não significa que $\lim\limits_{(x,y)\to(a,b)} f(x, y)$ exista.

De outro modo, dada $f : A \subseteq \mathbb{R}^2 \to \mathbb{R}$, a definição de $\lim\limits_{(x,y)\to(a,b)} f(x, y)$, $(a, b) \in A'$, obriga a: para que exista $\lim\limits_{(x,y)\to(a,b)} f(x, y)$, é necessário (**mas não suficiente**) que existam e tenham o mesmo valor os limites ao longo de **todas** as curvas contidas no domínio A de f que passem por (a, b).

Conquanto não possamos aplicar o Teorema 3.2.1 (Limite ao longo de curvas) para demonstrar a existência do limite de uma função dada, ele é útil, nesse caso, para conjecturar o valor de tal limite: caso ocorra a situação que descrevemos (possivelmente, a mais geral), podemos conjecturar que a função dada tenha limite, o qual, devido ao Teorema 3.0.1 (Unicidade do limite), deve ser, necessariamente, igual ao valor comum do limite obtido ao longo das curvas C_i, $1 \leq i \leq n$. De posse de tal conjectura, resta-nos, pois, demonstrar a sua veracidade ou falsidade. Nesse estágio é que devemos estar preparados para usar, de modo eficiente, algum dos métodos de demonstração de existência de limite.

Na prática, ao usarmos o Teorema 3.2.1 (Limite ao longo de curvas), transformamos, naturalmente, o limite sob consideração no limite de uma função real de uma variável real, para cada escolha apropriada de cada qual das curvas

$C_i, 1 \leq i \leq n$. Tal escolha deve ser realizada de tal modo que quaisquer curvas fixadas C_i e C_j $(i \neq j)$ satisfaçam, simultaneamente, as seguintes condições:

i) $C_i, C_j \subset A$;

ii) $(a, b) \in C_i \cap C_j$;

iii) $\lim\limits_{\substack{(x,y)\to(0,0)\\(x,y)\in C_i}} f(x, y) \neq \lim\limits_{\substack{(x,y)\to(0,0)\\(x,y)\in C_j}} f(x, y)$ (o que, em particular, ocorre se pelo menos um desses limites não existe).

Exemplo 1. Dada $f : \{(x, y) \in \mathbb{R}^2 : y \neq -x\} \to \mathbb{R}$, definida por $f(x, y) = \dfrac{x^2y^2}{x^3 + y^3}$, verifique se $\lim\limits_{(x,y)\to(0,0)} f(x, y)$ existe.

Resolução.

O leitor pode verificar facilmente que, ao longo dos eixos coordenados, retas $y = kx$ $(k \neq 0)$, parábolas $y = mx^2$ $(m \neq 0)$, bem como, mais geralmente, curvas do tipo $y = px^n$ $(n \geq 1)$, temos $\lim\limits_{(x,y)\to(0,0)} f(x, y) = 0$. Não obstante, tais fatos não o autorizam a afirmar que tal limite existe (mas apenas que, *se* existir, o seu valor deverá ser, necessariamente, 0). Permita-nos, pois, o leitor, considerarmos uma análise mais profunda dessa situação, como segue.

A ideia consiste em verificar, heuristicamente, o comportamento da função f dada, no seguinte sentido: o denominador de f se anula ao longo da curva $y = -x$, porém o numerador de f se anula somente em $x = 0$, o que significa que tal função se torna ilimitada em qualquer vizinhança $\mathscr{V}_\delta(0, 0)$, de modo que não é possível que tal limite exista.

De acordo com o que precede esse exemplo, devemos obter uma curva ao longo da qual $\lim\limits_{(x,y)\to(0,0)} f(x, y) \neq 0$.

Motivados pelo ora exposto, consideremos, pois, por exemplo, a curva $y = -xe^{-x}$, a qual, ao mesmo tempo em que passa pela origem, pertence ao domínio de f. Assim, temos

$$\lim_{\substack{(x,y)\to(0,0)\\y=-xe^{-x}}} f(x, y) = \lim_{x\to 0} \frac{xe^{-2x}}{1 - e^{-3x}} \overset{\text{l'H}}{=} \lim_{x\to 0} \frac{(1 - 2x)e^{-2x}}{3e^{-3x}} = \frac{1}{3}.$$

Portanto, do Teorema 3.2.1 (Limite ao longo de curvas) decorre que $\lim_{(x,y)\to(0,0)} f(x,y)$ não existe.

Notas.

1) A curva que escolhemos é uma "perturbação" da curva $y = -x$. De modo análogo, podemos escolher $y = -xe^x$ (caso no qual o valor do limite é $-\frac{1}{3}$). Apenas a título de informação, $-xe^x \leq -x \leq -xe^{-x}$, conforme o leitor pode verificar facilmente.

2) O leitor pode se interessar em analisar outra possível escolha de curva, para o que lhe sugerimos [14].

3) É instrutivo que o leitor generalize esse exemplo para $f : \{(x,y) \in \mathbb{R}^2 : y \neq -x^{\frac{r}{s}}\} \to \mathbb{R}$, definida por $f(x,y) = \dfrac{x^p y^q}{x^r + y^s}$, $p, q, r, s \in \mathbb{N}$, s ímpar (*vide* [Projeto A], Seção 3.2).

Exemplo 2. Dada $f : \{(x,y) \in \mathbb{R}^2 : x \neq y, x \neq a, y \neq a\} \to \mathbb{R}$, definida por $f(x,y) = \dfrac{(x-y)a^n + (a-x)y^n - (a-y)x^n}{(x-y)(a-x)(a-y)}$, $n \in \mathbb{N}$, calcule $\lim_{(x,y)\to(a,a)} f(x,y)$, para todo $a \in \mathbb{R}$.

Resolução.

Observemos, inicialmente, que $f(x,y)$ coincide com uma função polinomial em seu domínio de definição (em particular, se $n = 1$, ela é identicamente nula, de modo que consideraremos $n \geq 2$). Assim, o limite existe, o qual é independente do modo como (x,y) se aproxima de (a,a). Escolhamos, pois, a equação de uma reta que passa pelo ponto (a,a): $y - a = m(x-a)$, $m \neq 0; 1$, a qual, em sua forma paramétrica, é

$$\begin{cases} y - a = mt \\ x - a = t \end{cases},$$

tal que $(x,y) \to (a,a) \Rightarrow t \to 0$.

Assim,

$$\lim_{t\to 0} \frac{[(a+t)-(a+mt)]a^n + [a-(a+t)](a+mt)^n - [a-(a+mt)](a+t)^n}{[(a+t)-(a+mt)][a-(a+t)][a-(a+mt)]}$$

$$\|$$

$$\lim_{t\to 0} \frac{t(1-m)a^n - t(a+mt)^n + mt(a+t)^n}{t^3 m(1-m)}$$

$$\|$$

$$\lim_{t\to 0} \frac{(1-m)a^n - (a+mt)^n + m(a+t)^n}{t^2 m(1-m)}$$

$$\|$$

$$\vdots$$

$$\|$$

$$\lim_{t\to 0} \frac{\binom{n}{2}a^{n-2}mt^2(1-m)}{mt^2(1-m)},$$

em que os termos implícitos pelas reticências (juntamente com os últimos) contêm potências de t superiores àquela do denominador, de modo que os correspondentes limites dessas frações são todos iguais a 0.

Portanto, $\lim\limits_{(x,y)\to(a,a)} f(x,y) = \binom{n}{2}a^{n-2} \left(= \frac{n(n-1)}{2}a^{n-2}\right).$

Exemplo 3. Considere $f : \mathbb{R}^2 \to \mathbb{R}$, definida por

$$f(x,y)=\begin{cases} \dfrac{(x^2-y)y}{x^4}, & \text{se} \quad 0<y<x^2 \\ 0 & , \text{caso contrário} \end{cases}.$$

a) Demonstre que $\lim\limits_{(x,y)\to(0,0)} f(x,y) = 0$ ao longo de qualquer reta que passa pela origem.

b) Demonstre que, a despeito do resultado do item a), $\lim\limits_{(x,y)\to(0,0)} f(x,y)$ não existe.

Resolução.

a) Consideremos os seguintes casos:

Caso I: reta $x = 0$ (eixo y)

Nesse caso, $f(x,y) = 0$, de modo que $\lim\limits_{\substack{(x,y)\to(0,0) \\ x=0}} f(x,y) = 0.$

Caso II: retas não verticais que passam pela origem (retas do tipo $y = mx$)

Consideremos os seguintes subcasos:

1. $m = 0$: reta $y = 0$ (eixo x)

Nesse subcaso, $f(x, y) = 0$, de modo que $\lim\limits_{\substack{(x,y)\to(0,0)\\ y=0}} f(x, y) = 0.$

2. ($m < 0$ e $x \geq 0$) ou ($m > 0$ e $x \leq 0$)

Nesse subcaso, $f(x, y) = 0$, de modo que $\lim\limits_{\substack{(x,y)\to(0,0)\\ y=mx}} f(x, y) = 0.$

3. $m < 0$ e $x \leq 0$

i) $x \geq m \overset{x\leq 0}{\Rightarrow} x^2 \leq mx (= y) \Rightarrow f(x, y) = 0 \Rightarrow \lim\limits_{\substack{(x,y)\to(0,0)\\ y=mx}} f(x, y) = 0.$

ii) $x < m \Rightarrow x \not\to 0$, pois $m < 0$.

4. $m > 0$ e $x \geq 0$

i) $x < m \overset{x\geq 0}{\Rightarrow} x^2 \leq mx (= y) \Rightarrow f(x, y) = 0 \Rightarrow \lim\limits_{\substack{(x,y)\to(0,0)\\ y=mx}} f(x, y) = 0.$

ii) $x \geq m \Rightarrow x \not\to 0$, pois $m > 0$.

Portanto, $\lim\limits_{(x,y)\to(0,0)} f(x, y) = 0$ ao longo de qualquer reta que passa pela origem.

b) Uma vez que, para todos $x, y \in \mathbb{R}$ tais que $0 < y < x^2$, podemos expressar a função dada como $f(x, y) = \dfrac{x^2y - y^2}{x^4}$, podemos considerar $y = \dfrac{x^2}{2}$ (de modo que os termos que ocorrem no numerador e no denominador de $f(x, y)$ se tornam potências de mesma base e mesmo expoente, o que nos permite, efetivamente, simplificá-los).

Logo,

$$\lim_{\substack{(x,y)\to(0,0)\\ y=\frac{x^2}{2}}} f(x, y) = \lim_{\substack{(x,y)\to(0,0)\\ y=\frac{x^2}{2}}} \frac{(x^2 - y)y}{x^4} = \lim_{x\to 0} \frac{\frac{x^4}{4}}{x^4} = \frac{1}{4} (\neq 0).$$

Portanto, do Teorema 3.2.1 (Limite ao longo de curvas) decorre que $\lim\limits_{(x,y)\to(0,0)} f(x, y)$ não existe.

Exemplo 4. Se $f : \mathbb{R}^2 \to \mathbb{R}$ e $g : \mathbb{R}^2 \to \mathbb{R}$ são funções reais homogêneas de grau n de duas variáveis reais que satisfazem as seguintes condições:

i) $g(1, 0) \neq 0$;

ii) $g(1, 1) \neq 0$;

iii) $f(1,0)\cdot g(1,1) \neq f(1,1)\cdot g(1,0)$,

demonstre que $\lim\limits_{(x,y)\to(0,0)} \dfrac{f(x,y)}{g(x,y)}$ não existe.

Resolução.

Inicialmente, observemos que a condição *iii*) é equivalente à condição $\dfrac{f(1,0)}{g(1,0)} \neq \dfrac{f(1,1)}{g(1,1)}$ (pelas condições *i*) e *ii*), esses quocientes estão bem definidos), de modo que, para demonstrar o solicitado, é suficiente demonstrar que $\lim\limits_{(x,y)\to(0,0)} \dfrac{f(x,y)}{g(x,y)}$ é igual a um desses quocientes, ao longo de uma conveniente curva de $\mathbb{R}^2$ (domínio de f), e igual ao outro, ao longo de outra curva (também conveniente) de $\mathbb{R}^2$.

Da hipótese de que f e g são funções homogêneas de grau n decorre que $f(1,0) = \left(\dfrac{1}{x}\right)^n f(x,0)$, $g(1,0) = \left(\dfrac{1}{x}\right)^n g(x,0)$, $f(1,1) = \left(\dfrac{1}{x}\right)^n f(x,x)$ e $g(1,1) = \left(\dfrac{1}{x}\right)^n g(x,x)$. Essas relações sugerem-nos a escolha das curvas C_1: eixo x (ou seja, $y = 0$) e C_2: reta $y = x$. Assim,

$$\lim_{\substack{(x,y)\to(0,0)\\(x,y)\in C_1}} \frac{f(x,y)}{g(x,y)} = \lim_{x\to 0} \frac{f(x,0)}{g(x,0)} = \lim_{x\to 0} \frac{x^n f(1,0)}{x^n g(1,0)} = \frac{f(1,0)}{g(1,0)},$$

$$\lim_{\substack{(x,y)\to(0,0)\\(x,y)\in C_2}} \frac{f(x,y)}{g(x,y)} = \lim_{x\to 0} \frac{f(x,x)}{g(x,x)} = \lim_{x\to 0} \frac{x^n f(1,1)}{x^n g(1,1)} = \frac{f(1,1)}{g(1,1)}.$$

Portanto, como os limites ao longo dessas curvas C_1 e C_2 são distintos (pela condição *iii*)), resulta que $\lim\limits_{(x,y)\to(0,0)} \dfrac{f(x,y)}{g(x,y)}$ não existe.

Exemplo 5. Dada $f : \mathbb{R}^2 - \{(e^{-sen y} - 1, y)\} \to \mathbb{R}$, definida por $f(x,y) = \frac{ax^2+bx+y}{sen y + ln(1+x)}$,

a) calcule a e b para que os limites $\lim\limits_{(x,y)\to(0,0)} f(x,y)$, ao longo de $y = mx$ ($m \in \mathbb{R}$), sejam todos iguais.

b) considerando os valores de a e b obtidos no item a), verifique se existe $\lim\limits_{(x,y)\to(0,0)} f(x,y)$.

Resolução.

a) Temos

$$\begin{aligned}
\lim_{\substack{(x,y)\to(0,0)\\ y=mx}} f(x,y) &= \lim_{\substack{(x,y)\to(0,0)\\ y=mx}} \frac{ax^2+bx+y}{seny+ln(1+x)} \\
&= \lim_{x\to 0} \frac{ax^2+bx+mx}{sen(mx)+ln(1+x)} \\
&\overset{l'H}{=} \lim_{x\to 0} \frac{2ax+b+m}{mcos(mx)+\frac{1}{1+x}}
\end{aligned}$$

$$\begin{cases} = \dfrac{b+m}{1+m}, & \text{se} \quad m \neq -1 \\ = \infty, & \text{se} \quad m=-1 \text{ e } b \neq 1 \\ \overset{l'H}{=} -2a, & \text{se} \quad m=-1 \text{ e } b=1 \end{cases} \cdot$$

Logo, para que os limites $\lim_{(x,y)\to(0,0)} f(x,y)$, ao longo de $y = mx$ ($m \in \mathbb{R}$), sejam todos iguais, devemos ter (de acordo com o primeiro e o terceiro resultados obtidos) $-2a = 1$ (ou seja, $a = -\frac{1}{2}$) e $b = 1$.

b) Para os valores de a e b que obtivemos no item a), temos que $f(x,y) = \frac{-\frac{x^2}{2}+x+y}{seny+ln(1+x)}$.

Considerando $y \equiv y(x)$ (y como função de x), temos que

$$\lim_{\substack{x\to 0\\ y\equiv y(x)}} f(x,y) = \lim_{x\to 0} \frac{-\frac{x^2}{2}+x+y(x)}{sen(y(x))+ln(1+x)},$$

de modo que não podemos calcular diretamente esse limite se $y(0) = 0$.

Considerando, pois, esse caso, suponhamos que y seja uma vez derivável (pelo menos em 0).

Assim,

$$\begin{aligned}
\lim_{\substack{x\to 0\\ y\equiv y(x)}} f(x,y) &= \lim_{x\to 0} \frac{-\frac{x^2}{2}+x+y(x)}{sen(y(x))+ln(1+x)} \\
&\overset{l'H}{=} \lim_{x\to 0} \frac{-x+1+y'(x)}{y'(x)cos(y(x))+\frac{1}{1+x}},
\end{aligned}$$

de modo que não podemos calcular diretamente esse limite se $y'(0) = -1$.

Considerando, pois, esse caso, suponhamos que y seja duas vezes derivável (pelo menos em 0).

Assim,

$$\begin{aligned}
\lim_{\substack{x\to 0\\ y\equiv y(x)}} f(x,y) &= \lim_{x\to 0} \frac{-\frac{x^2}{2}+x+y(x)}{sen(y(x))+ln(1+x)} \\
&\stackrel{l'H}{=} \lim_{x\to 0} \frac{-x+1+y'(x)}{y'(x)cos(y(x))+\frac{1}{1+x}} \\
&\stackrel{l'H}{=} \lim_{x\to 0} \frac{-1+y''(x)}{y''(x)cos(y(x))-(y'(x))^2 sen(y(x))-\frac{1}{(1+x)^2}},
\end{aligned}$$

de modo que não podemos calcular diretamente esse limite se $y''(0) = 1$.

Considerando (finalmente), pois, esse caso, suponhamos que y seja três vezes derivável (pelo menos em 0).

Assim,

$$\begin{aligned}
\lim_{\substack{x\to 0\\ y\equiv y(x)}} f(x,y) &= \lim_{x\to 0} \frac{-\frac{x^2}{2}+x+y(x)}{sen(y(x))+ln(1+x)} \\
&\stackrel{l'H}{=} \lim_{x\to 0} \frac{-x+1+y'(x)}{y'(x)cos(y(x))+\frac{1}{1+x}} \\
&\stackrel{l'H}{=} \lim_{x\to 0} \frac{-1+y''(x)}{y''(x)cos(y(x))-(y'(x))^2 sen(y(x))-\frac{1}{(1+x)^2}} \\
&\stackrel{l'H}{=} \lim_{x\to 0} \frac{y'''(x)}{y'''(x)cos(y(x))-3y'(x)y''(x)sen(y(x))-(y'(x))^3 cos(y(x)+\frac{2}{(1+x)^3}},
\end{aligned}$$

de modo que, definindo $y'''(0) = \lambda$, temos que $\lim_{x\to 0} f(x,y) = \dfrac{\lambda}{\lambda+3}$.

Em resumo: ao longo da curva $y \equiv y(x)$ tal que $y(0) = 0, y'(0) = -1$, $y''(0) = 1, y'''(0) = \lambda$, temos que $\lim_{x\to 0} f(x,y) = \dfrac{\lambda}{\lambda+3}$.

Portanto, $\lim_{(x,y)\to(0,0)} f(x,y)$ não existe.

Finalizamos essa seção com um resumo de alguns fatos importantes sobre limites ao longo de curvas (consequências do Teorema 3.2.1 (Limite ao longo de curvas)):

1) se algum dos limites ao longo de curvas não existe (ou seja, é igual a $-\infty$ ou a $+\infty$ ou o seu valor oscila), então o limite propriamente não existe;

2) se qualquer quantidade finita arbitrária (≥ 2) de limites ao longo de curvas existe, mas (pelo menos) dois deles são distintos entre si, então o limite propriamente não existe;

3) se qualquer limite ao longo de curvas depende da curva arbitrária fixada (ou seja, o valor do limite varia segundo tal curva), então o limite propriamente não existe.

3.3 Limite do produto de um infinitésimo por uma função limitada

Conforme observamos (*vide* Observação 8 referente, em particular, ao item *iv* do Teorema 2.4.1 (Propriedades operatórias de limites)), as condições sobre a existência dos limites das funções f e g ali mencionadas são suficientes, mas não necessárias. Assim, há casos em que, mesmo que uma dessas condições não seja satisfeita, o limite do produto dessas funções pode ainda existir. Nessa seção, tratamos de um de tais casos.

O teorema a seguir trata do limite de uma função que podemos expressar como o produto de duas funções: uma, cujo limite é zero (infinitésimo), e outra, que é apenas limitada (o seu limite pode não existir), no sentido da definição a seguir.

Esse resultado assegura-nos que, sob essas condições, o limite do produto dessas duas funções — o limite da função dada — é também zero.

Definição 3.3.1. Uma função real de duas variáveis reais $g : A \subseteq \mathbb{R}^2 \to \mathbb{R}$ é denominada *limitada* se existe um número real $M > 0$ tal que $|g(x, y)| \leq M$, para todo $(x, y) \in A$.

Em outras palavras, uma função é denominada limitada se o seu conjunto imagem é limitado.

Exemplo. Demonstre que $f : \mathbb{R}^2 \to \mathbb{R}$, definida por

$$f(x,y) = \begin{cases} \dfrac{xy^2}{x^2+y^4}, & \text{se} \quad (x,y) \neq (0,0) \\ \quad 0 \quad, & \text{se} \quad (x,y) = (0,0) \end{cases},$$

é limitada (em $\mathbb{R}^2$).

Demonstração:

Avaliemos $|f(x,y)|$, para todo $(x,y) \neq (0,0)$:

$$|f(x,y)| = \left|\frac{xy^2}{x^2+y^4}\right| = \frac{y^2}{x^2+y^4}|x| = \frac{\sqrt{y^4}\sqrt{x^2}}{x^2+y^4} < \frac{\sqrt{x^2+y^4}\sqrt{x^2+y^4}}{x^2+y^4} = 1,$$

ou seja, $|f(x,y)| < 1$, para todo $(x,y) \neq (0,0)$, o que mostra que f é limitada (em $\mathbb{R}^2$).

Nota. O leitor pode desejar comparar esse procedimento com aquele que utilizamos quando tratamos do Exemplo 1 da Subseção 1.4.2. Ao assim proceder, ele notará que a maior cota inferior (ínfimo) do conjunto imagem de f é $-\frac{1}{2}$, enquanto a menor cota superior (supremo) é $\frac{1}{2}$ (mais precisamente, conforme calculamos naquele exemplo, mínimo e máximo, respectivamente, de f). Agora, apenas demonstramos que $-1 < f(x,y) < 1$, o que é suficiente para o propósito sob análise. Ademais, é instrutivo que compare esse exemplo com o Exercício [Extra] dessa seção.

Agora, estamos em condições de enunciar o teorema que mencionamos no início dessa seção.

Teorema 3.3.1. (Limite do produto de um infinitésimo por uma função limitada) *Consideremos $f, g : A \subseteq \mathbb{R}^2 \to \mathbb{R}$ funções reais de duas variáveis reais, e $(a,b) \in A'$. Se $\lim\limits_{(x,y)\to(a,b)} f(x,y) = 0$ e g é limitada, para todo $(x,y) \in A - \{(a,b)\}$, então $\lim\limits_{(x,y)\to(a,b)} [f(x,y)g(x,y)] = 0$, mesmo que não exista $\lim\limits_{(x,y)\to(a,b)} g(x,y)$.*

Demonstração.

De acordo com a definição $\varepsilon - \delta$ de limite, devemos demonstrar que

$$\forall \varepsilon > 0, \exists \delta > 0 : \forall (x,y) \in A, 0 < \sqrt{(x-a)^2 + (y-b)^2} < \delta \Rightarrow |f(x,y)g(x,y)| < \varepsilon.$$

Pelas hipóteses, dado qualquer $\varepsilon > 0$, existem $\delta_1 > 0$, $\delta_2 > 0$ e $M > 0$ tais que, para todo $(x,y) \in A$,

$$0 < \sqrt{(x-a)^2 + (y-b)^2} < \delta_1 \Rightarrow |f(x,y)| < \frac{\varepsilon}{M}$$

e

$$0 < \sqrt{(x-a)^2 + (y-b)^2} < \delta_2 \Rightarrow |g(x,y)| < M.$$

Considerando $\delta = min\{\delta_1, \delta_2\}$, temos

$$|f(x,y)g(x,y)| < \frac{\varepsilon}{M} M = \varepsilon,$$

ou seja,

$$|f(x,y)g(x,y)| < \varepsilon.$$

Portanto, $\lim\limits_{(x,y)\to(a,b)} [f(x,y)g(x,y)] = 0.$ □

Exemplo. Dada a função $h : \mathbb{R}^2 - \{(0,0)\} \to \mathbb{R}$, definida por $h(x,y) = \dfrac{x^3 y}{x^4 + y^2}$, demonstre que $\lim\limits_{(x,y)\to(0,0)} h(x,y) = 0$.

Resolução.

Temos

$$h(x,y) = x \frac{x^2}{\sqrt{x^4 + y^2}} \frac{y}{\sqrt{x^4 + y^2}} = x \frac{1}{\sqrt{1 + \dfrac{y^2}{x^4}}} \frac{\pm 1}{\sqrt{\dfrac{x^4}{y^2} + 1}}.$$

Portanto, $\lim\limits_{(x,y)\to(0,0)} h(x,y) = 0.$

3.4 Teorema do confronto

O próximo teorema assegura-nos que, se duas funções têm o **mesmo limite**, então qualquer função limitada inferiormente por uma delas e superiormente pela outra (todas definidas em um mesmo conjunto) também tem limite, o qual coincide com o limite comum ao daquelas duas funções. Mais precisamente, para calcular o limite de uma função f dada, necessitamos, de acordo com as hipóteses ali descritas, obter funções g e h tais que $g \leq f \leq h$, cujos limites (necessariamente iguais) conhecemos a princípio (ou podemos mostrar que satisfazem tal condição). Tal resultado consiste, pois, em uma estratégia bastante geral que nos permite verificar se uma função dada tem limite.

Teorema 3.4.1. (Teorema do confronto) *Se* $f, g, h : A \subseteq \mathbb{R}^2 \to \mathbb{R}$ *são funções reais de duas variáveis reais tais que, para todo* $(x, y) \neq (a, b), (a, b) \in A'$, $g(x, y) \leq f(x, y) \leq h(x, y)$[3] *e* $\lim\limits_{(x,y)\to(a,b)} g(x, y) = \lim\limits_{(x,y)\to(a,b)} h(x, y) = L$, *então* $\lim\limits_{(x,y)\to(a,b)} f(x, y) = L$.

Demonstração.

Pelas hipóteses, dado qualquer $\varepsilon > 0$, existem $\delta_1 > 0$ e $\delta_2 > 0$ tais que, para todo $(x, y) \in A$,

$$0 < \sqrt{(x-a)^2 + (y-b)^2} < \delta_1 \Rightarrow |g(x, y) - L| < \varepsilon \; (\Leftrightarrow L - \varepsilon < g(x, y) < L + \varepsilon)$$

e

$$0 < \sqrt{(x-a)^2 + (y-b)^2} < \delta_2 \Rightarrow |h(x, y) - L| < \varepsilon \; (\Leftrightarrow L - \varepsilon < h(x, y) < L + \varepsilon).$$

Em particular, $L - \varepsilon < g(x, y)$ e $h(x, y) < L + \varepsilon$. Consideremos $\delta = min\{\delta_1, \delta_2\}$. Assim, para todo $(x, y) \in A$, decorre que

$$0 < |\sqrt{(x-a)^2 + (y-b)^2} < \delta \Rightarrow L - \varepsilon < g(x, y) \leq f(x, y) \leq h(x, y) < L + \varepsilon,$$

pois, por hipótese, $g(x, y) \leq f(x, y) \leq h(x, y)$.

[3] O teorema do confronto permanece válido se substituímos $\leq$ por $<$.

Logo,

$$L - \varepsilon < f(x,y) < L + \varepsilon,$$

o que equivale à

$$0 < |f(x,y) - L| < \varepsilon.$$

Portanto, $\lim\limits_{(x,y)\to(a,b)} f(x,y) = L.$ □

Exemplo. Dada a função $f : \{(x,y) \in \mathbb{R}^2 : x > 0, y > 0, x \neq y\} \to \mathbb{R}$, definida por $f(x,y) = \dfrac{x^p - y^p}{x - y}$, em que p é um parâmetro real dado, discuta a existência de $\lim\limits_{(x,y)\to(0,0)} f(x,y)$ em termos de p.

Afirmação: $\lim\limits_{(x,y)\to(0,0)} f(x,y)$ existe se e somente se $p \geq 1$, sendo igual a zero se $p > 1$.

Demonstração.

Suponhamos, sem perda de generalidade, que $0 < x < y$. Assim, pelo TVM (Teorema do Valor Médio, de Lagrange), existe $t \in (x,y)$ tal que $\dfrac{x^p - y^p}{x - y} = pt^{p-1}$. Logo,

$$px^{p-1} < \frac{x^p - y^p}{x - y} < py^{p-1}.$$

Portanto, pelo Teorema 3.4.1 (Teorema do confronto) resulta que $\lim\limits_{(x,y)\to(0,0)} f(x,y)$ existe se e somente se $p \geq 1$, sendo igual a zero se $p > 1$.

3.5 Limite do valor absoluto de uma função

O teorema a seguir, o qual é uma consequência do Teorema 3.4.1 (Teorema do confronto), é frequentemente útil para demonstrar que o limite de uma função dada é zero. Ele estabelece que, se o limite do valor absoluto de tal função é zero, então o próprio limite da função dada deve também ser zero (e reciprocamente). Assim, uma vez que o valor absoluto de um número real é, por definição, maior que ou igual a zero, tudo de que necessitamos, essencialmente, para usar tal teorema, é obter um limitante superior (cujo limite seja zero) para o valor absoluto da função dada.

Teorema 3.5.1. (Limite do valor absoluto de uma função) *Se* $f : A \subseteq \mathbb{R}^2 \to \mathbb{R}$ *é uma função real de duas variáveis reais, e* $(a, b) \in A'$, *então*

$$\lim_{(x,y)\to(a,b)} f(x,y) = 0 \textit{ se e somente se } \lim_{(x,y)\to(a,b)} |f(x,y)| = 0.$$

Demonstração.

$$\boldsymbol{\lim_{(x,y)\to(a,b)} |f(x,y)| = 0 \Rightarrow \lim_{(x,y)\to(a,b)} f(x,y) = 0.}$$

Resulta da aplicação do Teorema 3.4.1 (Teorema do confronto) às seguintes desigualdades

$$-|f(x,y)| \leq f(x,y) \leq |f(x,y)|.$$

$$\boldsymbol{\lim_{(x,y)\to(a,b)} f(x,y) = 0 \Rightarrow \lim_{(x,y)\to(a,b)} |f(x,y)| = 0.}$$

Resulta da aplicação do Teorema 3.4.1 (Teorema do confronto) às seguintes desigualdades

$$min\{-f(x,y), f(x,y)\} \leq |f(x,y)| \leq max\{-f(x,y), f(x,y)\}.$$

□

As mesmas úteis desigualdades para demonstrar a existência de limites de algumas funções reais de duas variáveis reais pela definição $\varepsilon - \delta$ de limite desempenham papel análogo igualmente importante, ao usar o Teorema 3.5.1 (Limite do valor absoluto de uma função), conforme o próprio leitor pode observar, ao estudar os exemplos a seguir.

Exemplo 1. Dada a função $f : \mathbb{R}^2 - \{(0,0)\} \to \mathbb{R}$, definida por $f(x,y) = \dfrac{sen(x^4) + sen(y^4)}{\sqrt{x^4 + y^4}}$, demonstre que $\lim\limits_{(x,y)\to(0,0)} f(x,y) = 0$.

Resolução.

Uma vez que $sen(x^4) \leq x^4$ e $sen(y^4) \leq y^4$, decorre que $sen(x^4)+sen(y^4) \leq x^4 + y^4$. Assim,

$$0 \leq \left|\frac{sen(x^4) + sen(y^4)}{\sqrt{x^4 + y^4}}\right| \leq \frac{x^4 + y^4}{\sqrt{x^4 + y^4}} = \sqrt{x^4 + y^4}.$$

Portanto, pelo Teorema 3.5.1 resulta que $\lim\limits_{(x,y)\to(0,0)} f(x, y) = 0$.

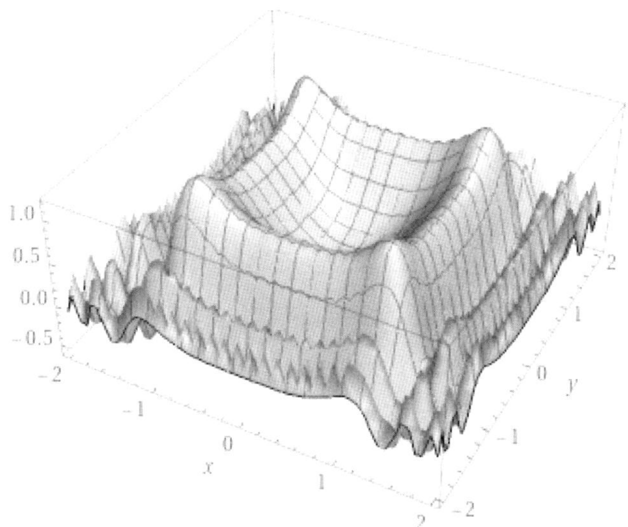

Figura 3.1: gráfico de $f : \mathbb{R}^2 - \{(0, 0)\} \to \mathbb{R}$, $f(x, y) = \dfrac{sen(x^4) + sen(y^4)}{\sqrt{x^4 + y^4}}$.

Exemplo 2. Dada a função $f : \mathbb{R}^2 - \{(0, 0)\} \to \mathbb{R}$, definida por $f(x, y) = \dfrac{x^5y^3}{x^6 + y^4}$, demonstre que $\lim\limits_{(x,y)\to(0,0)} f(x, y) = 0$.

Resolução.

Inicialmente, observemos que $|x| \leq |y|$ ou $|y| \leq |x|$, para todo $(x, y) \in \mathbb{R}^2 - \{(0, 0)\}$.

Caso: $|x| \leq |y|$.

Nesse caso, temos

$$0 \leq \left|\frac{x^5y^3}{x^6 + y^4}\right| \leq \frac{y^8}{y^4} = y^4.$$

Caso: $|y| \leq |x|$.

Nesse caso, temos

$$0 \leq \left|\frac{x^5y^3}{x^6+y^4}\right| \leq \frac{x^8}{y^6} = x^2.$$

Assim,

$$0 \leq \left|\frac{x^5y^3}{x^6+y^4}\right| \leq max\{y^4, x^2\} \leq x^2 + y^4.$$

Portanto, pelo Teorema 3.5.1 resulta que $\lim\limits_{(x,y)\to(0,0)} f(x,y) = 0$.

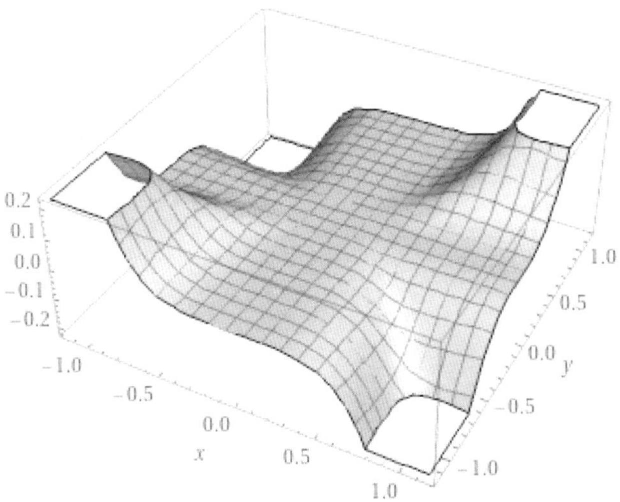

Figura 3.2: gráfico de $f : \mathbb{R}^2 - \{(0,0)\} \to \mathbb{R}$, $f(x,y) = \dfrac{x^5y^3}{x^6+y^4}$.

Exemplo 3. Dada a função $f : \mathbb{R}^2 - \{(0,0)\} \to \mathbb{R}$, definida por $f(x,y) = (x+y)ln(x^2+y^2)$, demonstre que $\lim\limits_{(x,y)\to(0,0)} f(x,y) = 0$.

Resolução.

Para todo $(x,y) \in \mathbb{R}^2 - \{(0,0)\}$, temos

$$|x+y| \leq |x| + |y| \leq \sqrt{2}\sqrt{x^2+y^2}.$$

Assim,

$$|(x+y)ln(x^2+y^2)| \leq \sqrt{2}\sqrt{x^2+y^2}\,|ln(x^2+y^2)|.$$

Logo, pelo Teorema 3.5.1 resta apenas demonstrar que

$$\lim_{(x,y)\to(0,0)} \sqrt{x^2+y^2}\, ln(x^2+y^2) = 0.$$

Temos

$$\begin{aligned} \lim_{(x,y)\to(0,0)} \sqrt{x^2+y^2}\, ln(x^2+y^2) &= 2 \lim_{(x,y)\to(0,0)} \sqrt{x^2+y^2}\, ln(\sqrt{x^2+y^2}) \\ &= 2\lim_{t\to 0} t\, ln\, t \\ &= 2\lim_{t\to 0} \frac{ln\, t}{t^{-1}} \\ &\overset{\text{l'H}}{=} -2\lim_{t\to 0} t \\ &= 0. \end{aligned}$$

Portanto, $\lim_{(x,y)\to(0,0)} f(x,y) = 0.$

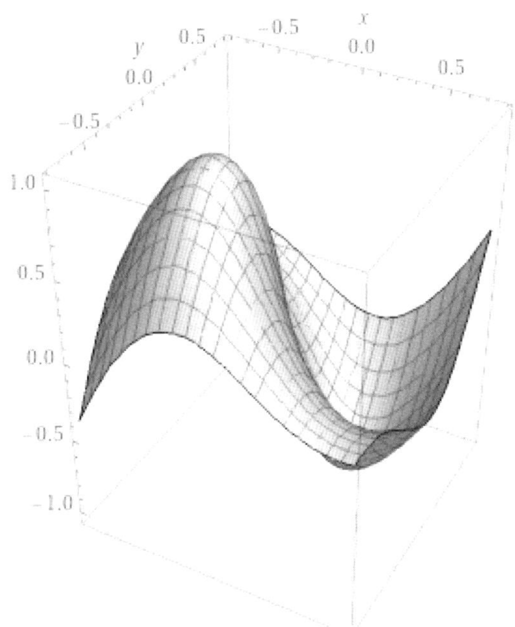

Figura 3.3: gráfico de $f : \mathbb{R}^2 - \{(0,0)\} \to \mathbb{R}, f(x,y) = (x+y)ln(x^2+y^2)$.

3.6 Limitação local

O teorema a seguir assegura-nos que há uma estreita relação entre a existência do limite de uma função real de duas variáveis reais e a limitação local de tal função, no sentido de que esta é uma consequência daquela.

Teorema 3.6.1. (Limitação local) *Consideremos* $f : A \subseteq \mathbb{R}^2 \to \mathbb{R}$ *uma função real de duas variáveis reais, e* $(a, b) \in A'$. *Se existe* $\lim_{(x,y)\to(a,b)} f(x, y)$, *então* f *é limitada em uma (logo, qualquer) vizinhança* $\mathscr{V}_\delta(a, b)$ *(ou seja, existem* $M > 0$, $\delta > 0$ *tais que, para todo* $(x, y) \in A$, $0 < \sqrt{(x-a)^2 + (y-b)^2} < \delta \Rightarrow |f(x, y)| < M$*).*

Demonstração.

Por hipótese, podemos escrever $\lim_{(x,y)\to(a,b)} f(x, y) = L$. Considerando, por exemplo, $\varepsilon = 1$ na definição desse limite, obtemos $\delta > 0$, tal que, para todo $(x, y) \in A$

$$0 < \sqrt{(x-a)^2 + (y-b)^2} < \delta \Rightarrow |f(x, y) - L| < 1,$$

de modo que

$$|f(x, y)| < 1 + |L|.$$

Portanto, considerando esse δ, basta escolhermos $M = 1 + |L|$ (mais geralmente, qualquer número real M tal que $M \geq 1 + |L|$), para obter a conclusão desejada. □

Desse teorema segue (por contrapositividade) que, se uma função é ilimitada em uma (logo, qualquer) vizinhança de um ponto de acumulação do seu domínio, então o limite dessa função em tal ponto não existe.

Observação: dada uma função real de duas variáveis reais $f : A \subseteq \mathbb{R}^2 \to \mathbb{R}$, definida por $f(x, y) = \dfrac{g(x, y)}{h(x, y)}$, tal que $\lim_{(x,y)\to(a,b)} h(x, y) = 0$, mas $\lim_{(x,y)\to(a,b)} g(x, y) \neq 0$, decorre que f é, necessariamente, ilimitada em uma vizinhança $\mathscr{V}_\delta(a, b)$, de modo que, pela contrapositiva do Teorema 3.6.1, $\lim_{(x,y)\to(a,b)} f(x,y)$ não existe (*vide* Observação 9 ao Teorema 2.4.1 (Propriedades operatórias de limites)).

Exemplo 1. Dada a função real de duas variáveis reais $f : \{(x,y) \in \mathbb{R}^2 : y \neq x^2\} \to \mathbb{R}$, definida por $f(x,y) = \dfrac{x^3}{x^2 - y}$, demonstre que não existe $\lim_{(x,y)\to(0,0)} f(x,y)$.

Resolução.

Um modo:

Para demonstrar o solicitado, é suficiente, pela contrapositiva do Teorema 3.6.1, que observemos o seguinte: podemos escolher pontos $\{(x,y) \in \mathbb{R}^2 : y \neq x^2\}$ suficientemente próximos de $(0,0)$ quanto quisermos, tais que y se aproxima de x^2 ($y \neq x^2$), de modo que o denominador de f se aproxima de zero, enquanto x^3, numerador de f, não se aproxima de zero, ou seja, o quociente (expressão que define f) tende a $\pm\infty$ (em outras palavras: o denominador de f se anula ao longo da curva $y = x^2$, enquanto, ao longo dessa mesma curva, o numerador de f só se anula em $x = 0$). Logo, f é ilimitada em qualquer vizinhança $\mathscr{V}_\delta(0,0)$. Portanto, pela contrapositiva do Teorema 3.6.1, $\lim_{(x,y)\to(0,0)} f(x,y)$ não existe.

Outro modo: (**demonstração por contradição**)

Suponhamos que $\lim_{(x,y)\to(0,0)} f(x,y) = L$. Então, do Teorema 3.6.1 decorre que existe $\delta > 0$ tal que, para todo $(x,y) \in A$,

$$0 < \sqrt{x^2 + y^2} < \delta \Rightarrow L - 1 < f(x,y) < L + 1.$$

Entretanto, para todo $x_0 > 0$ (resp. $x_0 < 0$) fixado, $f(x_0, y) = \dfrac{x_0^3}{x_0^2 - y}$ tende a $+\infty$ (resp. $-\infty$) quando y tende a x_0^2 pela esquerda (resp. direita), o que contradiz o Teorema 3.6.1.

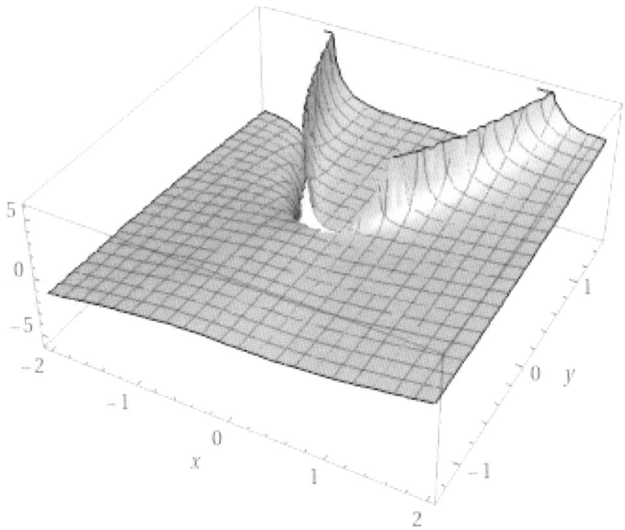

Figura 3.4: gráfico de $f : \{(x, y) \in \mathbb{R}^2 : y \neq x^2\} \to \mathbb{R}, f(x, y) = \dfrac{x^3}{x^2 - y}$.

Exemplo 2. Dada a função real de duas variáveis reais $f : \{(x, y) \in \mathbb{R}^2 : y < x^2\} \to \mathbb{R}$, definida por $f(x, y) = \dfrac{xy}{\sqrt{x^2 - y}}$, demonstre que não existe $\lim\limits_{(x,y)\to(0,0)} f(x, y)$.

Resolução.

Para demonstrar o solicitado, é suficiente, pela contrapositiva do Teorema 3.6.1, que observemos o seguinte: podemos escolher pontos (x, y) suficientemente próximos de $(0, 0)$ quanto quisermos, tais que y se aproxima de x^2 ($y < x^2$), de modo que o denominador de f se aproxima de zero, enquanto o numerador de f não se aproxima de zero, ou seja, o quociente (expressão que define f) tende a infinito. Logo, f é ilimitada em qualquer vizinhança $\mathscr{V}_\delta(0, 0)$. Portanto, pela contrapositiva do Teorema 3.6.1, $\lim\limits_{(x,y)\to(0,0)} f(x, y)$ não existe.

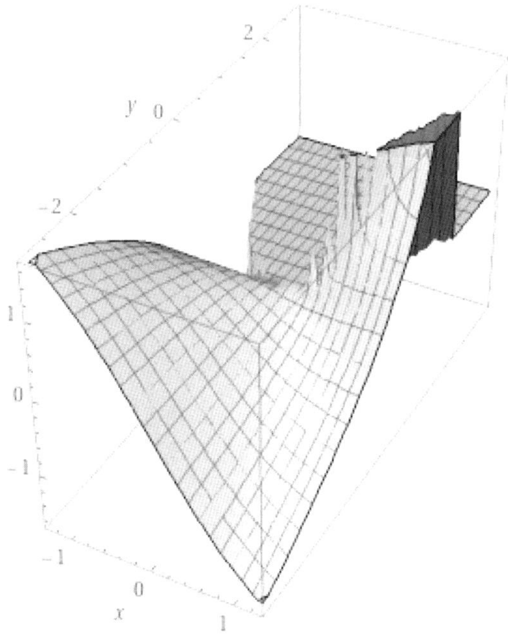

Figura 3.5: gráfico de $f : \{(x, y) \in \mathbb{R}^2 : y < x^2\} \to \mathbb{R}, f(x, y) = \dfrac{xy}{\sqrt{x^2 - y}}$.

Exemplo 3. Dada a função real de duas variáveis reais $f : \{(x, y) \in \mathbb{R}^2 : y \neq -x\} \to \mathbb{R}$, definida por $f(x, y) = \dfrac{cos(x^2 + y)}{x + y}$, demonstre que não existe $\lim\limits_{(x,y)\to(0,0)} f(x, y)$.

Resolução.

Podemos expressar f como $f = \dfrac{g}{h}$, em que $g : \{(x, y) \in \mathbb{R}^2 : y \neq -x\} \to \mathbb{R}$ é definida por $g(x, y) = cos(x^2 + y)$, e $h : \{(x, y) \in \mathbb{R}^2 : y \neq -x\} \to \mathbb{R}$ é definida por $h(x, y) = x + y$. Assim, $\lim\limits_{(x,y)\to(0,0)} h(x, y) = 0$, mas $\lim\limits_{(x,y)\to(0,0)} g(x, y) = 1\ (\neq 0)$. Portanto, pela observação subsequente ao Teorema 3.6.1 resulta que $\lim\limits_{(x,y)\to(0,0)} f(x, y)$ não existe.

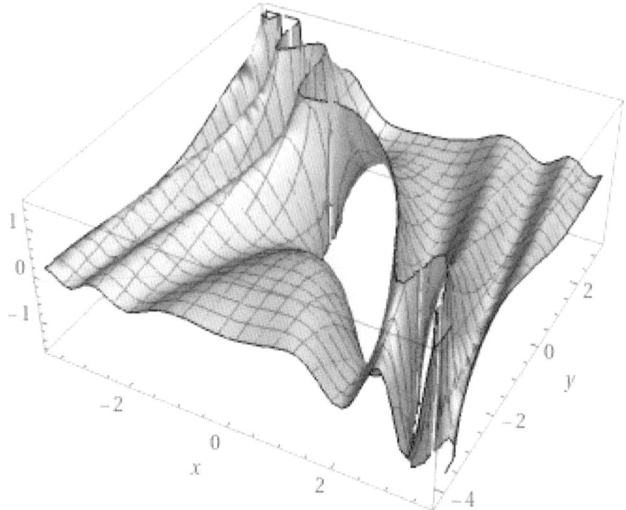

Figura 3.6: gráfico de $f : \{(x, y) \in \mathbb{R}^2 : y \neq -x\} \to \mathbb{R}, f(x, y) = \dfrac{cos(x^2 + y)}{x + y}$.

3.7 Limite de uma função composta

Estamos interessados, agora, em estudar a relação entre limite e composição de funções. Consideremos, pois, $f : A \subseteq \mathbb{R}^2 \to \mathbb{R}$, $g : B \subseteq \mathbb{R} \to \mathbb{R}$, $(a, b) \in A'$, $\lim\limits_{(x,y)\to(a,b)} f(x, y) = L$ ($L \in B'$), $\lim\limits_{u\to L} g(u) = M$ e $f(A) \subseteq B$ (de modo que a composta $g \circ f : C \subseteq \mathbb{R}^2 \to \mathbb{R}$, em que $C = \{(x, y) \in A : f(x, y) \in B\}$, dada por $(g \circ f)(x, y) = g(f(x, y))$, esteja bem definida). Com base em tais considerações, desejamos estudar o limite $\lim\limits_{(x,y)\to(a,b)} g(f(x, y))$. Dado que $\lim\limits_{(x,y)\to(a,b)} f(x, y) = L$, é razoável esperarmos que

$$\lim_{(x,y)\to(a,b)} g(f(x, y)) = M.$$

É, pois, oportuno observarmos o que segue:

1) como $g \circ f : C \subseteq \mathbb{R}^2 \to \mathbb{R}$ é definida por $(g \circ f)(x, y) = g(f(x, y))$, para todo $(x, y) \in C$, em que $C = \{(x, y) \in A : f(x, y) \in B\}$, para que haja sentido considerar $\lim\limits_{(x,y)\to(a,b)} g(f(x, y))$, é necessário que $(a, b) \in C'$, bem como que esse limite exista;

2) mesmo atendida a necessidade de que $(a, b) \in C'$, pode ocorrer que, quando (x, y) se aproxima de (a, b), $f(x, y)$ atinja infinitas vezes o valor L, para valores de (x, y) diferentes entre si. Nesse caso, se $M \neq g(L)$ (ou seja, se g não é contínua em L), então não existe $\lim\limits_{(x,y)\to(a,b)} g(f(x, y))$;

3) como, por hipótese, $\lim\limits_{u\to L} g(u) = M$, é plausível esperarmos que possamos considerar tal suposição também para u da forma $u = f(x, y)$. Entretanto, há um problema que ora se impõe, a saber: para que $g(u)$ se aproxime de M, é necessário que u se aproxime de L, mas sempre seja tal que $u \neq L$. Porém, ao considerarmos u da forma $u = f(x, y)$, nada nos garante que $f(x, y) \neq L$.

Pois bem, tendo exposto ao leitor os possíveis problemas pertinentes ao assunto sob análise, o teorema a seguir torna precisa essa discussão, no sentido de que ele garante que $\lim\limits_{(x,y)\to(a,b)} g(f(x, y)) = M$, nos seguintes casos:

a) g é contínua em L;

b) g não está definida em L;

c) g está definida em L, não é contínua em L, mas $f(x, y) \neq L$, para todo (x, y) próximo de (a, b).

Teorema 3.7.1. (Limite de uma função composta)

Consideremos $f : A \subseteq \mathbb{R}^2 \to \mathbb{R}$, $g : B \subseteq \mathbb{R} \to \mathbb{R}$, $(a, b) \in A'$, $L \in B'$ *e* $f(A) \subseteq B$.

i) Se $\lim\limits_{(x,y)\to(a,b)} f(x, y) = L$ *e* g *é contínua em L, então* $\lim\limits_{(x,y)\to(a,b)} g(f(x, y)) = g(L)$.

ii) Se $\lim\limits_{(x,y)\to(a,b)} f(x, y) = L$, $\lim\limits_{u\to L} g(u) = M$ *e* $(x, y) \neq (a, b) \Rightarrow f(x, y) \neq L$, *então* $\lim\limits_{(x,y)\to(a,b)} g(f(x, y)) = M$.

Demonstração.

i) De acordo com a definição $\varepsilon - \delta$ de limite, devemos demonstrar que

$$\forall \varepsilon > 0, \exists \delta > 0 : \forall (x, y) \in A, 0 < \sqrt{(x-a)^2 + (y-b)^2} < \delta \Rightarrow |g(f(x, y)) - g(L)| < \varepsilon.$$

Como, por hipótese, g é contínua em L, decorre da definição de continuidade de função real de uma variável real que

$$\forall \varepsilon > 0, \exists \eta > 0 : \forall u \in B, |u - L| < \eta \Rightarrow |g(u) - g(L)| < \varepsilon.$$

(Interpretação geométrica: *todo ponto* $u \in B$, *cuja distância ao ponto* L *é menor do que* η, *é transformado por* g *em um único ponto* $g(u)$, *cuja distância ao ponto* $g(L)$ *é menor do que* ε.)

Também, como, por hipótese, $\lim\limits_{(x,y)\to(a,b)} f(x,y) = L$, decorre da definição de limite de funções reais de duas variáveis reais que (considerando esse η)

$$\exists\delta > 0 : \forall(x,y) \in A, 0 < \sqrt{(x-a)^2 + (y-b)^2} < \delta \Rightarrow |f(x,y) - L| < \eta.$$

Portanto,

$$\forall\varepsilon > 0, \exists\delta > 0 : \forall(x,y) \in A, 0 < \sqrt{(x-a)^2 + (y-b)^2} < \delta \Rightarrow |g(f(x,y)) - g(L)| < \varepsilon,$$

em que usamos a interpretação geométrica que descrevemos, ao considerar $u = f(x,y)$.

ii) De acordo com a definição $\varepsilon - \delta$ de limite, devemos demonstrar que

$$\forall\varepsilon > 0, \exists\delta > 0 : \forall(x,y) \in A, 0 < \sqrt{(x-a)^2 + (y-b)^2} < \delta \Rightarrow |g(f(x,y)) - M| < \varepsilon.$$

Como, por hipótese, $\lim\limits_{u\to L} g(u) = M$, decorre da definição de limite que

$$\forall\varepsilon > 0, \exists\eta > 0 : \forall u \in B, 0 < |u - L| < \eta \Rightarrow |g(u) - M| < \varepsilon.$$

(Interpretação geométrica: *todo ponto* $u \in B$ *(*$u \neq L$*), cuja distância ao ponto* c *é menor do que* η, *é transformado por* g *em um único ponto* $g(u)$, *cuja distância ao ponto* M *é menor do que* ε.)

Também, como, por hipótese, $\lim\limits_{(x,y)\to(a,b)} f(x,y) = L$, decorre da definição de limite que (considerando esse η)

$$\exists\delta > 0 : \forall(x,y) \in A, 0 < \sqrt{(x-a)^2 + (y-b)^2} < \delta \Rightarrow |f(x,y) - L| < \eta.$$

Agora, a hipótese $(x,y) \neq (a,b) \Rightarrow f(x,y) \neq L$ permite-nos afirmar que

$$\exists\delta > 0 : \forall(x,y) \in A, 0 < \sqrt{(x-a)^2 + (y-b)^2} < \delta \Rightarrow 0 < |f(x,y) - L| < \eta.$$

Portanto,

$$\forall\varepsilon > 0, \exists\delta > 0 | \forall(x,y) \in A, 0 < \sqrt{(x-a)^2 + (y-b)^2} < \delta \Rightarrow |g(f(x,y)) - g(L)| < \varepsilon,$$

em que usamos a interpretação geométrica que descrevemos, ao considerar $u = f(x,y)$. □

Observações:

1) é útil interpretarmos o item *i*) do seguinte modo: **funções contínuas são aquelas que comutam com o símbolo de limite**. A conclusão

$$\lim_{(x,y)\to(a,b)} g(f(x,y)) = g(L),$$

em vista das hipóteses, equivale à $g\left[\lim_{(x,y)\to(a,b)} f(x,y)\right] = g(L)$. Em particular, considerando $g:\mathbb{R}\to\mathbb{R}$, definida por $g(u)=|u|$ (ou seja, g é a função valor absoluto, a qual é contínua), se $\lim_{(x,y)\to(a,b)} f(x,y) = L$, então $\lim_{(x,y)\to(a,b)} |f(x,y)| = |L|$ (ou seja, o limite do valor absoluto é o valor absoluto do limite).

A importância do Teorema 3.9.1 fundamenta-se nessa primeira observação: ela enfatiza uma importante aplicação do conhecimento do fato de que todas as funções "elementares" estudadas em Cálculo Diferencial e Integral de Funções de Uma Variável Real, tais como polinomial, racional, seno, cosseno, exponencial, logarítmica, são funções contínuas em seus respectivos domínios.

Exemplo. Dada $h:\mathbb{R}^2-\{(0,0)\}\to\mathbb{R}$, definida por $h(x,y)=cos\left(\dfrac{x^3}{x^2+y^2}\right)$, calcule $\lim_{(x,y)\to(0,0)} h(x,y)$.

Resolução.

Podemos expressar a função h dada como $h(x,y) = g(f(x,y))$, em que $f:\mathbb{R}^2-\{(0,0)\}\to\mathbb{R}$ é definida por $f(x,y)=\dfrac{x^3}{x^2+y^2}$, e $g:\mathbb{R}\to\mathbb{R}$ é definida por $g(u)=cos\,u$. Como a função cosseno é contínua, decorre que, se existe $\lim_{(x,y)\to(0,0)} \dfrac{x^3}{x^2+y^2}$, então, devido ao Teorema 3.7.1 (Limite de uma função composta), $\lim_{(x,y)\to(0,0)} cos\left(\dfrac{x^3}{x^2+y^2}\right)$ também existe, dado por $cos\left(\lim_{(x,y)\to(0,0)} \dfrac{x^3}{x^2+y^2}\right)$. O problema, pois, resume-se em verificar se esse último limite existe.

De acordo com a definição $\varepsilon-\delta$ de limite, devemos demonstrar que

$$\forall\varepsilon\ 0, \exists\delta>0 : \forall(x,y)\in\mathbb{R}^2-\{(0,0)\}, 0<\sqrt{x^2+y^2}<\delta \Rightarrow \left|\frac{x^3}{x^2+y^2}\right|<\varepsilon.$$

Para estabelecer a conexão entre $\sqrt{x^2+y^2} < \delta$ e $\left|\dfrac{x^3}{x^2+y^2}\right| < \varepsilon$, procedemos como segue:

$$\begin{aligned}
\left|\frac{x^3}{x^2+y^2}\right| &= \frac{|x^3|}{x^2+y^2}\\
&= \frac{x^2|x|}{x^2+y^2}\\
&\leq \frac{(x^2+y^2)\sqrt{x^2+y^2}}{x^2+y^2}\\
&= \sqrt{x^2+y^2}\\
&< \delta.
\end{aligned}$$

Logo, para que $\left|\dfrac{x^3}{x^2+y^2}\right| < \varepsilon$, é suficiente, de acordo com essa última desigualdade, que consideremos um δ tal que $0 < \delta \leq \varepsilon$ (por exemplo, $\delta = \varepsilon$). Demonstramos, assim, que $\lim\limits_{(x,y)\to(0,0)} \dfrac{x^3}{x^2+y^2} = 0$.

Portanto,

$$\lim_{(x,y)\to(0,0)} cos\left(\frac{x^3}{x^2+y^2}\right) = cos\left[\lim_{(x,y)\to(0,0)} \frac{x^3}{x^2+y^2}\right] = cos(0) = 1.$$

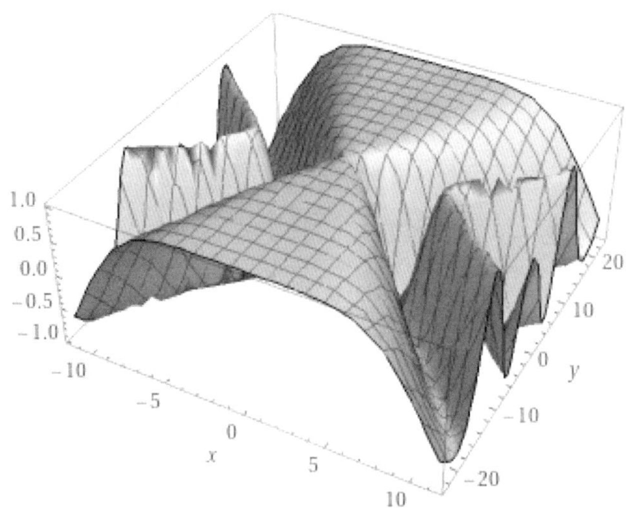

Figura 3.7: gráfico de $h : \mathbb{R}^2 - \{(0,0)\} \to \mathbb{R}, h(x,y) = cos\left(\dfrac{x^3}{x^2+y^2}\right)$.

2) se g não está definida em L (caso b), precedente ao Teorema 3.7.1), resulta da hipótese $f(A) \subseteq B$ (a imagem de f está contida no domínio de g) quc $f(x,y) \neq L$, para todo $(x,y) \in A$, de modo que, nesse caso, a condição "$f(x,y) \neq L$, para todo (x,y) próximo de (a,b)" (caso *c*)) torna-se dispensável.

3) tanto a hipótese em *i*) (de que g é contínua), quanto a hipótese em *ii*) (de que $(x,y) \neq (a,b) \Rightarrow f(x,y) \neq L$), são essenciais no Teorema 3.7.1, conforme mostramos no exemplo a seguir.

Exemplo. Consideremos $f : \mathbb{R}^2 \to \mathbb{R}$, definida por $f(x,y) = x + y$, e $g : \mathbb{R} \to \mathbb{R}$, definida por

$$g(u) = \begin{cases} 1, & \text{se} \quad u = 0 \\ 0, & \text{se} \quad u \neq 0 \end{cases}.$$

Apesar de que g está definida em 0, ela não é contínua em 0. A composta $g \circ f$ é dada por

$$g(f(x,y)) = \begin{cases} 1, & \text{se} \quad y = -x \\ 0, & \text{se} \quad y \neq -x \end{cases}.$$

Assim, temos

$$\lim_{(x,y)\to(0,0)} f(x,y) = 0, \ \lim_{u\to 0} g(u) = 0,$$

mas

$$(0 =) \lim_{\substack{(x,y)\to(0,0) \\ y\neq -x}} g(f(x,y)) \neq \lim_{\substack{(x,y)\to(0,0) \\ y=-x}} g(f(x,y)) (= 1),$$

ou seja, $\lim_{(x,y)\to(0,0)} g(f(x,y))$ não existe.

Uma consequência extremamente importante do item *ii*) é o teorema que segue imediatamente após a seguinte

Definição 3.7.1. Uma *curva paramétrica em* $\mathbb{R}^2$ é uma função vetorial contínua $\gamma : [a,b] \subset \mathbb{R} \to \mathbb{R}^2$, definida por $\gamma(t) = (x(t), y(t))$ ($x(t)$ e $y(t)$ são funções reais contínuas), para todo $t \in [a,b]$.

Teorema 3.7.2. (Limite ao longo de curvas) *Se* $f : A \subseteq \mathbb{R}^2 \to \mathbb{R}$ *é uma função real de duas variáveis reais tal que* $\lim\limits_{(x,y)\to(a,b)} f(x,y) = L$, $\gamma : B \subset \mathbb{R} \to \mathbb{R}^2$ *é uma curva paramétrica contínua em* t_0 *tal que* $\gamma(t_0) = (a,b)$, *e, para todo* $t \neq t_0, \gamma(t) \neq (a,b)$, $\gamma(t) \subset A$, *então*

$$\lim_{t\to t_0} f(\gamma(t)) = L.$$

Demonstração.

De acordo com a definição $\varepsilon - \delta$ de limite, devemos demonstrar que

$$\forall\varepsilon > 0, \exists\delta > 0 : \forall t \in A, 0 < |t - t_0| < \delta \Rightarrow |f(\gamma(t)) - L| < \varepsilon.$$

Como, por hipótese, $\lim\limits_{(x,y)\to(a,b)} f(x,y) = L$, decorre que, dado $\varepsilon > 0$, existe δ_1 tal que, para todo $(x,y) \in A$,

$$0 < \sqrt{(x-a)^2 + (y-b)^2} < \delta \Rightarrow |f(x,y) - L| < \varepsilon.$$

Como, por hipótese, γ é contínua, decorre que, para esse δ_1, existe $\delta > 0$ tal que, para todo $t \in B$,

$$|t - t_0| < \delta \Rightarrow |\gamma(t) - \gamma(t_0)| < \delta_1.$$

Logo, em vista da hipótese de que, para todo $t \neq t_0, \gamma(t) \neq (a,b)$, resulta que

$$0 < |t - t_0| < \delta \Rightarrow |\gamma(t) - \gamma(t_0)| < \delta_1.$$

Portanto,

$$0 < |t - t_0| < \delta \Rightarrow |f(\gamma(t)) - L| < \varepsilon,$$

o que mostra que

$$\lim_{t\to t_0} f(\gamma(t)) = L.$$

□

Observação. Ressaltamos que a contrapositiva do Teorema 3.7.2 é bastante útil para demonstrar a **não existência** do limite de uma determinada função dada $f : A \subseteq \mathbb{R}^2 \to \mathbb{R}$, se γ_1 e γ_2 são duas curvas que satisfazem as hipóteses de tal teorema, tais que ocorra qualquer dos casos a seguir:

i) $\lim\limits_{t \to t_0} f(\gamma(t)) = c_1$ e $\lim\limits_{t \to t_0} f(\gamma(t)) = c_2, \ c_1 \neq c_2$;

ii) $\lim\limits_{t \to t_0} f(\gamma_i(t))$ não existe ($= \pm\infty$), para algum $i, 1 \leq i \leq 2$;

iii) $\lim\limits_{t \to t_0} f(\gamma(t))$ depende de algum(ns) parâmetro(s) arbitrário(s) fixado(s)[4],

então

$$\lim_{(x,y)\to(a,b)} f(x,y) \textbf{ não existe}.$$

Para concluir essa seção, observamos, ademais, que o Teorema 3.7.2 é simplesmente uma reformulação do Teorema 3.2.1 (Limite ao longo de curvas), de modo que, sob esse ponto de vista, esse constitui um método alternativo comumente utilizado para tratar exemplos tais como aqueles que apresentamos na Seção 3.2, não sendo, pois, necessário acrescentar quaisquer outros.

3.8 Expressões indeterminadas: 0^0, 1^∞ e ∞^0

As expressões indeterminadas 0^0, 1^∞ e ∞^0 estão intimamente relacionadas com o Teorema 3.7.1 (Limite de uma função composta), como descrevemos a seguir.

Conforme as notações que usamos no Teorema 3.7.1, consideremos $h(x,y) = g(f(x,y))$ expressa na forma $h(x,y) = [F(x,y)]^{G(x,y)}$, em que $f(x,y) = G(x,y)ln[F(x,y)]$, $F(x,y) > 0$[5], em alguma vizinhança $\mathscr{V}_\delta(a,b)$, $(a,b) \in A'$, para todo $(x,y) \neq (a,b)$, $(x,y) \in \mathscr{V} \cap A$, e $g(u) = e^u, \ \forall u \in B$.

[4] Pode ocorrer que esse caso seja simplesmente uma generalização do primeiro caso.

[5] No estudo das expressões indeterminadas, no presente contexto, exigiremos, sempre que necessário, que o domínio da função h dada satisfaça a hipótese que $F(x,y) > 0$, a qual é condição *sine qua non* para a validez da expressão daquela função em termos da exponencial, conforme descrevemos.

Usando a identidade logarítmica básica[6] $F(x,y) = e^{ln[F(x,y)]}$, podemos expressar $h(x,y)$ do seguinte modo:

$$h(x,y) = [F(x,y)]^{G(x,y)} = \{e^{ln[F(x,y)]}\}^{G(x,y)} = e^{G(x,y)ln[F(x,y)]}.$$

Assim, resulta do Teorema 3.7.1 que uma indeterminação de $h(x,y)$, sob essas considerações, ocorre, precisamente, quando há indeterminação no produto $G(x,y)ln[F(x,y)]$. A expressão indeterminada resultante nesse produto é de um dos tipos $0 \cdot (\pm\infty)$. Devemos, pois, analisar, separadamente, os seguintes casos:

Caso 1: $\displaystyle\lim_{(x,y)\to(a,b)} G(x,y) = 0$ **e** $\displaystyle\lim_{(x,y)\to(a,b)} ln[F(x,y)] = -\infty.$

Conforme o Teorema 3.7.1, $\displaystyle\lim_{(x,y)\to(a,b)} ln[F(x,y)] = -\infty$ equivale a $\displaystyle\lim_{(x,y)\to(a,b)} F(x,y) = 0$, de modo que, nesse caso, a expressão indeterminada de $h(x,y)$ é do tipo 0^0.

Caso 2: $\displaystyle\lim_{(x,y)\to(a,b)} G(x,y) = +\infty$ **e** $\displaystyle\lim_{(x,y)\to(a,b)} ln[F(x,y)] = 0.$

Conforme o Teorema 3.7.1, $\displaystyle\lim_{(x,y)\to(a,b)} ln[F(x,y)] = 0$ equivale a $\displaystyle\lim_{(x,y)\to(a,b)} F(x,y) = 1$, de modo que, nesse caso, a expressão indeterminada de $h(x,y)$ é do tipo 1^∞.

Caso 3: $\displaystyle\lim_{(x,y)\to(a,b)} G(x,y) = 0$ **e** $\displaystyle\lim_{(x,y)\to(a,b)} ln[F(x,y)] = +\infty.$

Conforme o Teorema 3.7.1, $\displaystyle\lim_{(x,y)\to(a,b)} ln[F(x,y)] = +\infty$ equivale a $\displaystyle\lim_{(x,y)\to(a,b)} F(x,y) = +\infty$, de modo que, nesse caso, a expressão indeterminada de $h(x,y)$ é do tipo ∞^0.

Esses casos constituem, em seu próprio direito, os métodos de cálculo de limites das expressões indeterminadas sob análise, no seguinte sentido:

1) $\displaystyle\lim_{(x,y)\to(a,b)} G(x,y)ln[F(x,y)]$ não existe (consequentemente, $\displaystyle\lim_{(x,y)\to(a,b)} h(x,y)$ também não existe);

---

[6] Equivalentemente, aplicando logaritmo natural a ambos os membros de $h(x,y) = [F(x,y)]^{G(x,y)}$.

2) $\lim_{(x,y)\to(a,b)} G(x,y)ln[F(x,y)]$ existe $(= L)$.

Nesse caso, decorre de $h(x,y) = e^{G(x,y)ln[F(x,y)]}$ que $\lim_{(x,y)\to(a,b)} h(x,y) = e^L$.

A seguir, apresentamos um exemplo de cálculo efetivo de limite de cada qual dos tipos das expressões indeterminadas que estamos analisando.

Exemplo 1. Dada $h : \{(x,y) \in \mathbb{R}^2 : x > 0\} \to \mathbb{R}$, definida por $h(x,y) = [ln(x+1)]^{x+y}$, calcule $\lim_{(x,y)\to(0,0)} h(x,y)$.

Resolução.

A expressão indeterminada de $\lim_{(x,y)\to(0,0)} h(x,y)$ é 0^0.

Usando a identidade logarítmica básica, podemos expressar $h(x,y)= [ln(x+1)]^{x+y}$ como $h(x,y) = e^{(x+y)ln[ln(x+1)]}$, para todo $x > 0$.

De acordo com as considerações nessa seção **(Caso 1)**, devemos, a partir de agora, nos concentrar no cálculo de $\lim_{(x,y)\to(0,0)} (x+y)ln[ln(x+1)]$. Consideremos, pois, $C_1=\{(x,y) \in \mathbb{R}^2 : x > 0, y = -x\}$ e $C_2=\left\{(x,y) \in \mathbb{R}^2 : x > 0, x \neq e-1, y = \frac{1}{ln[ln(x+1)]}\right\}$. Assim, temos

$$\lim_{\substack{(x,y)\to(0,0)\\(x,y)\in C_1}} (x+y)ln[ln(x+1)] = 0,$$

$$\begin{aligned}\lim_{\substack{(x,y)\to(0,0)\\(x,y)\in C_2}} (x+y)ln[ln(x+1)] &= \lim_{x\to 0}\left\{x + \frac{1}{ln[ln(x+1)]}\right\} ln[ln(x+1)]\\ &= \lim_{x\to 0}\{xln[ln(x+1)] + 1\}\\ &= 1.\end{aligned}$$

Logo,

$$\lim_{\substack{(x,y)\to(0,0)\\(x,y)\in C_1}} (x+y)ln[ln(x+1)] \neq \lim_{\substack{(x,y)\to(0,0)\\(x,y)\in C_2}} (x+y)ln[ln(x+1)].$$

Portanto, resulta do Teorema 3.2.1 (Limite ao longo de curvas) que $\lim_{(x,y)\to(0,0)} h(x,y)$ não existe.

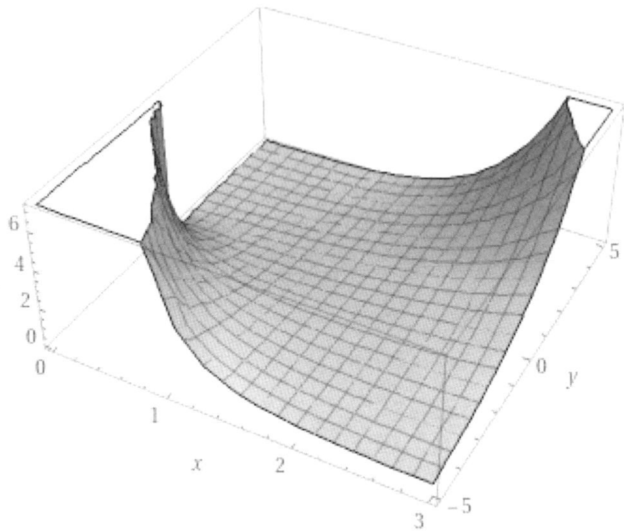

Figura 3.8: gráfico de $h : \{(x, y) \in \mathbb{R}^2 : x > 0\} \to \mathbb{R}, h(x, y) = [ln(x + 1)]^{x+y}$.

Exemplo 2. Dada $h : \{(x, y) \in \mathbb{R}^2 : x > -1, y \neq 0\} \to \mathbb{R}$, definida por $h(x, y) = (1 + x)^{\frac{1}{y}}$, calcule $\lim\limits_{(x,y)\to(0,0)} h(x, y)$.

Resolução.

A expressão indeterminada desse limite é 1^{∞}.

Usando a identidade logarítmica básica, podemos expressar $h(x, y) = (1 + x)^{\frac{1}{y}}$ como $h(x, y) = e^{\frac{1}{y}ln(x+1)}$, para todos $x > -1, y \neq 0$.

De acordo com as considerações iniciais nessa seção **(Caso 2)**, devemos, a partir de agora, nos concentrar no cálculo de $\lim\limits_{(x,y)\to(0,0)} \dfrac{1}{y}ln(x + 1)$. Consideremos, pois, $C_1 = \{(x, y) \in \mathbb{R}^2 : x = 0, y \neq 0\}$ e $C_2 = \{(x, y) \in \mathbb{R}^2 : y = ln(1 + x), x > -1, x \neq 0\}$. Assim, temos

$$\lim_{\substack{(x,y)\to(0,0)\\(x,y)\in C_1}} \frac{1}{y}ln(x + 1) = 0,$$

$$\begin{aligned}\lim_{\substack{(x,y)\to(0,0)\\(x,y)\in C_2}} \frac{1}{y}ln(x + 1) &= \lim_{x\to 0} \frac{1}{ln(x + 1)}ln(x + 1)\\ &= 1.\end{aligned}$$

Logo,

$$\lim_{\substack{(x,y)\to(0,0)\\(x,y)\in C_1}} \frac{1}{y} ln(x+1) \neq \lim_{\substack{(x,y)\to(0,0)\\(x,y)\in C_2}} \frac{1}{y} ln(x+1).$$

Portanto, do Teorema 3.2.1 (Limite ao longo de curvas) resulta que $\lim\limits_{(x,y)\to(0,0)} h(x,y)$ não existe.

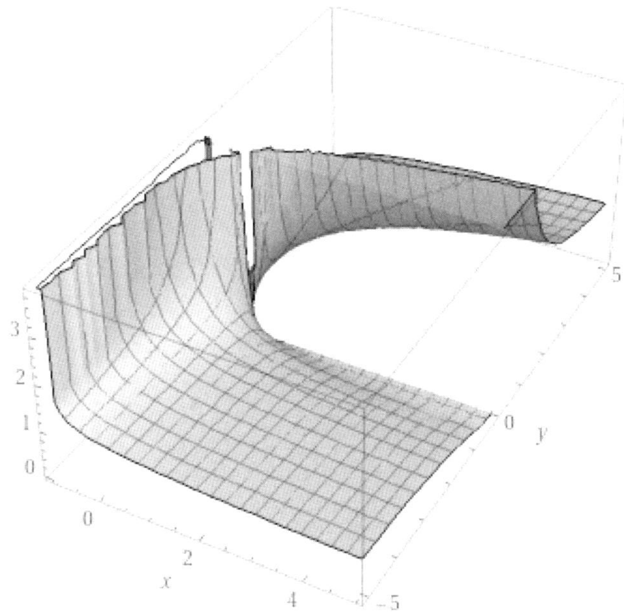

Figura 3.9: gráfico de $h : \{(x,y) \in \mathbb{R}^2 : x > -1, y \neq 0\} \to \mathbb{R}, h(x,y) = (1+x)^{\frac{1}{y}}$.

Exemplo 3. Dada $h : \{(x,y) \in \mathbb{R}^2 : x > 0\} \to \mathbb{R}$, definida por $h(x,y) = \dfrac{1}{x^y}$, calcule $\lim\limits_{(x,y)\to(0,0)} h(x,y)$.

Resolução.

Inicialmente, observemos que $h(x,y) = \left(\dfrac{1}{x}\right)^y$, de modo que a expressão indeterminada de $\lim\limits_{(x,y)\to(0,0)} h(x,y)$ é ∞^0.

Usando a identidade logarítmica básica, podemos expressar $h(x,y) = \left(\dfrac{1}{x}\right)^y$ como $h(x,y) = e^{yln\left(\frac{1}{x}\right)} = e^{-ylnx}$, para todo $x > 0$.

De acordo com as considerações iniciais dessa seção (**Caso 3**), devemos, a partir de agora, nos concentrar no cálculo de $\lim\limits_{(x,y)\to(0,0)}(-ylnx)$. Consideremos, pois, $C_1 = \{(x,y) \in \mathbb{R}^2 : y = 0, x > 0\}$ e $C_2 = \{(x,y) \in \mathbb{R}^2 : y = \frac{1}{lnx}, x > 0, x \neq 1\}$. Assim, temos

$$\lim_{\substack{(x,y)\to(0,0)\\(x,y)\in C_1}}(-ylnx) = 0,$$

$$\begin{aligned}\lim_{\substack{(x,y)\to(0,0)\\(x,y)\in C_2}}(-ylnx) &= \lim_{x\to 0}\left[\left(-\frac{1}{lnx}\right)lnx\right]\\ &= -1.\end{aligned}$$

Logo,

$$\lim_{\substack{(x,y)\to(0,0)\\(x,y)\in C_1}}(-ylnx) \neq \lim_{\substack{(x,y)\to(0,0)\\(x,y)\in C_2}}(-ylnx).$$

Portanto, resulta do Teorema 3.2.1 (Limite ao longo de curvas) que $\lim\limits_{(x,y)\to(0,0)} h(x,y)$ não existe.

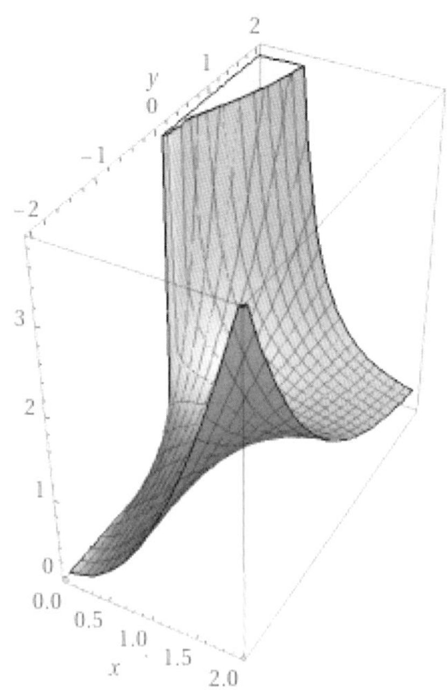

Figura 3.10: gráfico de $h : \{(x,y) \in \mathbb{R}^2 : x > 0\} \to \mathbb{R}, h(x,y) = \dfrac{1}{x^y}$.

3.9 Coordenadas polares

O *sistema de coordenadas polares* é o sistema de coordenadas bidimensional no qual cada ponto do plano é determinado, univocamente, pela sua distância em relação a um ponto fixo e por um determinado ângulo em relação a uma direção fixa. Esse ponto fixado (análogo à origem do sistema de coordenadas cartesianas) é denominado *polo*. O segmento, a partir do polo, em uma determinada direção, é denominado *eixo polar* (análogo ao eixo das abscissas em um sistema de coordenadas cartesianas). A distância entre o polo e tal ponto é denominada *raio*. Tal ângulo, por sua vez, é denominado *ângulo polar*. O raio e o ângulo polar, assim definidos, constituem as *coordenadas polares* propriamente ditas (coordenada radial e coordenada angular, respectivamente). Mais precisamente, temos o que segue.

Dado um ponto qualquer $(x, y) \in \mathbb{R}^2 - \{(0, 0)\}$, a sua localização é univocamente determinada por sua distância ρ $(\rho > 0)$ à origem O e pelo ângulo θ entre o semieixo positivo x e a semirreta que parte de O e passa por ele (por convenção, o ângulo positivo θ, $\theta \in [0, 2\pi)$, é medido em radianos, no sentido anti-horário). Essas quantidades ρ e θ são denominadas *coordenadas polares* do ponto (x, y).

As expressões das coordenadas cartesianas (x, y) em termos das coordenadas polares (ρ, θ) são as seguintes:

$$\begin{cases} x = \rho cos\theta \\ y = \rho sen\theta \end{cases}.$$

Assim, usando essas relações, podemos expressar os valores $f(x, y)$ (em coordenadas cartesianas) de uma função real de duas variáveis reais $f : A \subseteq \mathbb{R}^2 \to \mathbb{R}$ em termos dos valores $F(\rho, \theta)$ (em coordenadas polares) de uma função real de duas variáveis reais $F : (0, +\infty) \times [0, 2\pi) \to \mathbb{R}$ por meio da seguinte relação:

$$F(\rho, \theta) = f(\rho cos\theta, \rho sen\theta).$$

Uma vez que ρ é a distância do ponto (x, y) à origem, podemos tornar (x, y) próximo de $(0, 0)$ tornando ρ próximo de 0. Assim, sob esse ponto de vista, o estudo de $\lim_{(x,y)\to(0,0)} f(x,y)$ reduz-se, pelo menos *em princípio*, ao estudo de $\lim_{\rho\to 0} F(\rho,\theta)$, para todos os possíveis valores de θ. Entretanto, é muito importante observarmos que, para um valor fixado do ângulo θ, calcular o limite de $F(\rho,\theta)$ quando ρ tende a 0 é, em verdade, equivalente a calcular o limite de $f(x,y)$ ao longo da semirreta determinada pelo ângulo θ (a qual, a menos de casos especiais, é a parte da reta de equação $y = (tg\theta)x$ contida no quadrante ao qual pertence o ângulo θ, conforme Figura 3.11 a seguir).

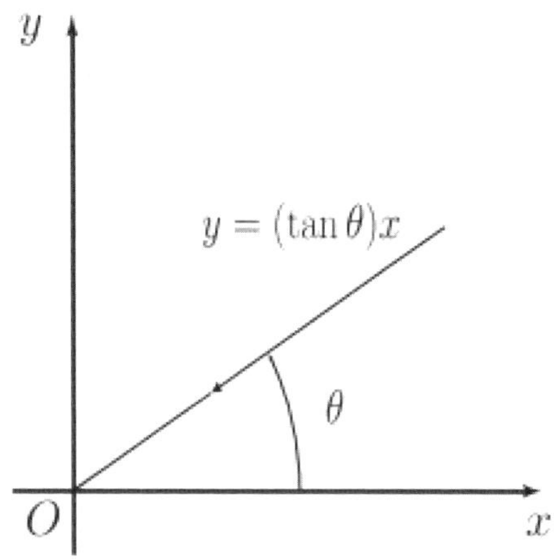

Figura 3.11: semirreta determinada por um ângulo θ fixado.

Em outras palavras, conforme tal análise, o estudo de $\lim_{\rho\to 0} F(\rho,\theta)$ coincide com o estudo dos *limites ao longo de curvas*. Logo, desse modo, o limite $\lim_{(x,y)\to(0,0)} f(x,y)$, como sabemos, pode não existir, mesmo que todos os limites ao longo de curvas (supondo existentes) coincidam. De outro modo, embora $\lim_{(x,y)\to(0,0)} f(x,y) = L \Rightarrow \lim_{\rho\to 0} F(\rho,\theta) = L$, para todos os possíveis valores de θ, a recíproca, *em geral*, é falsa. Sob esse ponto de vista, o que podemos afirmar é tão somente o seguinte:

i) se $\lim_{\rho\to 0} F(\rho,\theta)$ não existe (é igual a $-\infty$, $+\infty$), então $\lim_{(x,y)\to(0,0)} f(x,y)$ também não existe;

ii) se $\lim_{\rho\to 0} F(\rho,\theta)$ depende apenas de θ, então $\lim_{(x,y)\to(0,0)} f(x,y)$ também não existe;

iii) se $f(x,y)$ toma valores constantes sobre cículos centrados em $(0,0)$ (um valor constante sobre cada círculo fixado de centro em $(0,0)$), então $\lim\limits_{(x,y)\to(0,0)} f(x,y)$ pode reduzir-se ao limite, em coordenadas polares, de uma função F que depende apenas de ρ (ou seja, $F(\rho,\theta) \equiv F(\rho)$)[7].

Não obstante, interessa-nos propriamente saber sob que condição(ões) $\lim\limits_{\rho\to 0} F(\rho,\theta) = L \Rightarrow \lim\limits_{(x,y)\to(0,0)} f(x,y) = L$, para todos os possíveis valores de θ.

Consideremos, pois, o caso geral, no qual $F(\rho,\theta)$ pode depender tanto de ρ quanto de θ.

Observemos que, quando variamos ρ (mantendo θ fixado), $F(\rho,\theta)$ nos fornece os valores de $f(x,y)$ sobre a semirreta determinada por θ; quando variamos θ (mantendo ρ fixado), $F(\rho,\theta)$ nos fornece os valores de $f(x,y)$ sobre o círculo $x^2+y^2=\rho^2$.

Exemplo 1. Dada $f : \{(x,y) \in \mathbb{R}^2 : y < x^2\} \to \mathbb{R}$, definida por $f(x,y) = \dfrac{xy}{\sqrt{x^2-y}}$, demonstre que $\lim\limits_{(x,y)\to(0,0)} f(x,y)$ não existe.

Resolução.

Efetuando a mudança de coordenadas cartesianas para coordenadas polares, obtemos

$$F(\rho,\theta) = \frac{\rho^{\frac{3}{2}} cos\theta sen\theta}{\sqrt{\rho cos^2\theta - sen\theta}}.$$

O círculo de centro em $(0,0)$ e raio ρ intersecta a parábola $y = x^2$ nos pontos de coordenadas polares (ρ,θ_1) e (ρ,θ_2), tais que θ_1 e θ_2 são as soluções, em $[0,2\pi)$, da equação polar $\rho sen^2\theta - sen\theta = 0$ dessa parábola (Figura 3.12).

Geometricamente, podemos observar que um dos ângulos (θ_1) pertence a $\left(0,\dfrac{\pi}{2}\right)$, e o outro ($\theta_2$) pertence a $\left(\dfrac{\pi}{2},\pi\right)$. Uma vez que $\rho sen^2\theta_1 - sen\theta_1 = 0$ (igualmente,
$\rho sen^2\theta_2 - sen\theta_2 = 0$), decorre que

$$\lim_{\theta\to\theta_1^-} F(\rho,\theta) = +\infty \text{ (igualmente, } \lim_{\theta\to\theta_2^+} F(\rho,\theta) = -\infty),$$

[7] Em coordenadas polares, podemos reformular esse fato do seguinte modo: se $F(\rho,\theta)$ depende somente de ρ, então $\lim\limits_{(x,y)\to(0,0)} f(x,y)$ é simplesmente $\lim\limits_{\rho\to 0} F(\rho)$)(*vide* [5]).

o que nos mostra que $|F(\rho,\theta)|$ pode se tornar arbitrariamente grande (ou seja, F não é limitada), *independentemente* do valor de ρ.

Portanto, $\lim\limits_{(x,y)\to(0,0)} f(x,y)$ não existe.

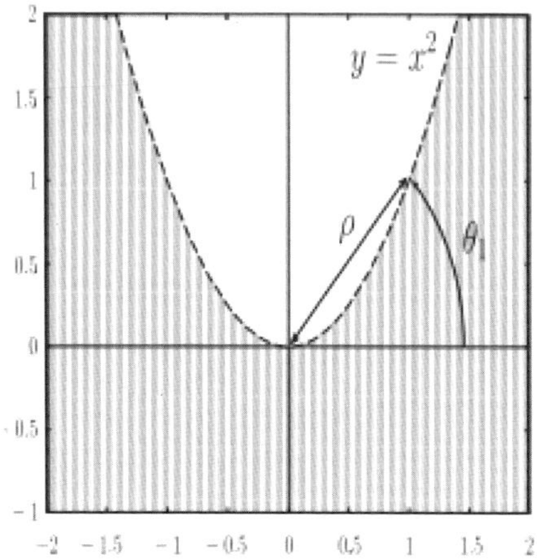

Figura 3.12: domínio de $f(x,y) = \dfrac{xy}{\sqrt{x^2 - y}}$.

A última afirmação que antecede esse exemplo nos sugere o teorema a seguir, o qual nos fornece uma condição suficiente para que $\lim\limits_{\rho\to 0} F(\rho,\theta) = L \Rightarrow \lim\limits_{(x,y)\to(0,0)} f(x,y) = L$, para todos os possíveis valores de θ, cuja demonstração o leitor pode consultar em [5]. Enuncia-mo-lo em sua forma geral, ou seja, em coordenadas polares centradas em (a,b) (em vez de em $(0,0)$): $x = a + \rho cos\theta$, $y = b + \rho sen\theta$, $\rho > 0, \theta \in [0, 2\pi)$.

Teorema 3.9.1. (Coordenadas polares) *Consideremos* $f : A \subseteq \mathbb{R}^2 \to \mathbb{R}$ *uma função real de duas variáveis reais, e* $(a,b) \in A'$. *Se existem* $L \in \mathbb{R}$, *uma função* H *que depende apenas de* ρ, *em uma vizinhança* $\mathscr{V}_\delta(a,b)$, *e*

$$|f(a + \rho cos\theta, b + \rho sen\theta) - L| \le H(\rho), \text{ tal que } \lim_{\rho\to 0} H(\rho) = 0,$$

então

$$\lim_{(x,y)\to(a,b)} f(x,y) = L.$$

Exemplo 2. Dada $f : \{(x,y) \in \mathbb{R}^2 : (x,y) \neq (0,1), y > 0\} \to \mathbb{R}$, definida por $f(x,y) = \dfrac{xlny}{\sqrt{x^2+(y-1)^2}}$, calcule $\lim\limits_{(x,y)\to(0,1)} f(x,y)$.

Resolução.

Temos

$$f(\rho cos\theta, 1+\rho sen\theta) = \frac{(\rho cos\theta)ln(1+\rho sen\theta)}{\rho} = (cos\theta)ln(1+\rho sen\theta).$$

Uma vez que

$$\lim_{t\to 0}\frac{ln(1+t)}{t} = 1,$$

temos, para t suficientemente pequeno,

$$\left|\frac{ln(1+t)}{t}\right| \leq 2,$$

ou seja, $|ln(1+t)| \leq 2|t|$.

Logo,

$$|f(\rho cos\theta, 1+\rho sen\theta)| = |(cos\theta)ln(1+\rho sen\theta)| \leq 2\rho|sen\theta\ cos\theta| \leq 2\rho.$$

Portanto, considerando $H(\rho) = 2\rho$, o Teorema 3.9.1 garante-nos que

$$\lim_{(x,y)\to(0,1)} f(x,y) = 0.$$

Exemplo 3. Dada a função $f : \{(x,y) \in \mathbb{R}^2 : x > 0, y > 0, x \neq y\} \to \mathbb{R}$, definida por $f(x,y) = \dfrac{x^p+y^p}{y-x}$, em que p é um parâmetro real dado, discuta a existência de $\lim\limits_{(x,y)\to(0,0)} f(x,y)$ em termos de p.

Resolução.

Ao longo da curva $y = kx$ ($k, x > 0$, $k \neq 1$), temos

$$\lim_{\substack{(x,y)\to(0,0)\\ y=mx}} f(x,y) = \lim_{x\to 0}\frac{x^p+(kx)^p}{kx-x} = \lim_{x\to 0}\frac{x^{p-1}(1+k^p)}{k-1},$$

de modo que o limite não existe se $p \leq 1$.

Resta, pois, considerarmos $p > 1$. Definamos $\theta_\rho = m\rho^{p-1} + \frac{\pi}{4}$, $m \neq 0$. Ao longo da curva dada por

$$\begin{cases} x = \rho\, cos\theta_\rho = \dfrac{\rho}{\sqrt{2}}[cos(m\rho^{p-1}) - sen(m\rho^{p-1})] \\ y = \rho\, sen\theta_\rho = \dfrac{\rho}{\sqrt{2}}[cos(m\rho^{p-1}) + sen(m\rho^{p-1})] \end{cases},$$

temos

$$\lim_{(x,y)\to(0,0)} f(x,y) = \lim_{\rho\to 0} \frac{1}{\sqrt{2}m} \frac{m\rho^{p-1}}{sen(m\rho^{p-1})}(cos^p\theta_\rho + sen^p\theta_\rho) = \frac{2^{\frac{1-p}{2}}}{m},$$

de modo que o limite também não existe se $p > 1$.

Portanto, o limite não existe, para qualquer valor de p.

Exemplo 4. Dada $f : \mathbb{R}^2 \to \mathbb{R}$, definida por

$$f(x,y) = \begin{cases} \dfrac{x^p y^q}{2x^2 - xy + 3y^2}, & \text{se} \quad (x,y) \neq (0,0) \\ 0 \quad , & \text{se} \quad (x,y) = (0,0) \end{cases},$$

em que $p > 0$ e $q > 0$ são parâmetros (números reais fixados), discuta a existência de $\lim\limits_{(x,y)\to(0,0)} f(x,y)$ em termos de p e q.

Resolução.

Inicialmente, observemos (apenas a título de informação) que f está bem definida, ou seja, o denominador $2x^2 - xy + 3y^2$ anula-se apenas em $(x,y) = (0,0)$ (de modo que o domínio de f é realmente todo o $\mathbb{R}^2$):

$$\begin{aligned} 2x^2 - xy + 3y^2 = 0 \quad &\Leftrightarrow \quad 2\left(x^2 - \frac{xy}{2} + \frac{1}{16}y^2\right) + 3y^2 - \frac{1}{8}y^2 = 0 \\ &\Leftrightarrow \quad 2\left(x - \frac{1}{4}y\right)^2 + \frac{23}{8}y^2 = 0 \\ &\Leftrightarrow \quad y = 0 \text{ e } x = 0. \end{aligned}$$

Para proceder propriamente à discussão solicitada, expressemos $f(x,y)$ em coordenadas polares:

$$\begin{aligned} f(x,y) &= f(\rho cos\theta, \rho sen\theta) \\ &= \frac{(\rho cos\theta)^p(\rho sen\theta)^q}{2(\rho cos\theta)^2 - (\rho cos\theta)(\rho sen\theta) + 3(\rho sen\theta)^2} \\ &= \rho^{p+q-2}\frac{cos^p\theta sen^q\theta}{2 - cos\theta sen\theta + sen^2\theta}. \end{aligned}$$

Assim, devemos analisar, separadamente, os casos a seguir:

Caso 1: $p+q-2<0$.

Nesse caso, quando $(x,y) \to (0,0)$, $\rho^{p+q-2} \to \infty$, de modo que $\lim_{(x,y)\to(0,0)} f(x,y)$ não existe, pois, por exemplo:

i) segundo a direção $\theta = 0$, $\lim_{(x,y)\to(0,0)} f(x,y) = 0$;

ii) segundo a direção $\theta = \frac{\pi}{4}$, $\lim_{(x,y)\to(0,0)} f(x,y) = \infty$.

Caso 2: $p+q-2=0$.

Nesse caso, a expressão de f em coordenadas polares depende (apenas) de θ, de modo que, segundo qualquer direção $\theta = \theta_0$ fixada, $\lim_{(x,y)\to(0,0)} f(x,y)$ não existe.

Caso 3: $p+q-2>0$.

Nesse caso, quando $(x,y) \to (0,0)$, $\rho^{p+q-2} \to 0$, de modo que $\lim_{(x,y)\to(0,0)} f(x,y) = 0$, pois

$$\begin{aligned} |f(x,y) - 0| &= \rho^{p+q-2}\left|\frac{cos^p\theta sen^q\theta}{2 - cos\theta sen\theta + 3sen^2\theta}\right| \\ &\leq (0,6)\rho^{p+q-2}, \end{aligned}$$

uma vez que, para todo θ, $|cos^p\theta sen^q\theta| \leq 1$ e $\frac{1}{|2 - cos\theta sen\theta + 3sen^2\theta|} \leq 0,6$.

Portanto, $\lim_{(x,y)\to(0,0)} f(x,y)$ existe $(=0)$ apenas quando $p+q-2>0$.

Exemplo 5. Dada $f : \mathbb{R}^2 - \{(0,0)\} \to \mathbb{R}$, definida por $f(x,y) = \dfrac{|x|^p|y|^q}{|x|^r + |y|^s}$, determine os valores dos parâmetros reais positivos p, q, r e s para que $\lim\limits_{(x,y)\to(0,0)} f(x,y) = 0$.

Resolução.

Consideremos a seguinte versão "estendida" de coordenadas polares:

$$\begin{cases} |x|^{\frac{r}{2}} = \rho\, cos\theta \\ |y|^{\frac{s}{2}} = \rho\, sen\theta \end{cases}.$$

Assim,

$$\frac{|x|^p|y|^q}{|x|^r + |y|^s} = \frac{1}{\rho^2}\rho^{\frac{2p}{r}}\rho^{\frac{2q}{s}}(cos\theta)^{\frac{2p}{r}}(sen\theta)^{\frac{2q}{s}} \leq \rho^{2\left(\frac{p}{r}+\frac{q}{s}-1\right)}.$$

Logo, $\lim\limits_{(x,y)\to(0,0)} f(x,y) = 0$ sempre que $\dfrac{p}{r} + \dfrac{q}{s} > 1$.

Por um lado, quando $\dfrac{p}{r} + \dfrac{q}{s} = 1$, escolhemos $\theta = \dfrac{\pi}{4}$, de modo que obtemos $f(x,y) = \dfrac{1}{2}$, quando $|x|^r = |y|^s$. Por outro lado, quando $\dfrac{p}{r} + \dfrac{q}{s} < 1$, temos, ao longo dessa mesma curva, que $\lim\limits_{(x,y)\to(0,0)} f(x,y) = +\infty$.

Portanto, $\lim\limits_{(x,y)\to(0,0)} f(x,y) = 0$ se e somente se $\dfrac{p}{r} + \dfrac{q}{s} > 1$.

3.10 Série de Taylor

É bem conhecida do leitor a definição de série de Taylor, no que diz respeito aos seus estudos anteriores de Cálculo de Funções Reais de Uma Variável Real.

O desenvolvimento de uma função real de uma variável real em série de Taylor (série de potências), **desde que represente (convirja para) tal função**, é um recurso muito eficaz para elucidar algumas expressões indeterminadas do tipo $\dfrac{0}{0}$.

Motivados pelo referido desenvolvimento, é precisamente sob o seguinte ponto de vista que usaremos séries de Taylor: dada uma função real de duas variáveis reais, obteremos, por meio de uma mudança de variável conveniente (compactação de variável), o seu desenvolvimento em série de Taylor usando diretamente o desenvolvimento em série de Taylor da função correspondente de uma variável assim resultante[8].

Definição 3.10.1. (*Série de Taylor*) Consideremos $f : I \subseteq \mathbb{R} \to \mathbb{R}$ de classe C^∞, definida em um intervalo aberto I, a um ponto interior de I, e $x \in I$. A série

$$\sum_{n=0}^{\infty} \frac{f^{(n)}(a)}{n!}(x-a)^n = f(a)+f'(a)(x-a)+\frac{f''(a)}{2!}(x-a)^2+\ldots+\frac{f^{(n)}(a)}{n!}(x-a)^n+\ldots$$

é denominada *série de Taylor* de f em a (em torno de a ou centrada em a).

Toda função C^∞, definida em um intervalo aberto $I \subseteq \mathbb{R}$, tem uma série de Taylor em cada ponto interior $a \in I$, a qual pode convergir ou divergir. Em particular, o fato de a série de Taylor de f convergir não garante que o resultado de tal convergência seja igual a $f(x)$: o limite da sequência das somas parciais (ou seja, o limite do polinômio de Taylor de grau $\leq n$ de f em a) pode ser diferente de $f(x)$. Assim, a convergência da série de Taylor de f é uma condição apenas necessária para que a sua soma seja igual a $f(x)$. (O exemplo clássico desse fato é o da função $f : \mathbb{R} \to \mathbb{R}$ de classe C^∞, definida por $f(x) = \begin{cases} e^{-\frac{1}{x^2}}, & \text{se} \quad x \neq 0 \\ 0\ , & \text{se} \quad x = 0 \end{cases}$.
Como $f^{(n)}(0) = 0$, para todo $n \in \mathbb{N}$, a série de Taylor de f em torno de 0 é identicamente nula, de modo que converge para 0, para todo $x \in \mathbb{R}$. Uma vez que $f(x) \neq 0$, para todo $x \in \mathbb{R} - \{0\}$, resulta que a série de Taylor não converge para o valor da função.)

Pois bem, como estamos interessados em usar a série de Taylor de uma função para calcular o seu limite, consideraremos apenas funções cujas séries de Taylor convirjam para os seus valores (pelo menos para todo ponto do seu intervalo de convergência). Tais funções constituem a classe das funções denominadas analíticas, conforme definição a seguir.

---

[8] Esse procedimento é importante em seu próprio direito: em certos casos especiais (como os que consideramos), é possível obter o desenvolvimento em série de Taylor de uma função real de duas variáveis reais bem mais fácil por meio desse procedimento do que pelo procedimento próprio, o qual envolve o cálculo (possivelmente trabalhoso) das derivadas parciais de tal função.

Definição 3.10.2. (*Função analítica*) Uma função $f : I \subseteq \mathbb{R} \to \mathbb{R}$ de classe C^∞, definida em um intervalo aberto I, é denominada *analítica* se, para cada $a \in I$, existe $\varepsilon > 0$ tal que a sua série de Taylor em torno de a, $\sum_{n=0}^{\infty} \frac{f^{(n)}(a)}{n!}(x-a)^n$, converge para $f(x)$, desde que $|x-a| < \varepsilon$.

As operações usuais de funções (adição, multiplicação por constante, multiplicação e divisão) preservam a analiticidade de tais funções: a soma, o produto por constante, o produto e o quociente de funções analíticas são funções analíticas. São exemplos clássicos de funções analíticas: polinomiais (como consequência do fato que uma constante e a identidade ($i : \mathbb{R} \to \mathbb{R}, i(x) = x$) são, evidentemente, analíticas em $\mathbb{R}$, juntamente com somas e produtos), racionais (em todo intervalo aberto em que o denominador não se anula), exponenciais, logarítmicas, trigonométricas, ou seja, todas as funções "elementares" do Cálculo.

Observação: (caracterização da convergência de uma série de Taylor)

Consideremos $f : I \subseteq \mathbb{R} \to \mathbb{R}$ de classe C^∞, definida em um intervalo aberto I, a um ponto interior a I, e $x \in I$. Podemos expressar $f(x)$ como segue

$$f(x) = f(a)+f'(a)(x-a)+\frac{f''(a)}{2!}(x-a)^2+\ldots+\frac{f^{(n-1)}(a)}{(n-1)!}(x-a)^{n-1}+r_n(x),$$

para todo $n \in \mathbb{N}$, em que $r_n(x) = \frac{f^n(\xi)}{n!}(x-a)^n$, para algum número real ξ entre x e a, $\xi \neq x, \xi \neq a$.

Essa igualdade (uma generalização do Teorema do Valor Médio, de Lagrange) expressa $f(x)$ como a soma do **polinômio de Taylor de grau $\leq n$**,

$$\sum_{i=0}^{n} \frac{f^{(i)}(a)}{i!}(x-a)^i,$$

com a **forma de Lagrange do resto**, $r_n(x) = \frac{f^n(\xi)}{n!}(x-a)^n$, para algum número real ξ entre x e a, $\xi \neq x, \xi \neq a$. Em particular, decorre dessa forma do resto que, se M_n é um número real positivo tal que $|f^n(x)| \leq M_n$, para todo $x \in I$, então $r_n(x) \leq M_n \dfrac{|x-a|^n}{n!}$. Essa estimativa do resto desempenhará papel fundamental na consecução dos nossos propósitos nessa seção.

Com base em tais considerações, temos a seguinte caracterização da convergência de uma série de Taylor: **a série de Taylor de f, $\sum_{n=0}^{\infty} \frac{f^{(n)}(a)}{n!}(x-a)^n$, converge para $f(x)$ se e somente se $\lim_{n\to\infty} r_n(x) = 0$.**

Em geral, o cálculo das derivadas sucessivas de uma função é bastante trabalhoso, de modo que, na prática, em vez de calcular as derivadas sucessivas de f em a, $f^{(n)}(a)$, para obter a série de Taylor de uma dada função, costumamos usar métodos indiretos, tais como adição, multiplicação, divisão de polinômios, derivação termo a termo, integração termo a termo, que nos permitem a consecução desse objetivo de modo mais fácil. A série de Taylor que obtemos por meio de qualquer desses métodos indiretos é realmente a série de Taylor da função dada, pois o teorema sobre a unicidade da série de Taylor de uma função nos garante que, não importa como obtemos uma representação em série de potências de f, os seus coeficientes $\dfrac{f^{(n)}(a)}{n!}$ são únicos: se $f(x) = p_n(x) + r_n(x)$, em que $p_n(x)$ é um polinômio de grau $\leq n$, e $\lim\limits_{x\to a} \dfrac{r_n(x)}{x^n} = 0$ (ou seja, o resto $r_n(x)$ é um infinitésimo de ordem superior a n em relação à x), então $p_n(x) = \sum_{i=0}^{n} \dfrac{f^{(i)}(a)}{i!}(x-a)^i$.

A seguir, fornecemos uma tabela que apresenta os desenvolvimentos em série de Taylor (em torno de $a = 0$) de algumas funções analíticas que usamos mais frequentemente.

Desenvolvimento em série de Taylor (em torno de 0) de algumas funções		
Tipos	**Séries de Taylor**	**Intervalos de convergência**
exponencial	$e^x = \sum_{n=0}^{\infty} \frac{x^n}{n!}$	$(-\infty, +\infty)$
geométrica	$\frac{1}{1-x} = \sum_{n=0}^{\infty} x^n$	$(-1, 1)$
logarítmica	$ln(1+x) = \sum_{n=0}^{\infty} \frac{(-1)^n}{n+1} x^{n+1}$	$(-1, 1)$
seno	$senx = \sum_{n=0}^{\infty} \frac{(-1)^n}{(2n+1)!} x^{2n+1}$	$(-\infty, +\infty)$
cosseno	$cos\, x = \sum_{n=0}^{\infty} \frac{(-1)^n}{(2n)!} x^{2n}$	$(-\infty, +\infty)$
arcosseno	$arcsenx = \sum_{n=0}^{\infty} \frac{(2n)!}{4^n (n!)^2 (2n+1)} x^{2n+1}$	$(-1, 1)$
arcotangente	$arctgx = \sum_{n=0}^{\infty} \frac{(-1)^n}{2n+1} x^{2n+1}$	$(-1, 1)$
binomial	$(1+x)^k = \sum_{n=0}^{k} \binom{k}{n} x^n,\ k \in \mathbb{R}$	$(-1, 1)$

Exemplo. Dada $f : A \subseteq \mathbb{R}^2 \to \mathbb{R}$, definida por $f(x,y) = \frac{\sqrt{1+x^3-y^3}-1}{arcsen(x^2+x+y^2)-arcsenx}$, calcule $\lim_{(x,y)\to(0,0)} f(x,y)$.

Resolução.

Sabemos que, para todo $t \in \mathbb{R}$, a série de Taylor de $(1+t)^k$ em torno de 0 (Série Binomial) é dada por

$$(1+t)^k = 1 + kt + k(k-1)\frac{t^2}{2!} + k(k-1)(k-2)\frac{t^3}{3!} + \ldots + t^k,$$

de modo que

$$(1+t)^k \approx 1 + kt \ (\Rightarrow (1+t)^k - 1 \approx kt).$$

Assim, considerando $t = x^3 - y^3$, temos

$$\begin{aligned}\sqrt{1+x^3-y^3}-1 &= [1+(x^3-y^3)]^{\frac{1}{2}}-1\\ &\approx \frac{1}{2}(x^3-y^3).\end{aligned}$$

Também, usando a série de Taylor da função arcsen em torno de 0, temos, para todo $u \in \mathbb{R}$, a seguinte aproximação

$$arcsen u \approx u,$$

a qual é suficiente para os nossos propósitos.
Assim, considerando $u = x^2 + x + y^2$, temos

$$arcsen(x^2+x+y^2) \approx x^2+x+y^2.$$

Reunindo essas informações, temos

$$\begin{aligned}\frac{\sqrt{1+x^3-y^3}-1}{arcsen(x^2+x+y^2)-arcsen x} &\approx \frac{x^3-y^3}{[(x^2+x+y^2)-x]}\\ &= \frac{x^3-y^3}{2(x^2+y^2)}.\end{aligned}$$

Essa relação nos diz que $\lim\limits_{(x,y)\to(0,0)} \dfrac{\sqrt{1+x^3-y^3}-1}{arcsen(x^2+x+y^2)-arcsen x}$ existe se e somente se $\lim\limits_{(x,y)\to(0,0)} \dfrac{x^3-y^3}{2(x^2+y^2)}$ existe (devendo ter o mesmo valor). Esse, por sua vez, se existir, deverá ser zero, pois zero é o seu valor (por exemplo, ao longo de qualquer dos eixos coordenados, menos a origem). Calculemos, pois, esse limite, como segue:

$$\begin{aligned}\left|\frac{1}{2}\frac{x^3-y^3}{x^2+y^2}\right| &\leq \frac{1}{2}\frac{|x^3|+|y^3|}{x^2+y^2}\\ &= \frac{1}{2}\frac{|x|x^2+|y|y^2}{x^2+y^2}\\ &< \frac{1}{2}\frac{(|x|+|y|)x^2+(|x|+|y|)y^2}{x^2+y^2}\\ &= \frac{1}{2}\frac{(|x|+|y|)(x^2+y^2)}{x^2+y^2}\\ &= \frac{1}{2}(|x|+|y|),\end{aligned}$$

de modo que $\lim\limits_{(x,y)\to(0,0)} \dfrac{x^3 - y^3}{2(x^2 + y^2)} = 0.$

Portanto, $\lim\limits_{(x,y)\to(0,0)} \dfrac{\sqrt{1 + x^3 - y^3} - 1}{arcsen(x^2+x+y^2) - arcsen\, x} = 0.$

3.11 Limites iterados

"Pelo uso de métricas convenientes, o conjunto ordenado dos números naturais mais um elemento ideal e o conjunto parcialmente ordenado de todas as partições de um intervalo mais um elemento ideal são convertidos em espaços métricos. Assim, os três tipos diferentes de limite, que surgem na Análise clássica, são reduzidos ao mesmo modelo do limite de uma função em um ponto. Em seguida, o teorema do intercâmbio de limites iterados, válido sob a condição de que um dos limites iterados existe e o outro existe uniformemente, é usado para obter uma longa sequência de afirmações desse tipo que geralmente estão presentes nos cursos de Análise clássica. Todas as condições aparentemente variadas que acompanham tais afirmações são, então, desmascaradas e reduzidas a uma e à mesma coisa: existe um limite iterado e o outro existe uniformemente".

Zoran Kadelburg & Milosav M. Marjanovic
(*in* **Abstract of "Interchanging two limits"**)

Limites iterados constituem, juntamente com os limites ao longo de curvas, o que denominamos *limites relativos*. O principal motivo pelo qual somente agora estamos considerando limites iterados é que o seu estudo se torna mais profícuo após o estudo de todas as técnicas de cálculo de limite que apresentamos até então, conforme o próprio leitor terá a oportunidade de constatar. Nessa seção, apresentamos o conceito de limites iterados, suas semelhanças com limites ao longo de curvas, bem como as diferenças entre eles, e alguns exemplos de cálculo efetivo de limites iterados, finalizando-a com o importante Teorema de Moore-Osgood.

O conceito de limites iterados (sucessivos ou repetidos) tem sentido apenas quando consideramos funções reais de mais de uma variável real, tais como as que estamos considerando no presente contexto. Diferentemente da definição $\varepsilon - \delta$ do limite de uma função, em que requeremos que (x, y) tenda a (a, b), de modo que x tenda a a e y tenda a b **simultaneamente**, na definição de limite iterado requeremos que (x, y) tenda a (a, b), de modo que x tenda a a e y tenda a b **sucessivamente**: primeiro, x tenda a a, mantendo y fixado (desde que esse limite exista, o resultado é uma função φ de y); depois, y tenda a b (considerando a função φ de y obtida), e vice-versa (primeiro, y tenda a b, mantendo x fixado (desde que esse limite exista, o resultado é uma função ψ de x); depois, x tenda a a (considerando a função ψ de x obtida)).

A definição a seguir torna precisa essa discussão.

Definição 3.11.1. Dada uma função real de duas variáveis reais $f : A \subseteq \mathbb{R}^2 \to \mathbb{R}$ e dado um ponto $(a, b) \in A'$, os limites

$$\lim_{y \to b} \left[\lim_{x \to a} f(x, y) \right], \quad \lim_{x \to a} \left[\lim_{y \to b} f(x, y) \right]$$

são denominados *limites iterados* (*sucessivos* ou *repetidos*).

Observações: (significados das expressões $\lim\limits_{y \to b} \left[\lim\limits_{x \to a} f(x, y) \right] = L_1$ $(L_1 \in \mathbb{R})$ e $\lim\limits_{x \to a} \left[\lim\limits_{y \to b} f(x, y) \right] = L_2$ $(L_2 \in \mathbb{R})$ (ou seja, significados da existência dos limites iterados))

i) A primeira expressão significa que, para cada y fixado, de uma determinada vizinhança reduzida $\mathscr{V}_r^*(b)$, consideramos a função real (de uma variável real) que, a cada x, associa $f(x, y)$. (Analogamente, a segunda expressão significa que, para cada x fixado, de uma determinada vizinhança reduzida $\mathscr{V}_r^*(a)$, consideramos a função real (de uma variável real) que, a cada y, associa $f(x, y)$.)

ii) Supomos que a função que, a cada x, associa $f(x, y)$, tenha limite quanto x tende a a, o qual denotamos (uma vez que depende somente de y) por $\varphi(y) = \lim\limits_{x \to a} f(x, y)$. (Analogamente, supomos que a função que, a cada y, associa $f(x, y)$, tenha limite quanto y tende a b, o qual denotamos (uma vez que depende somente de x) por $\psi(x) = \lim\limits_{y \to b} f(x, y)$.)

iii) Supomos que a função que, a cada y, associa $\varphi(y)$, tenha limite L_1 quanto y tende a b, o qual denominamos *limite iterado de f quando x tende a a, primeiro, e y tende a b, depois.* (Analogamente, supomos que a função que, a cada x, associa $\psi(x)$, tenha limite L_2 quanto x tende a a, o qual denominamos *limite iterado de f quando y tende a b, primeiro, e x tende a a, depois.*)

Assim, se os limites iterados existem, para calculá-los efetivamente, procedemos como segue: para calcular $\lim\limits_{y \to b}\left[\lim\limits_{x \to a} f(x, y)\right]$, devemos calcular, inicialmente, $\lim\limits_{x \to a} f(x, y)$, que é uma função φ de y ($\varphi(y)$), e, em seguida, calcular $\lim\limits_{y \to b} \varphi(y)$. (Analogamente, para calcular $\lim\limits_{x \to a}\left[\lim\limits_{y \to b} f(x, y)\right]$, devemos calcular, inicialmente, $\lim\limits_{y \to b} f(x, y)$, que é uma função ψ de x ($\psi(x)$), e, em seguida, calcular $\lim\limits_{x \to a} \psi(x)$.)

Em resumo: sob tais hipóteses, o cálculo de limites iterados reduz-se ao cálculo de (dois) limites de funções reais de uma variável real, de modo que, em geral, é mais simples do que o cálculo de limites ao longo de curvas.

É possível que um dos (ou ambos os) limites iterados coincida(m) com um dos (ou ambos os) limites calculados ao longo das retas $x = a$ e $y = b$, caso em que $\varphi(y) = \lim\limits_{x \to a} f(x, y)$ coincide com o valor de $f(x, y)$ em $x = a$, ou seja, $f(a, y)$ (respectivamente, $\psi(x) = \lim\limits_{y \to b} f(x, y)$ coincide com o valor de $f(x, y)$ em $y = b$, ou seja, $f(x, b)$), conforme mostramos no exemplo a seguir.

Exemplo 1. Dada $f : \{(x, y) \in \mathbb{R}^2 : y \neq -x\} \to \mathbb{R}$, definida por $f(x, y) = \dfrac{x - y}{x + y}$, calcule os limites iterados $\lim\limits_{y \to 0}\left[\lim\limits_{x \to 0} f(x, y)\right]$ e $\lim\limits_{x \to 0}\left[\lim\limits_{y \to 0} f(x, y)\right]$.

Resolução.

Procedendo conforme descrevemos, temos

$$\begin{aligned} \lim_{y \to 0}\left[\lim_{x \to 0} f(x, y)\right] &= \lim_{y \to 0}\left[\lim_{x \to 0}\left(\frac{x - y}{x + y}\right)\right] \\ &= \lim_{y \to 0}\left(-\frac{y}{y}\right) = -1 \end{aligned}$$

$$\begin{aligned}\lim_{x\to 0}\left[\lim_{y\to 0} f(x,y)\right] &= \lim_{x\to 0}\left[\lim_{y\to 0}\left(\frac{x-y}{x+y}\right)\right]\\ &= \lim_{x\to 0}\left(\frac{x}{x}\right)\\ &= 1.\end{aligned}$$

Entretanto, em geral, **limites iterados diferem de limites ao longo de curvas**, no seguinte sentido: pode ocorrer que pelo menos um dos limites iterados não exista, mas o limite propriamente exista (em contraste com o fato de que, se pelo menos um dos limites ao longo de curvas não existe, então o limite propriamente também não existe).

A existência do limite (ao qual, doravante, nesse contexto, referir-nos-emos como limite duplo) não é, em geral, determinada completamente pela existência dos limites iterados, e vice-versa. A esse respeito, temos o resultado a seguir, o qual estabelece uma conexão geral entre o limite duplo e os limites iterados. Na demonstração desse resultado, usamos explicitamente o fato de que, na definição $\varepsilon-\delta$ do limite de uma função, requeremos que (x,y) tenda a (a,b) de modo que x tenda a a e y tenda a b **simultaneamente**.

Teorema 3.11.1. *Consideremos $f : A \subseteq \mathbb{R}^2 \to \mathbb{R}$ uma função real de duas variáveis reais, e $(a,b) \in A'$.*

i) Se existe $\lim\limits_{(x,y)\to(a,b)} f(x,y)(=L)$, e se, para cada y de uma vizinhança reduzida $\mathscr{V}_r^*(b)$, existe $\lim\limits_{x\to a} f(x,y)$, então existe o limite iterado $\lim\limits_{y\to b}\left[\lim\limits_{x\to a} f(x,y)\right](=L)$.

ii) Se existe $\lim\limits_{(x,y)\to(a,b)} f(x,y)(=L)$, e se, para cada x de uma vizinhança reduzida $\mathscr{V}_r^*(a)$, existe $\lim\limits_{y\to b} f(x,y)$, então existe o limite iterado $\lim\limits_{x\to a}\left[\lim\limits_{y\to b} f(x,y)\right](=L)$.

Demonstração. *i)* (a demonstração de *ii)* é análoga.)

De acordo com a hipótese $\lim\limits_{(x,y)\to(a,b)} f(x,y)=L$, temos

$$\forall\varepsilon>0, \exists\overline{\delta}>0 : \forall(x,y)\in A, \begin{cases}0<|x-a|<\overline{\delta}\\ 0<|y-b|<\overline{\delta}\end{cases} \Rightarrow |f(x,y)-L|<\frac{\varepsilon}{2}.$$

Também temos, por hipótese,

$$\varphi(y) = \lim_{x \to a} f(x, y),$$

para todo $y \in \mathscr{V}_r^*(b)$.

Para cada $y \in \mathscr{V}_r^*(b)$, usando a definição $\varepsilon - \delta$ do limite em $\varphi(y) = \lim_{x \to a} f(x, y)$, decorre que existe δ_y tal que

$$0 < |x - a| < \delta_y \Rightarrow |f(x, y) - \varphi(y)| < \frac{\varepsilon}{2},$$

para todo $y \in \mathscr{V}_r^*(b)$.

Assim, considerando $\delta = min\{\overline{\delta}, \delta_y\}$, temos, para todo $y \in \mathscr{V}_r^*(b)$ tal que $0 < |y - b| < \overline{\delta}$ e para todo x tal que $0 < |x - a| < \delta$,

$$|\varphi(y) - L| = |\varphi(y) - f(x, y) + f(x, y) - L| \leq |\varphi(y) - f(x, y)| + |f(x, y) - L| < \frac{\varepsilon}{2} + \frac{\varepsilon}{2} = \varepsilon.$$

Portanto, $\lim_{y \to b} \varphi(y) = L$, ou seja, $\lim_{y \to b} \left[\lim_{x \to a} f(x, y)\right] = L$. □

Observe que as condições do Teorema 3.11.1 são bastante fortes, especialmente esse é o caso da condição *existe* $\lim_{(x,y) \to (a,b)} f(x, y) (= L)$. Assim, esse resultado tem pouco valor prático. No entanto, pode ser usado para demonstrar a inexistência de alguns limites, nos seguintes casos:

i) se os limites iterados existem, mas são distintos entre si, então o limite duplo não existe;

ii) se, para cada $y \in \mathscr{V}_r^*(b)$, existe $\varphi(y) = \lim_{x \to a} f(x, y)$, mas não existe $\lim_{y \to b} \varphi(y)$ (de modo que $\lim_{y \to b} \left[\lim_{x \to a} f(x, y)\right]$ não existe), então o limite duplo não existe (analogamente, se, para cada x em uma vizinhança reduzida $\mathscr{V}_r^*(a)$ existe $\psi(x) = \lim_{y \to b} f(x, y)$, mas não existe $\lim_{x \to a} \psi(x)$ (de modo que $\lim_{x \to a} \left[\lim_{y \to b} f(x, y)\right]$ não existe), então o limite duplo não existe)[9];

iii) se existe algum dos limites iterados, mas não coincide com o limite ao longo de alguma curva, então o limite duplo não existe.

[9] Trata-se de uma importante equivalência lógica do Teorema 3.11.1.

De modo geral, pode ocorrer qualquer dos seguintes casos:

1) apenas um dos limites iterados existe, porém o limite duplo não existe;

2) apenas um dos limites iterados não existe, porém o limite duplo existe;

3) ambos os limites iterados existem e são iguais, porém o limite duplo não existe;

4) ambos os limites iterados não existem, porém o limite duplo existe;

5) ambos os limites iterados, bem como o limite duplo, não existem.

O leitor pode desejar comparar esses fatos com os seus análogos sobre limites ao longo de curvas.

A seguir, apresentamos alguns exemplos de cálculo de limites iterados, relacionando-os com o limite duplo, conforme tal discussão.

Exemplo 2. Dada $f : \{(x, y) \in \mathbb{R}^2 : y \neq 0\} \to \mathbb{R}$, definida por

$$f(x,y) = \begin{cases} \dfrac{xy}{x^2+y^2} + x sen\left(\dfrac{1}{y}\right), & \text{se} \quad y \neq 0 \\ 0 & , \text{se} \quad y = 0 \end{cases},$$

calcule os limites iterados $\lim\limits_{y\to 0}\left[\lim\limits_{x\to 0} f(x,y)\right]$ e $\lim\limits_{x\to 0}\left[\lim\limits_{y\to 0} f(x,y)\right]$.

Resolução.

$$\begin{aligned} \lim_{y\to 0}\left[\lim_{x\to 0} f(x,y)\right] &= \lim_{y\to 0}\left[\lim_{x\to 0} \frac{xy}{x^2+y^2} + x sen\left(\frac{1}{y}\right)\right] \\ &= \lim_{y\to 0}(0) \\ &= 0. \end{aligned}$$

$\lim\limits_{x\to 0}\left[\lim\limits_{y\to 0} f(x,y)\right]$ não existe, pois, para qualquer $x \neq 0$ fixado, $\lim\limits_{y\to 0} f(x,y)$ não existe (por que?).

$\lim\limits_{(x,y)\to(0,0)} f(x,y)$ não existe, pois, ao longo de $y = mx$ $(m \neq 0)$, esse limite vale $\dfrac{m}{1+m^2}$, o qual depende de m.

Portanto, apenas um dos limites iterados existe, porém o limite duplo não existe.

Exemplo 3. Dada $f : \{(x,y) \in \mathbb{R}^2 : y \neq 0\} \to \mathbb{R}$, definida por $f(x,y) = x cos\left(\dfrac{1}{y}\right)$, calcule os limites iterados $\lim\limits_{y\to 0}\left[\lim\limits_{x\to 0} f(x,y)\right]$ e $\lim\limits_{x\to 0}\left[\lim\limits_{y\to 0} f(x,y)\right]$.

Resolução.

$$\begin{aligned}
\lim_{y\to 0}\left[\lim_{x\to 0} f(x,y)\right] &= \lim_{y\to 0}\left[\lim_{x\to 0} x cos\left(\frac{1}{y}\right)\right] \\
&= \lim_{y\to 0}(0) \\
&= 0.
\end{aligned}$$

Para qualquer $x \neq 0$ fixado, $\lim\limits_{y\to 0} f(x,y)$ não existe (consequentemente, não existe $\lim\limits_{x\to 0}\left[\lim\limits_{y\to 0} f(x,y)\right]$).

Portanto, apenas um dos limites iterados existe, bem como $\lim\limits_{(x,y)\to(0,0)} f(x,y)$ existe ($= 0$), devido ao Teorema 3.3.1 (Limite do produto de um infinitésimo por uma função limitada).

Exemplo 4. Dada $f : \mathbb{R}^2 - \{(0,0)\} \to \mathbb{R}$, definida por $f(x,y) = \dfrac{xy}{x^2+y^2}$, calcule os limites iterados $\lim\limits_{y\to 0}\left[\lim\limits_{x\to 0} f(x,y)\right]$ e $\lim\limits_{x\to 0}\left[\lim\limits_{y\to 0} f(x,y)\right]$.

Resolução.

Procedendo conforme descrevemos acima, temos

$$\begin{aligned}
\lim_{y\to 0}\left[\lim_{x\to 0} f(x,y)\right] &= \lim_{y\to 0}\left[\lim_{x\to 0}\left(\frac{xy}{x^2+y^2}\right)\right] \\
&= \lim_{y\to 0}\frac{0}{y^2} \\
&= 0,
\end{aligned}$$

$$\begin{aligned}
\lim_{x\to 0}\left[\lim_{y\to 0} f(x,y)\right] &= \lim_{x\to 0}\left[\lim_{y\to 0}\left(\frac{xy}{x^2+y^2}\right)\right] \\
&= \lim_{x\to 0}\frac{0}{x^2} \\
&= 0.
\end{aligned}$$

Portanto, os limites iterados existem e são iguais, porém $\lim\limits_{(x,y)\to(0,0)} f(x,y)$ não existe ($\lim\limits_{\substack{(x,y)\to(0,0)\\ y=mx}} f(x,y) = \dfrac{m}{1+m^2}$, o qual depende de m).

Observação: nesse exemplo, como $f(x,y) = f(y,x)$ (ou seja, existe simetria nas variáveis independentes), decorre, em verdade, que é necessário o cálculo de apenas um dos limites iterados: a existência de um assegura a do outro, ocorrendo mesmo a igualdade de ambos.

Exemplo 5. Dada $f : \{(x,y) \in \mathbb{R}^2 : xy \neq 0\} \to \mathbb{R}$, definida por $f(x,y) = (x+y)cos\left(\dfrac{1}{xy}\right)$, calcule os limites iterados $\lim\limits_{y\to 0}\left[\lim\limits_{x\to 0} f(x,y)\right]$ e $\lim\limits_{x\to 0}\left[\lim\limits_{y\to 0} f(x,y)\right]$.

Resolução.

Fixado $y \neq 0$, não existe $\lim\limits_{x\to 0} f(x,y)$ (consequentemente, não existe $\lim\limits_{y\to 0}\left[\lim\limits_{x\to 0} f(x,y)\right]$).

Fixado $x \neq 0$, não existe $\lim\limits_{y\to 0} f(x,y)$ (consequentemente, não existe $\lim\limits_{x\to 0}\left[\lim\limits_{y\to 0} f(x,y)\right]$).

Portanto, ambos os limites iterados não existem, porém $\lim\limits_{(x,y)\to(0,0)} f(x,y)$ existe $(= 0)$, devido ao Teorema 3.3.1 (Limite do produto de um infinitésimo por uma função limitada), conforme o leitor pode verificar.

Exemplo 6. Dada $f : \mathbb{R}^2 - \{(0,0)\} \to \mathbb{R}$, definida por

$$f(x,y) = sen\left(\frac{1}{\sqrt{x^2+y^2}}\right),$$

calcule os limites iterados $\lim\limits_{y\to 0}\left[\lim\limits_{x\to 0} f(x,y)\right]$ e $\lim\limits_{x\to 0}\left[\lim\limits_{y\to 0} f(x,y)\right]$.

Resolução.

Fixado $y \neq 0$, temos

$$\varphi(y) = \lim_{x\to 0} f(x,y) = sen\left(\frac{1}{|y|}\right),$$

de modo que

$$\lim_{y\to 0} \varphi(y) = \lim_{y\to 0} sen\left(\frac{1}{|y|}\right)$$

não existe (ou seja, não existe $\lim_{y\to 0}\left[\lim_{x\to 0} f(x,y)\right]$).

Analogamente, fixado $x \neq 0$, temos

$$\psi(x) = \lim_{y\to 0} f(x,y) = sen\left(\frac{1}{|x|}\right),$$

de modo que

$$\lim_{y\to 0} \psi(x) = \lim_{x\to 0} sen\left(\frac{1}{|x|}\right)$$

não existe (ou seja, não existe $\lim_{x\to 0}\left[\lim_{y\to 0} f(x,y)\right]$).

Portanto, ambos os limites iterados não existem, bem como $\lim_{(x,y)\to(0,0)} f(x,y)$.

Observação: nesse exemplo, como $f(x,y) = f(y,x)$ (ou seja, existe simetria nas variáveis independentes), decorre , em verdade, que é necessário o cálculo de apenas um dos limites iterados: a inexistência de um assegura a inexistência do outro.

Para finalizar o estudo de limites iterados, apresentaremos o importante Teorema de Moore-Osgood[10]. Em resumo, tal resultado exige que um dentre os limites $\lim_{x\to a} f(x,y)$ e $\lim_{y\to b} f(x,y)$ exista, e que o outro exista uniformemente, obtendo como conclusão que os três limites (ambos os limites iterados e o limite duplo) existem e são iguais. A propriedade de *uniformidade* permite, pois, essencialmente, uma recíproca do Teorema 3.11.1.

[10] Eliakim Hastings Moore (1862-1932) apresentou o conteúdo essencial desse teorema em palestras na Universidade de Chicago, em 1900. William Fogg Osgood (1864-1943) incluiu, em 1906, a formulação para o caso $x \to +\infty, y \to +\infty$, por meio de valores integrais, na primeira edição do seu *Lehrbuch der funktionentheorie*. Cf. W. F. Osgood, *Lehrbuch der funktionentheorie* I (Leipzig, B. G. Teubner, 1928), p. 619.

Teorema 3.11.2. (Moore-Osgood) *Consideremos* $f : A \times B \subseteq \mathbb{R}^2 \to \mathbb{R}$ *uma função real de duas variáveis reais,* $a \in A' - A$, *e* $b \in B' - B$. *Se*

i) $\lim_{x \to a} f(x, y) (\equiv \varphi(y))$ *existe para cada* $y \in B$,

ii) $\lim_{y \to b} f(x, y) (\equiv \psi(x))$ *existe uniformemente em* $x \in A$,

então os três limites

$$\lim_{x \to a} \left[\lim_{y \to b} f(x, y) \right], \quad \lim_{y \to b} \left[\lim_{x \to a} f(x, y) \right], \quad \lim_{(x,y) \to (a,b)} f(x, y)$$

existem e são iguais.

Demonstração.

De acordo com a hipótese *ii*), temos que

$$(\forall \varepsilon > 0)(\exists \delta > 0)(\forall y \in B) : 0 < |y - b| < \delta \Rightarrow (\forall x \in A) |f(x, y) - \psi(x)| < \frac{\varepsilon}{6}.$$

Fixemos $\overline{y} \in \mathscr{V}_r^*(b)$.

Pela hipótese *i*), temos que

$$(\forall \varepsilon > 0)(\exists \overline{\delta} > 0)(\forall x \in A) : 0 < |x - a| < \overline{\delta} \Rightarrow |f(x, \overline{y}) - \varphi(\overline{y})| < \frac{\varepsilon}{6}.$$

Agora, consideremos uma vizinhança reduzida do ponto (a, b) do tipo

$$\mathscr{W}^* = \mathscr{V}_{\overline{\delta}}^*(a) \times \mathscr{V}_{\delta}^*(b),$$

juntamente com pontos $(x', y'), (x'', y'') \in \mathscr{W}^*$.

Usando (repetidamente) a desigualdade triangular, obtemos

$$\begin{aligned} |f(x', y') - f(x'', y'')| &\leq |f(x', y') - \psi(x')| + |\psi(x') - f(x', \overline{y})| \\ &+ |f(x', \overline{y}) - \varphi(\overline{y})| + |\varphi(\overline{y}) - f(x'', \overline{y})| \\ &+ |f(x'', \overline{y}) - \psi(x'')| + |\psi(x'') - f(x'', y'')|. \end{aligned}$$

Pela conclusão que obtivemos da hipótese *i*), a terceira e a quarta parcelas à direita nessa desigualdade são ambas menores que $\frac{\varepsilon}{6}$, e por aquela que obtivemos da hipótese *ii*), cada qual das outras quatro é também menor que $\frac{\varepsilon}{6}$, de modo que

$$(\forall (x', y') \in A \times B)(\forall (x'', y'') \in A \times B), (x', y'), (x'', y'') \in \mathscr{W}^* \Rightarrow |f(x', y') - f(x'', y'')| < \varepsilon.$$

Assim, f satisfaz o critério de Cauchy (para limites de funções)[11] no ponto (a, b).

Logo (uma vez que $\mathbb{R}$ (contradomínio de f) é um espaço métrico completo), existe

$$\lim_{(x,y)\to(a,b)} f(x, y)(= L).$$

Portanto, pelo Teorema 3.11.1 e pela hipótese *i*), temos

$$\lim_{y\to b} \varphi(y) = L = \lim_{y\to b} \left[\lim_{x\to a} f(x, y)\right],$$

e pela hipótese *ii*), temos

$$\lim_{x\to a} \psi(x) = L = \lim_{x\to a} \left[\lim_{y\to b} f(x, y)\right].$$

□

Observações.

1. Usamos o Teorema 3.11.1 para demonstrar o Teorema 3.11.2. Entretanto, as técnicas analíticas são suficientemente importantes para merecer uma demonstração independente. É instrutivo que o leitor redija tal demonstração.

2. Naturalmente, tal resultado permanece válido sob as seguintes hipóteses:
i') $\lim_{x\to a} f(x, y)(\equiv \varphi(y))$ existe uniformemente em $y \in B$;
ii'') $\lim_{y\to b} f(x, y)(\equiv \psi(x))$ existe para cada $x \in A$,
bem como se $x \to +\infty$ ou $y \to +\infty$ ou ambos (caso em que, naturalmente, o domínio $A \times B$ de f deve ser ilimitado), ou mesmo para limites infinitos.

3. A importância do Teorema 3.11.2 reside no fato de que a afirmação por ele descrita sintetiza uma série de resultados clássicos sobre intercâmbio de operações com limites (*vide* [9]).

Permita-nos o leitor analisarmos um dos exemplos anteriores, agora com base no Teorema 3.11.2.

[11] *Vide* [7].

Exemplo. Dada $f : \mathbb{R}^2 - \{(0,0)\} \to \mathbb{R}$, definida por $f(x,y) = \dfrac{xy}{x^2+y^2}$, observamos o seguinte (Exemplo 4):

a) $\lim\limits_{y\to 0}\left[\lim\limits_{x\to 0} f(x,y)\right] = 0.$

b) $\lim\limits_{x\to 0}\left[\lim\limits_{y\to 0} f(x,y)\right] = 0.$

c) $\lim\limits_{(x,y)\to(0,0)} f(x,y)$ não existe.

Pergunta. Por que tais resultados não contradizem o Teorema 3.11.2?

Resposta. Porque $\lim\limits_{y\to 0} \dfrac{xy}{x^2+y^2}$ **não é uniforme em** $(0,+\infty)$.

Justificativa.

Para $\varepsilon = \dfrac{1}{2}$, podemos considerar, *para todo* inteiro positivo n, o número positivo $\delta = \dfrac{1}{n}$, e construir sequências reais x_n e y_n (por exemplo, $x_n = y_n = \dfrac{1}{2n}$)[12] tais que $0 < |y_n - 0| < \dfrac{1}{n}$, mas $|f(x_n, y_n) - 0| \geq \varepsilon$.

3.12 Análise geométrica

Dada uma função real de duas variáveis reais, podemos usar o seu gráfico ou o seu mapa de contornos (ambos gerados com o auxílio de algum software apropriado) ou a(s) expressão(ões) algébrica(s) das suas curvas de nível, para obter informações sobre o limite de tal função em um ponto de acumulação do seu domínio.

Por análise geométrica do limite de uma função real de duas variáveis reais entendemos o seguinte:

1) relação entre o gráfico da função dada e o seu limite;

2) relação entre o mapa de contornos da função dada e o seu limite;

3) relação entre a(s) expressão(ões) algébrica(s) das curvas de nível da função dada e o seu limite.

[12] Mais geralmente, para $0 < \varepsilon \leq \dfrac{1}{2}$, $\delta(\equiv \delta(n))$ tal que $\delta(n) \overset{n\to+\infty}{\longrightarrow} 0$, podemos escolher x_n e y_n tais que $y_n < \delta(n)$ e $\dfrac{\delta(n)(1-\sqrt{1-4\varepsilon^2})}{2\varepsilon} \leq x_n \leq \dfrac{\delta(n)(1+\sqrt{1-4\varepsilon^2})}{2\varepsilon}$.

Para realizar a análise geométrica, conforme descrevemos, procederemos do seguinte modo:

i) por meio da interpretação topográfica de um esboço padrão ("janela gráfica") do gráfico da função dada como uma "montanha", verificaremos se existem "cumes" e "vales", próximos ao ponto de acumulação no qual desejamos calcular o limite de tal função;

(Análise genérica) A existência de apenas um cume (ou apenas um vale) próximo ao ponto de acumulação no qual desejamos calcular o limite da função dada nos sugerirá que tal função tem limite; a existência tanto de um vale quanto de um cume, sob essas mesmas condições, nos sugerirá, por sua vez, que tal função não tem limite; a inexistência tanto de cumes quanto de vales, sob essas mesmas condições, nos sugerirá que tal função tem limite.

ii) por meio da análise do mapa de contornos da função dada, verificaremos se tal função atinge "pequenos" e "grandes" valores em pontos próximos do ponto de acumulação no qual desejamos calcular o limite dessa função;

(Análise genérica) A existência de apenas uma tonalidade (clara ou escura) próxima ao ponto de acumulação no qual desejamos calcular o limite da função dada nos sugerirá que tal função tem limite; a existência tanto de uma tonalidade clara (grandes valores da função) quanto de uma tonalidade escura (pequenos valores da função), sob essas mesmas condições, nos sugerirá, por sua vez, que tal função não tem limite.

iii) por meio da análise da(s) expressão(ões) algébrica(s) das curvas de nível da função dada, verificaremos se tal(tais) expressão(ões) nos fornece(m) uma infinidade de curvas de nível (uma para cada possível valor do nível) que passam pelo ponto de acumulação no qual desejamos calcular o limite da função.

(Análise genérica) Inicialmente, resolvemos a equação $f(x, y) = k$ (em termos ou de x ou de y), para todos os possíveis valores de k, cujas soluções nos fornecem a(s) expressão(ões) algébrica(s) das curvas de nível k da função f dada. Analisamos, em seguida, os possíveis valores de k para os quais as correspondemtes curvas de nível obtidas passam pelo ponto de acumulação no qual desejamos calcular o limite da função dada. Dentre essas, considerando k fixado arbitrariamente, observamos se existe uma curva de nível ou uma infinidade de tais curvas de nível. O limite existirá ou não, respectivamente.

A análise geométrica desempenha papel fundamental, em especial nos casos em que o programa gráfico que estejamos usando não seja capaz de calcular esses limites (ou mesmo quando o sejam, mas nos fornecem respostas erradas!).

A análise da(s) expressão(ões) algébrica(s) das curvas de nível da função, por si só, é uma ferramente muito útil para a demonstração, em particular, da inexistência do limite de uma função dada: tal análise não só nos exime da necessidade de "advinhar" quais curvas são apropriadas para demonstrar que o limite não existe, como também amplia consideravelmente a escolha de tais curvas, constituindo, assim, um método auxiliar ao cálculo do limite ao longo de curvas.

Nos exemplos a seguir, apresentamos a análise geométrica dos limites de algumas funções reais de duas variáveis reais, conforme descrevemos.

Exemplo 1. Dada $f : \mathbb{R}^2 - \{(0,0)\} \to \mathbb{R}$, definida por $f(x,y) = \dfrac{x^2}{\sqrt{x^2+y^2}}$, realize a análise geométrica dessa função para verificar se $\lim\limits_{(x,y)\to(0,0)} f(x,y)$ existe.

Resolução.

i) **Análise geométrica do gráfico**

Usando o Mathematica, obtemos o seguinte gráfico da função dada (Figura 3.13).

Análise. Próximo a $(0,0)$, podemos observar que existe somente um vale, ao longo da reta $x = 0$, o que nos sugere que essa função tem limite na origem.

ii) **Análise geométrica do mapa de contornos**

Usando o Mathematica, obtemos o seguinte mapa de contornos da função dada (Figura 3.14).

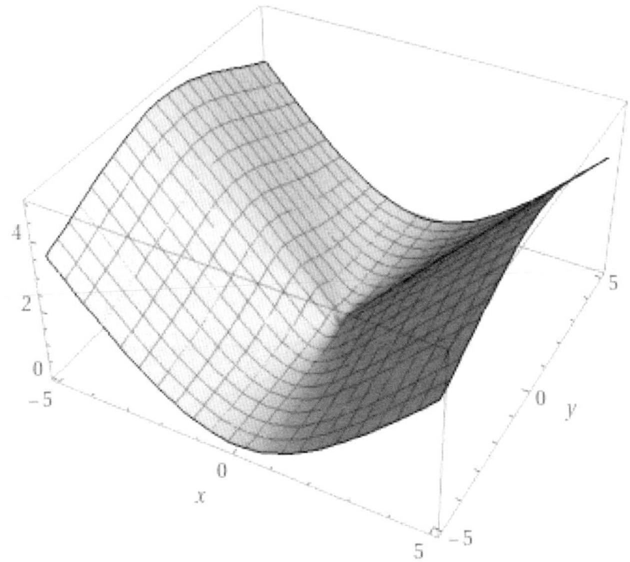

Figura 3.13: gráfico de $f : A \subseteq \mathbb{R}^2 \to \mathbb{R}, f(x, y) = \dfrac{x^2}{\sqrt{x^2 + y^2}}$.

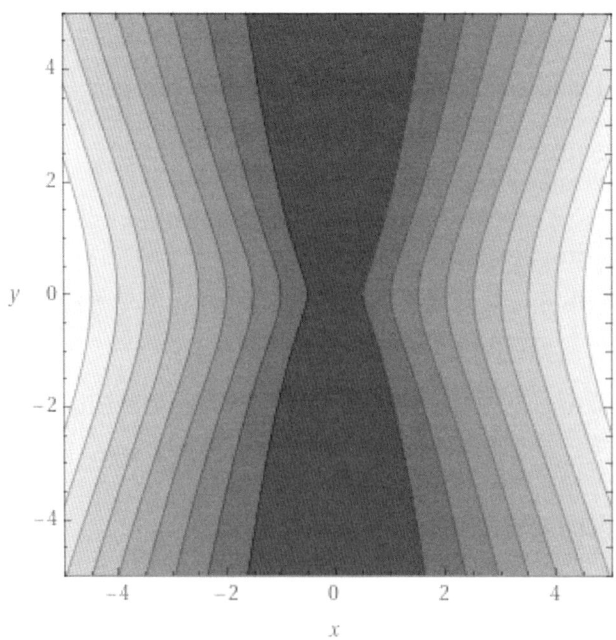

Figura 3.14: mapa de contornos de $f : A \subseteq \mathbb{R}^2 \to \mathbb{R}, f(x, y) = \dfrac{x^2}{\sqrt{x^2 + y^2}}$.

Análise. Próximo a $(0, 0)$, podemos observar, essencialmente, a mesma tonalidade, o que nos sugere que os valores da função se aproximam de um único valor, de modo que essa função tem limite na origem.

iii) **Análise geométrica da(s) expressão(ões) algébrica(s) das curvas de nível**

Para realizar a análise geométrica da(s) expressão(ões) algébrica(s) das curvas de nível de f, consideremos os seguintes casos:

Caso 1: $k < 0$.

Nesse caso, como tanto o numerador quanto o denominador de f são positivos, decorre que o conjunto de nível negativo de f é vazio (não existe curva de nível negativo).

Caso 2: $k = 0$.

Nesse caso, $x = 0$, de modo que o conjunto de nível nulo de f é o eixo y, menos a origem (existe uma única curva de nível zero).

Caso 3: $k > 0$.

Nesse caso, podemos resolver a equação $f(x, y) = k$ em termos de x (ou de y), como segue:

$$\begin{aligned}
\frac{x^2}{\sqrt{x^2+y^2}} &= k \\
x^2 &= k\sqrt{x^2+y^2} \\
x^4 &= k^2x^2 + k^2y^2 \\
y^2 &= \frac{x^2(x^2-k^2)}{k^2} \\
y &= \pm\frac{\sqrt{x^2-k^2}|x|}{k}.
\end{aligned}$$

Para cada $k > 0$ fixado, essas expressões constituem curvas de nível positivo de f se e somente se $x \in (-\infty, -k] \cup [k, +\infty)$. Dentre essas, passa pela origem apenas aquela tal que $x = \pm k$. Como estamos considerando $k > 0$, tal curva é o eixo x, menos a origem.

Logo, de acordo com essas análises, as únicas curvas de nível de f que passam pela origem são os eixos coordenados, exceto a origem, de modo que o valor do limite é único (igual a zero).

Portanto, o limite existe.

Exemplo 2. Dada $f : \{(x, y) \in \mathbb{R}^2 : y \neq -x^2\} \to \mathbb{R}$, definida por $f(x, y) = \dfrac{xy}{x^2 + y}$, realize a análise geométrica dessa função para verificar se $\lim\limits_{(x,y)\to(0,0)} f(x, y)$ existe.

Resolução.

i) **Análise geométrica do gráfico**

Usando o Mathematica, obtemos o seguinte gráfico da função dada:

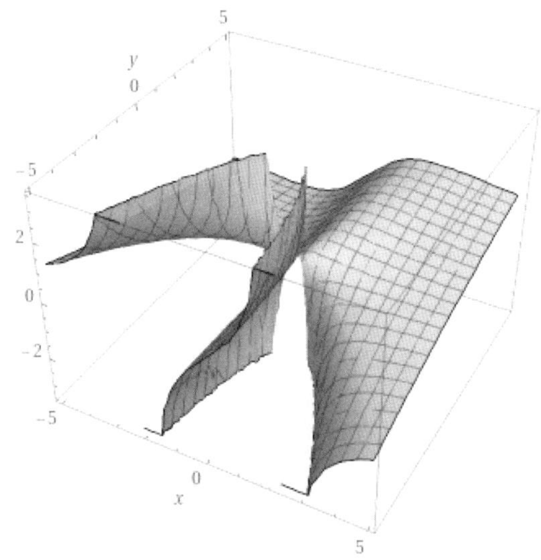

Figura 3.15: gráfico de $f : A \subseteq \mathbb{R}^2 \to \mathbb{R}$, $f(x, y) = \dfrac{xy}{x^2 + y}$.

Análise. Próximo de $(0, 0)$, considerando $y > 0$, podemos observar, essencialmente, o mesmo comportamento (ausência tanto de cumes quanto de vales). Entretanto, considerando $y < 0$, podemos observar que, para valores negativos de x, próximos de zero, existe um cume, enquanto que, para valores positivos de x, próximos de zero, existe um vale, o que nos sugere que essa função não tem limite na origem.

ii) **Análise geométrica do mapa de contornos**

Usando o Mathematica, obtemos o seguinte mapa de contornos da função dada:

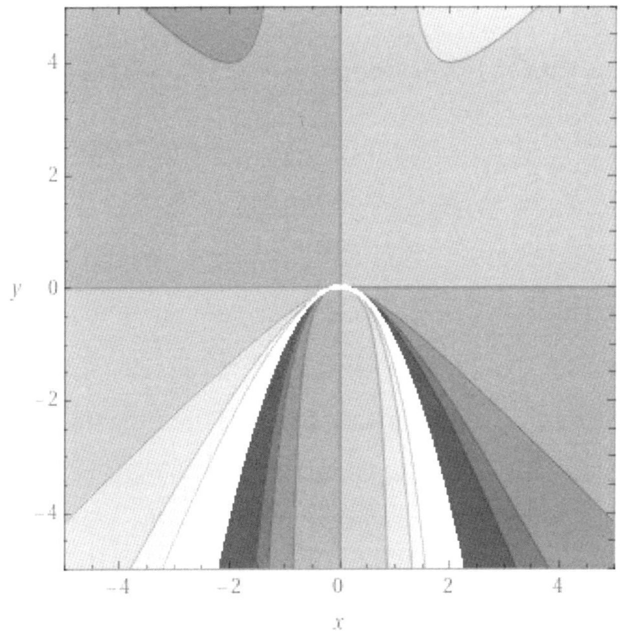

Figura 3.16: mapa de contornos de $f : A \subseteq \mathbb{R}^2 \to \mathbb{R}, f(x, y) = \dfrac{xy}{x^2 + y}$.

Análise. Próximo de $(0, 0)$, considerando $y > 0$, podemos observar, essencialmente, a mesma tonalidade. Entretanto, considerando $y < 0$, podemos observar tanto valores grandes (claro) quanto valores pequenos (escuro) da função, o que significa que os valores da função não se aproximam de um único valor, de modo que essa função não tem limite na origem.

iii) **Análise geométrica da(s) expressão(ões) algébrica(s) das curvas de nível**

Para realizar a análise geométrica da(s) expressão(ões) algébrica(s) das curvas de nível de f, consideremos os seguintes casos:

Caso 1: $k = 0$.

Nesse caso, ou $x = 0$ $(y \neq 0)$ ou $y = 0$ $(x \neq 0)$, de modo que o conjunto de nível nulo de f consiste nos eixos coordenados, menos a origem.

Caso 2: $k \neq 0$.

Nesse caso, podemos resolver a equação $f(x, y) = k$ em termos de y, $(x \neq k)$, como segue:

$$\begin{aligned} \frac{xy}{x^2 + y} &= k \\ y &= \frac{kx^2}{x - k}, \end{aligned}$$

em que consideramos, para cada k fixado, $x \neq k$ (a reta $x = k$ é assíntota vertical do gráfico dessa curva, de modo que ela não está definida para esses valores de x.)

Assim, para cada $k \neq 0$ fixado arbitrariamente, essas expressões constituem curvas de nível não nulo de f se e somente se $x \neq k$. (Todas essas curvas de nível de f passam pela origem.)

Portanto, o limite não existe.

Observação: retornando ao mapa de contornos da função dada, podemos observar que existe uma infinidade de curvas de nível próximas à curva $y = -x^2$ (3º e 4º quadrantes), ou seja, existe uma "assíntota vertical" em $y = -x^2$, de modo que o limite não existe. (O conjunto das curvas de nível que obtivemos contém tais curvas de nível: para cada $k < 0$ (respectivamente, $k > 0$) fixado, elas consistem precisamente nas partes abaixo do eixo das abscissas, à direita (respectivamente, à esquerda) da assíntota vertical $x = k$.)

Exemplo 3. Dada $f : \mathbb{R}^2 - \{(0, 0)\} \to \mathbb{R}$, definida por $f(x, y) = \dfrac{x^2 y}{x^2 + y^2}$, realize a análise geométrica dessa função para verificar se $\displaystyle\lim_{(x,y)\to(0,0)} f(x, y)$ existe.

Resolução.

i) **Análise geométrica do gráfico**

Usando o Mathematica, obtemos o seguinte gráfico da função dada:

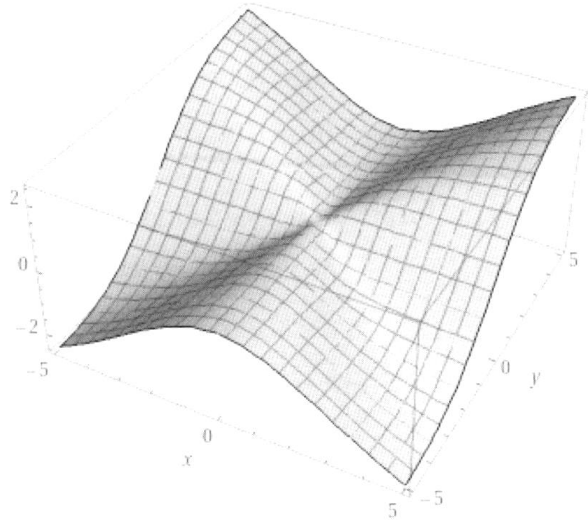

Figura 3.17: gráfico de $f : A \subseteq \mathbb{R}^2 \to \mathbb{R}, f(x,y) = \dfrac{x^2y}{x^2+y^2}$.

Análise. Próximo a $(0,0)$, podemos observar que não existem nem cumes nem vales, o que nos sugere que essa função tem limite na origem.

ii) **Análise geométrica do mapa de contornos**

Usando o Mathematica, obtemos o seguinte mapa de contornos da função dada:

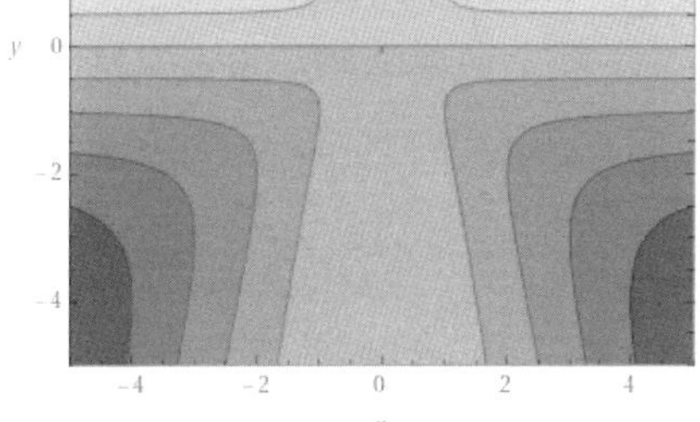

Figura 3.18: mapa de contornos de $f : A \subseteq \mathbb{R}^2 \to \mathbb{R}, f(x,y) = \dfrac{x^2y}{x^2+y^2}$.

Análise: Próximo a $(0, 0)$, podemos observar, essencialmente, a mesma tonalidade, o que nos sugere que os valores da função se aproximam de um valor único, de modo que essa função tem limite na origem.

iii) **Análise geométrica da(s) expressão(ões) algébrica(s) das curvas de nível**

Para realizar a análise geométrica da(s) expressão(ões) algébrica(s) das curvas de nível de f, consideremos os seguintes casos:

Caso 1: $k = 0$.

Nesse caso, ou $x = 0$ $(y \neq 0)$ ou $y = 0$ $(x \neq 0)$, de modo que o conjunto de nível nulo de f consiste nos eixos coordenados, menos a origem.

Caso 2: $k \neq 0$.

Nesse caso, podemos resolver a equação $f(x, y) = k$ em termos de x (ou de y), como segue:

$$\begin{aligned} \frac{x^2 y}{x^2 + y^2} &= k \\ x^2(y - k) &= ky^2 \\ x &= \pm\sqrt{\frac{ky^2}{y - k}}. \end{aligned}$$

Para cada $k < 0$ (respectivamente, $k > 0$) fixado, essas expressões constituem curvas de nível não nulo de f se e somente se $y < k$ (respectivamente, $y > k$). Como, em qualquer desses casos, $y \neq 0$, resulta que $x \neq 0$. Assim, qualquer que seja tal curva de nível de f, ela não passa pela origem.

Logo, de acordo com essa análise, as únicas curvas de nível de f que passam pela origem são os eixos coordenados, exceto a origem, de modo que o valor do limite é único (igual a zero).

Portanto, o limite existe.

3.13 Limites infinitos (em um ponto), limites no infinito e limites infinitos (no infinito)

Para finalizar o estudo dos diversos tipos de limites de funções reais de duas variáveis reais, trataremos de três tipos particulares de limite, conforme as designações do título dessa seção, que são de interesse, pelos motivos que exporemos a seguir.

Até então, no decorrer de todo esse capítulo, consideramos, dentre os limites que não existem, apenas aqueles cujos valores (números reais), ao longo de curvas apropriadas, são distintos entre si. Porém, conforme observamos ao tratar do Teorema 3.2.1 (Limite ao longo de curvas), outro modo pelo qual, ao usar tal teorema, um limite pode não existir é que o seu valor não seja um número real, isto é, seja infinito positivo (ou infinito negativo). Esse é o tipo de limite que denominamos, conjuntamente, *limites infinitos* (*em um ponto*): intuitivamente, os valores da função crescem (decrescem) acima (abaixo) de qualquer número real positivo (negativo) fixado arbitrariamente.

A par desse possível tipo de comportamento de uma função real de duas variáveis reais, desejamos também entender como se comportam os valores de uma função real de duas variáveis reais (cujo domínio é, agora, necessariamente, ilimitado), quando a distância do ponto (cujas coordenadas são as variáveis independentes da função) à origem tende a infinito. Como não existe ordenação natural em $\mathbb{R}^2$ (a saber, mais geralmente, em $\mathbb{R}^n$, para todo $n \geq 2$), não podemos discernir, em geral, como tal ponto se move a partir da origem. Em contraste com o comportamento análogo de uma função real de uma única variável real, em que podemos distinguir os limites quando a sua variável independente tende a infinito positivo e a infinito negativo, no contexto atual existe apenas um "ponto" no infinito ("ponto impróprio" ∞ do plano). Assim, para realizar o estudo no qual ora estamos interessados, devemos considerar o conceito de *vizinhança do infinito*, a qual definimos a seguir.

Definição 3.13.1. (Vizinhança do infinito) Dado $(x, y) \in A$ $(\subseteq \mathbb{R}^2)$, a *vizinhança do infinito* (ou *vizinhança do ponto* (x, y) *no infinito*) em A é o conjunto dado por

$$\mathscr{V}_\delta(\infty) = \{(x, y) \in \mathbb{R}^2 : \sqrt{x^2 + y^2} > \delta, \delta > 0\}.$$

Assim, uma vizinhança do infinito em A consiste em todos os pontos de A cuja distância à origem excede algum número real positivo δ: cada $\mathscr{V}_\delta(\infty)$ é o complemento da vizinhança (fechada) $\overline{\mathscr{V}}_\delta(0, 0)$, de centro na origem e raio δ.

Tendo definido o conceito de vizinhança do infinito, os limites com os quais nos ocuparemos nessa seção são os seguintes:

1) **limites infinitos (em um ponto)**: $\lim\limits_{(x,y)\to(a,b)} f(x, y) = \pm\infty$;

2) **limite no infinito**: $\lim\limits_{(x,y)\to\infty} f(x, y) = L$ $(L \in \mathbb{R})$;

3) **limites infinitos (no infinito)**: $\lim\limits_{(x,y)\to\infty} f(x, y) = \pm\infty$.

Apresentaremos a definição de cada qual desses tipos de limites, exemplos e uma análise das modificações (se possíveis, bem como, em caso afirmativo, necessárias) que devemos efetuar em alguns dos teoremas que demonstramos nesse capítulo, de modo que continuem válidos no presente contexto.

As definições desses tipos de limites são análogas à definição de limite (limite finito em um ponto) que apresentamos no início desse capítulo. Os exemplos que apresentamos subsequentemente a cada uma delas são elementares: eles têm por objetivo expor o uso direto de tais definições, pois, somente após a análise que ora mencionamos, é que será possível tratarmos de exemplos que refletem verdadeiramente aplicações de interesse, em sua acepção, no sentido ao qual nos referimos no início dessa seção. Dentre esses exemplos, consideraremos, em particular, alguns de limites relacionados às expressões indeterminadas dos tipos $0 \cdot (\pm\infty)$, $\dfrac{\pm\infty}{\pm\infty}$, $\infty - \infty$, concluindo, assim, o estudo de todas as expressões indeterminadas que mencionamos na Observação 10 ao Teorema 2.4.1 (Propriedades operatórias de limites).

A seguir, apresentamos as definições precisas de *limites infinitos* (*em um ponto*).

Definição 3.13.2. (Limites infinitos (em um ponto)) Consideremos uma função real de duas variáveis reais $f : A \subseteq \mathbb{R}^2 \to \mathbb{R}$, e $(a, b) \in A'$.

i) O *limite de* $f(x, y)$*, quando* (x, y) *tende a* (a, b)*, é* $+\infty$*, denotado por*

$$\lim_{(x,y)\to(a,b)} f(x, y) = +\infty,$$

se, para todo número real $M > 0$*, existe um número real* $\delta > 0$ *tal que,*

$$\forall (x, y) \in A,\ 0 < \sqrt{(x-a)^2 + (y-b)^2} < \delta \Rightarrow f(x, y) > M.$$

ii) O *limite de* $f(x, y)$*, quando* (x, y) *tende a* (a, b)*, é* $-\infty$*, denotado por*

$$\lim_{(x,y)\to(a,b)} f(x, y) = -\infty,$$

se, para todo número real $M < 0$*, existe um número real* $\delta > 0$ *tal que,*

$$\forall (x, y) \in A,\ 0 < \sqrt{(x-a)^2 + (y-b)^2} < \delta \Rightarrow f(x, y) < M.$$

Assim, $\lim_{(x,y)\to(a,b)} f(x, y) = +\infty$ (respectivamente, $-\infty$) significa que **os valores de f crescem acima de** (respectivamente, **decrescem abaixo de**) **qualquer valor $M > 0$ fixado arbitrariamente**, à medida que (x, y) se aproxima de (a, b) (ou seja, f é **ilimitada superiormente** (respectivamente, **inferiormente**) em uma vizinhança $\mathscr{V}_\delta(a, b)$).

Enfatizamos, pois, que **tanto $+\infty$ quanto $-\infty$ não são números reais**, de modo que $\lim_{(x,y)\to(a,b)} f(x, y) = \pm\infty$ não exprimem limites, no sentido estrito do termo, mas tão somente os comportamentos que ora descrevemos.

É, pois, incorreto afirmar que "$\lim_{(x,y)\to(a,b)} f(x, y) = +\infty$, sempre que, quando (x, y) se aproxima de (a, b), $f(x, y)$ **assume valores cada vez maiores**".

Exemplo 1. A função $f : \mathbb{R}^2 \to \mathbb{R}$, definida por $f(x, y) = \dfrac{1}{1 + x^2 + y^2}$, assume valores cada vez maiores quando (x, y) se aproxima de $(0, 0)$, porém, claramente, $\lim_{(x,y)\to(0,0)} f(x, y) = 1$.

Exemplo 2. A função $f : \mathbb{R}^2 - \{(0,0)\} \to \mathbb{R}$, definida por $f(x,y) = \dfrac{\left| sen\left(\dfrac{1}{x^2+y^2}\right)\right|}{x^2+y^2}$, assume valores arbitrariamente grandes em toda vizinhança $\mathscr{V}_\delta(0,0)$.

Por exemplo, se, para todo $k \in \mathbb{Z}_+$, $(x_k, y_k) = \left(\dfrac{1}{\sqrt{2\left(k+\frac{1}{2}\right)\pi}}, \dfrac{1}{\sqrt{2\left(k+\frac{1}{2}\right)\pi}}\right)$, então $f(x_k, y_k) = \left(k + \dfrac{1}{2}\right)\pi$.

Contudo, tal fato não implica que $\lim\limits_{(x,y)\to(0,0)} f(x,y) = +\infty$, pois, por exemplo, toda vizinhança $\mathscr{V}_\delta(0,0)$ também contém pontos $(\overline{x}_k, \overline{y}_k) = \left(\dfrac{1}{\sqrt{2k\pi}}, \dfrac{1}{\sqrt{2k\pi}}\right)$, para todo $k \in \mathbb{Z}_+ - \{0\}$, para os quais $f(\overline{x}_k, \overline{y}_k) = 0$.

Tal limite é, pois, indefinido no intervalo $(0, +\infty)$.

Exemplo 3. Dada $f : \{(x,y) \in \mathbb{R}^2 : x > y\} \to \mathbb{R}$, definida por $f(x,y) = \dfrac{1}{\sqrt{x-y}}$, demonstre que $\lim\limits_{(x,y)\to(0,0)} f(x,y) = +\infty$.

Resolução.

De acordo com a definição de limite infinito, devemos demonstrar que

$$\forall M > 0, \exists \delta > 0 : \forall (x,y) \in A, 0 < \sqrt{x^2+y^2} < \delta \Rightarrow \frac{1}{\sqrt{x-y}} > M.$$

Para estabelecer essa conexão entre $\sqrt{x^2+y^2} < \delta$ e $\dfrac{1}{\sqrt{x-y}} > M$, procedemos como segue.

Pela Desigualdade de Cauchy-Bunyakovsky-Schwarz, temos que

$$0 < |x-y| \leq \sqrt{2}\sqrt{x^2+y^2}.$$

Uma vez que $x > y$, podemos substituir $|x-y|$ por $x-y$ nessa desigualdade, o que, juntamente com $\sqrt{x^2+y^2} < \delta$, nos fornece $0 < x-y < \sqrt{2}\delta$, de modo que

$$\frac{1}{\sqrt{x-y}} > \frac{1}{\sqrt[4]{2}\sqrt{\delta}}.$$

Portanto, para que $\frac{1}{\sqrt{x-y}} > M$, é suficiente, de acordo com a desigualdade que obtivemos, que consideremos um $\delta > 0$ tal que $\frac{1}{\sqrt[4]{2}\sqrt{\delta}} > M$, ou seja, $0 < \delta < \frac{1}{\sqrt{2}M^2}$.

Uma situação típica em que ocorrem naturalmente limites infinitos é a que apresentamos no teorema a seguir.

Teorema 3.13.1. *Consideremos $f, g : A \subseteq \mathbb{R}^2 \to \mathbb{R}$ funções reais de duas variáveis reais, e $(a, b) \in A'$. Se $\lim\limits_{(x,y)\to(a,b)} f(x, y) = L\ (\neq 0)$ e $\lim\limits_{(x,y)\to(a,b)} g(x, y) = 0$, então*

i) (caso $L > 0$)

$$\lim_{(x,y)\to(a,b)} \frac{f(x,y)}{g(x,y)} = \begin{cases} +\infty, & \textit{se } g(x,y) > 0 \textit{ em alguma vizinhança } \mathscr{V}_\delta(a,b) \\ -\infty, & \textit{se } g(x,y) < 0 \textit{ em alguma vizinhança } \mathscr{V}_\delta(a,b) \end{cases}.$$

ii) (caso $L < 0$)

$$\lim_{(x,y)\to(a,b)} \frac{f(x,y)}{g(x,y)} = \begin{cases} +\infty, & \textit{se } g(x,y) < 0 \textit{ em alguma vizinhança } \mathscr{V}_\delta(a,b) \\ -\infty, & \textit{se } g(x,y) > 0 \textit{ em alguma vizinhança } \mathscr{V}_\delta(a,b) \end{cases}.$$

A seguir, apresentamos a definição precisa de *limite no infinito*.

Definição 3.13.3. (Limite no infinito) Dado $A \subseteq \mathbb{R}^2$ ilimitado, consideremos uma função real de duas variáveis reais $f : A \subseteq \mathbb{R}^2 \to \mathbb{R}$. O *limite de $f(x, y)$, quando (x, y) tende a ∞, é L ($L \in \mathbb{R}$), denotado por*

$$\lim_{(x,y)\to\infty} f(x, y) = L,$$

se, para todo número real $\varepsilon > 0$, existe um número real $\delta > 0$ tal que,

$$\forall (x, y) \in A,\ \sqrt{x^2 + y^2} > \delta \Rightarrow |f(x, y) - L| < \varepsilon.$$

Assim, $\lim\limits_{(x,y)\to\infty} f(x,y) = L$ significa que os valores de f pertencem a um intervalo aberto de centro L e raio $\varepsilon > 0$ qualquer, à medida que a distância de (x,y) à origem excede algum número real $\delta > 0$ apropriado (ou seja, f é limitada em uma vizinhança infinita $\mathscr{V}_\delta(\infty)$).

Exemplo. Dada $f : A = \{(x,y) \in \mathbb{R}^2 : 0 < y \leq ax, 0 < a < 1\} \to \mathbb{R}$, definida por $f(x,y) = \dfrac{1}{x-y}$, demonstre que $\lim\limits_{(x,y)\to\infty} f(x,y) = 0$.

Demonstração.

É importante manter em mente que necessitamos considerar somente $(x,y) \in A$, domínio de f (subconjunto do seu "domínio maximal" $\{(x,y) \in \mathbb{R}^2 : x \neq y\}$).

Para todo $(x,y) \in A$, temos que

$$x - y \geq x(1-a).$$

Também

$$x^2 + y^2 \leq x^2(1+a^2).$$

Assim,

$$x \geq \frac{\sqrt{x^2+y^2}}{\sqrt{1+a^2}}.$$

Em vista dessa última desigualdade, a primeira torna-se

$$x - y \geq \frac{1-a}{\sqrt{1+a^2}}\sqrt{x^2+y^2},$$

de modo que

$$|f(x,y)| \leq \frac{\sqrt{1+a^2}}{1-a}\frac{1}{\sqrt{x^2+y^2}}.$$

Portanto, $\sqrt{x^2+y^2} > \delta \Rightarrow |f(x,y)| < \varepsilon$, desde que $\delta > \dfrac{\sqrt{1+a^2}}{1-a}\dfrac{1}{\varepsilon}$, o que demonstra o solicitado.

Finalmente, apresentamos as definições precisas de *limites infinitos* (*no infinito*).

Definição 3.13.4. (Limites infinitos (no infinito)) Dado $A \subseteq \mathbb{R}^2$ ilimitado, consideremos uma função real de duas variáveis reais $f : A \subseteq \mathbb{R}^2 \to \mathbb{R}$.

i) O *limite de* $f(x, y)$, *quando* (x, y) *tende a* ∞, *é* $+\infty$, *denotado por*

$$\lim_{(x,y)\to\infty} f(x, y) = +\infty,$$

se, para todo número real $M > 0$, *existe um número real* $\delta > 0$ *tal que,*

$$\forall (x, y) \in A, \ \sqrt{x^2 + y^2} > \delta \Rightarrow f(x, y) > M.$$

ii) O *limite de* $f(x, y)$, *quando* (x, y) *tende a* $+\infty$, *é* $-\infty$, *denotado por*

$$\lim_{(x,y)\to+\infty} f(x, y) = -\infty,$$

se, para todo número real $M > 0$, *existe um número real* $\delta > 0$ *tal que,*

$$\forall (x, y) \in A, \ \sqrt{x^2 + y^2} > \delta \Rightarrow f(x, y) < -M.$$

Assim, $\lim\limits_{(x,y)\to\infty} f(x, y) = +\infty$ (respectivamente, $-\infty$) significa que os **valores de *f* crescem acima de** (respectivamente, **decrescem abaixo de**) **qualquer número real $M > 0$** (respectivamente, **$-M < 0$**) **fixado arbitrariamente**, à medida que a distância de (x, y) à origem excede algum número real $\delta > 0$ apropriado (ou seja, ***f*** é **ilimitada superiormente** (respectivamente, **inferiormente**) em uma vizinhança infinita $\mathscr{V}_\delta(\infty)$).

Exemplo. Dada $f : \mathbb{R}^2 - \{(0, 0)\} \to \mathbb{R}$, definida por $f(x, y) = \dfrac{x^4 + y^4}{x^2 + y^2}$, demonstre que $\lim\limits_{(x,y)\to\infty} f(x, x) = +\infty$.

Demonstração.

Se $y^2 \leq x^2$, então

$$x^2 + y^2 \leq 2x^2,$$

de modo que

$$\frac{x^2}{2} \geq \frac{x^2 + y^2}{4}.$$

Assim, se $\sqrt{x^2+y^2} > \delta$, então

$$|f(x,y)| = \frac{x^4+y^4}{x^2+y^2} \geq \frac{x^4}{2x^2} = \frac{x^2}{2} \geq \frac{x^2+y^2}{4} > \frac{\delta^2}{4},$$

que, por sua vez, é maior que $M > 0$ dado desde que

$$\delta \geq 2\sqrt{M}.$$

O leitor pode verificar que o caso $y^2 \geq x^2$ é inteiramente análogo, *mutatis mutandi*, o que conclui a demonstração.

Agora, procederemos à análise a que nos referimos no início dessa seção, qual seja, das modificações (necessárias, se possíveis) que devemos efetuar em alguns dos teoremas que demonstramos nesse capítulo, de modo que continuem válidos no presente contexto.

1) **Teorema 2.4.1 (Propriedades operatórias de limites)**

Se, pelo menos um dos limites referidos no Teorema 2.4.1 é $\pm\infty$, então ele continua válido, desde que as operações ali mencionadas tenham sentido, ou seja, desde que não ocorra qualquer expressão de um dos seguintes tipos: $(+\infty)+(-\infty)$, $(+\infty)-(+\infty)$, $(-\infty)+(+\infty)$, $(-\infty)-(-\infty)$, $0\cdot(\pm\infty)$, $(\pm\infty)\cdot 0$, $\frac{\pm\infty}{\pm\infty}$ ou $\frac{\pm\infty}{0}$. Mais precisamente, temos as seguintes possíveis modificações do Teorema 2.4.1, as quais nos sugerem como devemos operar, de modo consentâneo, com os símbolos $+\infty$ e $-\infty$:

1.1)

Teorema 3.13.2. (Propriedades operatórias — limites finitos com limites infinitos) *Consideremos* $f, g : A \subseteq \mathbb{R}^2 \to \mathbb{R}$ *funções reais de duas variáveis reais, e* $(a,b) \in A'$. *Se* $\lim_{(x,y)\to(a,b)} f(x,y) = L$ *e* $\lim_{(x,y)\to(a,b)} g(x,y) = \pm\infty$, *então*

i) $\lim_{(x,y)\to(a,b)} [f(x,y)+g(x,y)] = \pm\infty$.

ii) $\lim_{(x,y)\to(a,b)} [f(x,y)-g(x,y)] = \mp\infty$.

iii) $\lim_{(x,y)\to(a,b)} [g(x,y)-f(x,y)] = \pm\infty$.

iv) $\lim_{(x,y)\to(a,b)} [f(x,y)g(x,y)] = \begin{cases} \pm\infty, & se \quad L > 0 \\ \mp\infty, & se \quad L < 0 \end{cases}.$

v) $\lim_{(x,y)\to(a,b)} \left[\frac{f(x,y)}{g(x,y)}\right] = 0.$

vi) $\lim_{(x,y)\to(a,b)} \left[\frac{g(x,y)}{f(x,y)}\right] = \begin{cases} \pm\infty, & se \quad L > 0 \\ \mp\infty, & se \quad L < 0 \end{cases}.$

Em particular, resulta de v) acima que $\lim_{(x,y)\to(a,b)} \frac{1}{g(x,y)} = 0.$

Observações.

a) Se $L = 0$, $\lim_{(x,y)\to(a,b)} g(x,y) = +\infty$ e $f(x,y) > 0$ (respectivamente, $f(x,y) < 0$) em alguma vizinhança $\mathscr{V}_\delta(a,b)$, então

$$\lim_{(x,y)\to(a,b)} \left[\frac{g(x,y)}{f(x,y)}\right] = +\infty \text{ (respectivamente, } -\infty).$$

b) Se $L = 0$, $\lim_{(x,y)\to(a,b)} g(x,y) = -\infty$ e $f(x,y) > 0$ (respectivamente, $f(x,y) < 0$) em alguma vizinhança $\mathscr{V}_\delta(a,b)$, então

$$\lim_{(x,y)\to(a,b)} \left[\frac{g(x,y)}{f(x,y)}\right] = -\infty \text{ (respectivamente, } +\infty).$$

1.2)

Teorema 3.13.3. (Propriedades operatórias — limites infinitos) *Consideremos $f, g : A \subseteq \mathbb{R}^2 \to \mathbb{R}$ funções reais de duas variáveis reais, $(a,b) \in A'$, e c um número real diferente de zero. Se $\lim_{(x,y)\to(a,b)} f(x,y) = \pm\infty$ e $\lim_{(x,y)\to(a,b)} g(x,y) = \pm\infty$, então*

i) $\lim_{(x,y)\to(a,b)} [f(x,y) + g(x,y)] = \pm\infty$, ***desde que seja "(+∞) + (+∞)" ou "(−∞) + (−∞), respectivamente (isto é, desde que os limites tenham sinais iguais).***

ii) $\lim_{(x,y)\to(a,b)} [f(x,y) - g(x,y)] = \pm\infty$, ***desde que seja "(+∞) − (−∞)" ou "(−∞) − (+∞), respectivamente (isto é, desde que os limites tenham sinais contrários).***

iii) $\lim\limits_{(x,y)\to(a,b)} cf(x,y) = \begin{cases} \pm\infty, & \textit{se} \quad c > 0 \\ \mp\infty, & \textit{se} \quad c < 0 \end{cases}.$

iv) $\lim\limits_{(x,y)\to(a,b)} \sqrt[n]{f(x,y)} = \begin{cases} +\infty, & \textit{se } n \textit{ é par e } \lim\limits_{(x,y)\to(a,b)} f(x,y) = +\infty \\ \pm\infty, & \textit{se } n \textit{ é ímpar, conforme } \lim\limits_{(x,y)\to(a,b)} f(x,y) = \pm\infty \end{cases}.$

1.3)

Teorema 3.13.4. (Propriedades operatórias — limites no infinito) *Dado* $A \subseteq \mathbb{R}^2$ *ilimitado, consideremos funções reais de duas variáveis reais* $f, g : A \subseteq \mathbb{R}^2 \to \mathbb{R}$, *e* c *um número real qualquer. Se* $\lim\limits_{(x,y)\to\infty} f(x,y) = L$ *e* $\lim\limits_{(x,y)\to\infty} g(x,y) = M$, *então*

i) $\lim\limits_{(x,y)\to\infty} [f(x,y) + g(x,y)] = L + M.$

ii) $\lim\limits_{(x,y)\to\infty} [f(x,y) - g(x,y)] = L - M.$

iii) $\lim\limits_{(x,y)\to\infty} [cf(x,y)] = cL.$

iv) $\lim\limits_{(x,y)\to\infty} [f(x,y)g(x,y)] = LM.$

vi) $\lim\limits_{(x,y)\to\infty} \left[\dfrac{g(x,y)}{f(x,y)}\right] = \dfrac{L}{M}$, *desde que* $M \neq 0$.

1.4)

Teorema 3.13.5. (Propriedades operatórias — limites finitos com limites infinitos, ambos no infinito) *Dado* $A \subseteq \mathbb{R}^2$ *ilimitado, consideremos funções reais de duas variáveis reais* $f, g : A \subseteq \mathbb{R}^2 \to \mathbb{R}$. *Se* $\lim\limits_{(x,y)\to\infty} f(x,y) = L$ *e* $\lim\limits_{(x,y)\to+\infty} g(x,y) = \pm\infty$, *então*

i) $\lim\limits_{(x,y)\to\infty} [f(x,y) + g(x,y)] = \pm\infty.$

ii) $\lim\limits_{(x,y)\to\infty} [f(x,y) - g(x,y)] = \mp\infty.$

iii) $\lim\limits_{(x,y)\to\infty} [g(x,y) - f(x,y)] = \pm\infty.$

iv) $\lim\limits_{(x,y)\to\infty} [f(x,y)g(x,y)] = \begin{cases} \pm\infty, & \textit{se} \quad L > 0 \\ \mp\infty, & \textit{se} \quad L < 0 \end{cases}.$

v) $\lim_{(x,y)\to\infty}\left[\dfrac{f(x,y)}{g(x,y)}\right]=0.$

vi) $\lim_{(x,y)\to\infty}\left[\dfrac{g(x,y)}{f(x,y)}\right]=\begin{cases}\pm\infty, & se \quad L>0\\ \mp\infty, & se \quad L<0\end{cases}.$

Em particular, resulta de v) acima que $\lim_{(x,y)\to\infty}\dfrac{1}{g(x,y)}=0.$

1.5)

Teorema 3.13.6. (Propriedades operatórias — limites infinitos no infinito) *Dado $A\subseteq\mathbb{R}^2$ ilimitado, consideremos funções reais de duas variáveis reais $f,g:A\subseteq\mathbb{R}^2\to\mathbb{R}$, e c um número real diferente de zero. Se $\lim_{(x,y)\to\infty}f(x,y)=\pm\infty$ e $\lim_{(x,y)\to\infty}g(x,y)=\pm\infty$, então*

i) $\lim_{(x,y)\to\infty}[f(x,y)+g(x,y)]=\pm\infty$, ***desde que seja "$(+\infty)+(+\infty)$" ou "$(-\infty)+(-\infty)$", respectivamente (isto é, desde que os limites tenham sinais iguais)***.

ii) $\lim_{(x,y)\to\infty}[f(x,y)-g(x,y)]=\pm\infty$, ***desde que seja "$(+\infty)-(-\infty)$" ou "$(-\infty)-(+\infty)$", respectivamente (isto é, desde que os limites tenham sinais contrários)***.

iii) $\lim_{(x,y)\to\infty}[f(x,y)g(x,y)]=\pm\infty$, ***desde que seja "$(+\infty)\cdot(+\infty)$", "$(-\infty)\cdot(-\infty)$", ou "$(+\infty)\cdot(-\infty)$","$(-\infty)\cdot(+\infty)$", respectivamente***.

iv) $\lim_{(x,y)\to\infty}cf(x,y)=\begin{cases}\pm\infty, & se \quad c>0\\ \mp\infty, & se \quad c<0\end{cases}.$

v) $\lim_{(x,y)\to\infty}\sqrt{f(x,y)}=+\infty$, *se* $\lim_{(x,y)\to\infty}f(x,y)=+\infty.$

2) **Teorema 3.0.1 (Unicidade do Limite)**

Se $\lim_{(x,y)\to(a,b)}f(x,y)=\pm\infty$, então não é possível que $\lim_{(x,y)\to(a,b)}f(x,y)=L$ $(L\in\mathbb{R})$, pois, do contrário, pelo Teorema 3.6.1 (Limitação local), f será (necessariamente) limitada em uma vizinha de (a,b), o que contradirá

$\lim_{(x,y)\to(a,b)}f(x,y)=\pm\infty.$

Também, se $\lim\limits_{(x,y)\to(a,b)} f(x,y) = +\infty$, então não pode ocorrer que $\lim\limits_{(x,y)\to(a,b)} f(x,y) = -\infty$, pois, do contrário, f será negativa em uma vizinhança $\mathscr{V}_\delta(a,b)$, o que contradirá $\lim\limits_{(x,y)\to(a,b)} f(x,y) = +\infty$.

Analogamente, se $\lim\limits_{(x,y)\to(a,b)} f(x,y) = -\infty$, então não pode ocorrer que $\lim\limits_{(x,y)\to(a,b)} f(x,y) = +\infty$, pois, do contrário, f será positiva em uma vizinhança $\mathscr{V}_\delta(a,b)$, o que contradirá $\lim\limits_{(x,y)\to(a,b)} f(x,y) = -\infty$.

Conclusão: cada um dos limites infinitos é único.

3) **Teorema 3.1.1 (Limite da restrição de uma função)**

O Teorema 3.1.1 (Limite da restrição de uma função) continua válido para limites infinitos: consideremos $f : A \subseteq \mathbb{R}^2 \to \mathbb{R}$ uma função real de duas variáveis reais e $(a,b) \in A'$. Definamos a restrição $g : B \subset A \to \mathbb{R}$ de f (ou seja, $g = f_{|B}$), tal que $(a,b) \in B'$.

i) Se $\lim\limits_{(x,y)\to(a,b)} f(x,y) = \pm\infty$, então $\lim\limits_{(x,y)\to(a,b)} g(x,y) = \pm\infty$.

ii) Se $B = \mathscr{V}_\delta(a,b) \cap A$, então $\lim\limits_{(x,y)\to(a,b)} g(x,y) = \pm\infty \Rightarrow \lim\limits_{(x,y)\to(a,b)} f(x,y) = \pm\infty$.

4) **Teorema 3.2.1 (Limite ao longo de curvas)**

Se, pelo menos um dos limites referidos no Teorema 3.2.1 (Limite ao longo de curvas) é $\pm\infty$, então ele continua válido. Em verdade, nesse caso, um único desses limites ($+\infty$ ou $-\infty$) é suficiente para nos assegurar que o limite que desejamos calcular não exista.

5) **Teorema 3.3.1 (Limite do produto de um infinitésimo por uma função limitada)**

O Teorema 3.3.1 (Limite do produto de um infinitésimo por uma função limitada) continua válido para limites no infinito: consideremos funções reais de duas variáveis reais $f, g : A \subseteq \mathbb{R}^2 \to \mathbb{R}$, em que A é ilimitado. Se $\lim\limits_{(x,y)\to\infty} f(x,y) =$

0 e g é limitada, então $\lim\limits_{(x,y)\to\infty}[f(x,y)g(x,y)] = 0$, mesmo que não exista $\lim\limits_{(x,y)\to\infty} g(x,y)$.

6) **Teorema 3.4.1 (Teorema do confronto)**

O Teorema 3.4.1 (Teorema do confronto) tem extensões naturais a todos os três tipos de limites sob análise, como seguem.

6.1) **Limites infinitos**

i) Se $f, g : A \subseteq \mathbb{R}^2 \to \mathbb{R}$ são funções reais de duas variáveis reais tais que, para todo $(x,y) \neq (a,b), (a,b) \in A'$, $g(x,y) \leq f(x,y)$ e $\lim\limits_{(x,y)\to(a,b)} g(x,y) = +\infty$, então

$\lim\limits_{(x,y)\to(a,b)} f(x,y) = +\infty$.

ii) Se $f, g : A \subseteq \mathbb{R}^2 \to \mathbb{R}$ são funções reais de duas variáveis reais tais que, para todo $(x,y) \neq (a,b), (a,b) \in A'$, $f(x,y) \leq g(x,y)$ e $\lim\limits_{(x,y)\to(a,b)} g(x,y) = -\infty$, então $\lim\limits_{(x,y)\to(a,b)} f(x,y) = -\infty$.

6.2) **Limite no infinito**

Dado $A \subseteq \mathbb{R}^2$ ilimitado, se $f, g, h : A \subseteq \mathbb{R}^2 \to \mathbb{R}$ são funções reais de duas variáveis reais tais que, para todo $(x,y) \neq (a,b), (a,b) \in A'$, $f(x,y) \leq g(x,y) \leq h(x,y)$ e $\lim\limits_{(x,y)\to\infty} f(x,y) = \lim\limits_{(x,y)\to\infty} h(x,y) = L$, então $\lim\limits_{(x,y)\to\infty} g(x,y) = L$.

6.3) **Limites infinitos (no infinito)**

i) Dado $A \subseteq \mathbb{R}^2$ ilimitado, se $f, g : A \subseteq \mathbb{R}^2 \to \mathbb{R}$ são funções reais de duas variáveis reais tais que, para todo $(x,y) \in A$, $g(x,y) \leq f(x,y)$ e $\lim\limits_{(x,y)\to\infty} g(x,y) = +\infty$, então $\lim\limits_{(x,y)\to\infty} f(x,y) = +\infty$.

ii) Dado $A \subseteq \mathbb{R}^2$ ilimitado, se $f, g : A \subseteq \mathbb{R}^2 \to \mathbb{R}$ são funções reais de duas variáveis reais tais que, para todo $(x,y) \in A$, $f(x,y) \leq g(x,y)$ e $\lim\limits_{(x,y)\to\infty} g(x,y) = -\infty$, então $\lim\limits_{(x,y)\to\infty} f(x,y) = -\infty$.

7) **Teorema 3.6.1 (Limitação local)**

O Teorema 3.6.1 (Limitação local) continua válido, como segue: dado $A \subseteq \mathbb{R}^2$ ilimitado, consideremos uma função real de duas variáveis reais $f : A \subseteq \mathbb{R}^2 \to \mathbb{R}$. Se existe $\lim\limits_{(x,y)\to\infty} f(x,y)$, então f é limitada em uma (logo, qualquer) vizinhança $\mathscr{V}_\delta(\infty)$.

8) **Teorema 3.7.1 (Limite de uma função composta)**

O Teorema 3.7.1 (Limite de uma função composta) continua válido, como segue: consideremos $f : A \subseteq \mathbb{R}^2 \to \mathbb{R}$, $g : B \subseteq \mathbb{R} \to \mathbb{R}$, B ilimitado, $(a,b) \in A'$ e $f(A) \subseteq B$. Se $\lim\limits_{(x,y)\to(a,b)} f(x,y) = \pm\infty$ e $\lim\limits_{u\to\pm\infty} g(u) = L$ (ou $\lim\limits_{u\to\pm\infty} g(u) = \pm\infty$), então $\lim\limits_{(x,y)\to(a,b)} g(f(x,y)) = L$ (ou $\lim\limits_{(x,y)\to(a,b)} g(f(x,y)) = \pm\infty$).

Para finalizar essa seção, permita-nos o leitor apresentarmos alguns exemplos de aplicação desses teoremas.

Exemplo 1. Dada $f : \mathbb{R}^2 \to \mathbb{R}$, definida por $f(x,y) = \dfrac{(x^2+y^4)^3}{1+x^6y^4}$, demonstre que, ao longo de qualquer reta $y = mx$, $\lim\limits_{(x,y)\to\infty} f(x,y) = +\infty$, porém esse limite não existe.

Demonstração.

Temos

$$\lim_{\substack{(x,y)\to\infty \\ y=mx}} f(x,y) = \lim_{\substack{(x,y)\to\infty \\ y=mx}} \frac{(x^2+y^4)^3}{1+x^6y^4} = \lim_{(x,y)\to\infty} \frac{x^{12}(\frac{1}{x^2}+m^4)^3}{x^{10}(\frac{1}{x^{10}}+m^4)} = +\infty.$$

A despeito desse resultado, esse limite não existe, pois, por exemplo, ao longo da curva $y = \sqrt{x}$, temos

$$\lim_{\substack{(x,y)\to\infty \\ y=\sqrt{x}}} \frac{(x^2+y^4)^3}{1+x^6y^4} = \lim_{(x,y)\to\infty} \frac{8x^6}{1+x^8} = 0.$$

Exemplo 2. Dada $f : \mathbb{R}^2 - \{(0,0)\} \to \mathbb{R}$, definida por $f(x,y) = \dfrac{e^{x^4+4y^4}}{x^2-2xy+2y^2}$, calcule $\lim\limits_{(x,y)\to\infty} f(x,y)$.

Resolução.

Inicialmente, procedamos à conjectura do possível valor desse limite, como segue.

Ao longo da reta $y = x$, temos

$$\lim_{\substack{(x,y)\to\infty \\ y=x}} f(x,y) = \lim_{\substack{(x,y)\to\infty \\ y=x}} \frac{e^{x^4+4y^4}}{x^2 - 2xy + 2y^2} = \lim_{x\to\infty} \frac{e^{5x^4}}{x^2} \overset{\text{l'H}}{=} \lim_{x\to\infty} (10x^2 e^{5x^4}) = +\infty.$$

Logo, se o limite existir, então, devido ao Teorema 3.0.1 (Unicidade do Limite), ele deverá ser igual a $+\infty$.

Consideremos $g : \mathbb{R}^2 - \{(0,0)\}$ definida por $g(x,y) = \dfrac{1 + x^4 + 4y^4}{x^2 - 2xy + 2y^2}$.

Devido à desigualdade $1 + u \leq e^u$ (válida para todo $u \in (-\infty, +\infty)$), temos que

$$g(x,y) \leq \frac{e^{x^4+4y^4}}{x^2 - 2xy + 2y^2} (= f(x,y)),$$

de modo que, devido ao Teorema do confronto (item 6.3 *i*), é suficiente demonstrar que $\lim\limits_{(x,y)\to\infty} g(x,y) = +\infty$.

Temos

$$g(x,y) = \frac{1+x^4+4y^4}{x^2-2xy+2y^2} = \frac{1}{x^2-2xy+2y^2} + \frac{x^4+4y^4}{x^2-2xy+2y^2} =$$

$$= \frac{1}{x^2-2xy+2y^2} + (x^2+2xy+2y^2),$$

em que, na última igualdade, usamos a identidade de Sophie Germain.

Uma vez que

$$\lim_{(x,y)\to\infty} \frac{1}{x^2 - 2xy + 2y^2} = 0 \quad \text{(Teorema 3.13.5, item } v\text{))},$$

$$\lim_{(x,y)\to\infty} (x^2 + 2xy + 2y^2) = +\infty \quad \text{(função polinomial)},$$

decorre do T. 3.13.2 (item *i*)) que

$$\lim_{(x,y)\to\infty} g(x,y) = +\infty.$$

Portanto,

$$\lim_{(x,y)\to\infty} f(x,y) = +\infty.$$

Exemplo 3. Dada $h : \mathbb{R}^2 - \{(0,0)\} \to \mathbb{R}$, definida por $h(x,y) = arctg\left(\dfrac{|x|+|y|}{x^2+y^2}\right)$, calcule $\lim\limits_{(x,y)\to(0,0)} h(x,y)$.

Resolução.

Observemos que $h(x,y) = g(f(x,y))$, em que $f : \mathbb{R}^2 - \{(0,0)\} \to \mathbb{R}$ é definida por $f(x,y) = \dfrac{|x|+|y|}{x^2+y^2}$, e $g : B \subseteq \mathbb{R}^2 \to \mathbb{R}$ (B ilimitado) é definida por $g(t) = arctg t$. Temos, para todo $(x,y) \in \mathbb{R}^2 - \{(0,0)\}$,

$$f(x,y) = \frac{|x|+|y|}{x^2+y^2} = \frac{\sqrt{x^2}+\sqrt{y^2}}{x^2+y^2} \geq \frac{\sqrt{x^2+y^2}}{x^2+y^2} = \frac{1}{\sqrt{x^2+y^2}} (= \overline{g}(x,y)).$$

Procedendo de modo análogo ao do exemplo de limite infinito que apresentamos imediatamente após a definição desse, obtemos

$$\lim_{(x,y)\to(0,0)} \overline{g}(x,y) = +\infty.$$

(Basta considerarmos $0 < \delta \leq \dfrac{1}{M}$ na definição de limite infinito).

Assim, pelo Teorema do confronto (item 6.3 *i*), temos que

$$\lim_{(x,y)\to(0,0)} f(x,y) = +\infty.$$

Por outro lado,

$$\lim_{t\to+\infty} g(t) = \lim_{t\to+\infty} arctg t = \frac{\pi}{2}.$$

Portanto, de acordo com 8) Teorema 3.7.1 (Limite de uma função composta), temos, finalmente,

$$\begin{aligned}\lim_{(x,y)\to(0,0)} h(x,y) &= \lim_{(x,y)\to(0,0)} g(f(x,y)) \\ &= \frac{\pi}{2}.\end{aligned}$$

O limite da função dada a seguir, no ponto de acumulação $(0,0)$ do seu domínio, existe $(= -\frac{\sqrt{3}}{6})$, o que o leitor pode verificar facilmente (por exemplo, avaliando, em $(0,0)$, a expressão simplificada, na penúltima igualdade). Agora, mostraremos que o limite dessa mesma função, no ponto de acumulação $(0,1)$, não existe $(= \pm\infty)$. Mais geralmente, uma simples análise da resolução do exemplo a seguir nos permite assegurar que $\lim\limits_{(x,y)\to(0,b)} \frac{\sqrt{x+3}-\sqrt{3}}{xy-bx}$ não existe, qualquer que seja o ponto de acumulação $(0,b)$ $(b > 0, b \in \mathbb{R})$ do domínio $A = \{(x,y) \in \mathbb{R}^2 : x \geq -3, x \neq 0, y \neq b\}$ dessa função (em particular, para todo b suficientemente próximo de 0, porém sempre $b > 0$, de modo que o ponto $(0,b)$ esteja tão próximo a $(0,0)$ quanto desejarmos, mas sempre $(0,b) \neq (0,0)$).

Exemplo 4. Dada $f : \{(x,y) \in \mathbb{R}^2 : x \geq -3, x \neq 0, y \neq 1\} \to \mathbb{R}$, definida por $f(x,y) = \frac{\sqrt{x+3}-\sqrt{3}}{xy-x}$, calcule $\lim\limits_{(x,y)\to(0,1)} f(x,y)$.

Resolução.

Podemos proceder como segue:

$$\begin{aligned}
\lim_{(x,y)\to(0,1)} \frac{\sqrt{x+3}-\sqrt{3}}{xy-x} &= \lim_{(x,y)\to(0,1)} \left(\frac{\sqrt{x+3}-\sqrt{3}}{xy-x}\right)\left(\frac{\sqrt{x+3}+\sqrt{3}}{\sqrt{x+3}+\sqrt{3}}\right) \\
&= \lim_{(x,y)\to(0,1)} \frac{(x+3)-3}{(xy-x)(\sqrt{x+3}+\sqrt{3})} \\
&= \lim_{(x,y)\to(0,1)} \frac{x}{x(y-1)(\sqrt{x+3}+\sqrt{3})} \\
&= \lim_{(x,y)\to(0,1)} \frac{1}{(y-1)(\sqrt{x+3}+\sqrt{3})} \\
&= \pm\infty,
\end{aligned}$$

conforme y se aproxime de 1 por curvas acima (ou abaixo) da reta horizontal $y = 1$.

No exemplo a seguir, apresentamos o cálculo de um limite relacionado à expressão indeterminada $0 \cdot (-\infty)$.

Exemplo 5. Dada $f : \mathbb{R}^2 - \{(0,0)\} \to \mathbb{R}$, definida por $f(x,y) = (x^2 + 2y^2)ln(3x^2 + 5y^2)$, calcule $\lim_{(x,y)\to(0,0)} f(x,y)$.

Resolução.

Inicialmente, procedamos à conjectura do possível valor desse limite, como segue. Consideremos, por exemplo, $C = \{(x,y) \in \mathbb{R}^2 - \{(0,0)\} : y = 0\}$ (ou seja, C é o eixo x, menos a origem). Aplicando a Regra de l'Hôspital (considerando, por conveniência, a mudança de variável $t = x^2$), temos

$$\begin{aligned}
\lim_{\substack{(x,y)\to(0,0)\\(x,y)\in C}} f(x,y) &= \lim_{x\to 0} f(x,0) \\
&= \lim_{x\to 0} x^2 ln(3x^2) \\
&= \lim_{t\to 0} t ln(3t) \\
&= \lim_{t\to 0} \frac{ln(3t)}{t^{-1}} \\
&\overset{\text{l'H}}{=} \lim_{t\to 0} \frac{t^{-1}}{-t^{-2}} \\
&= -\lim_{t\to 0}(t) \\
&= 0.
\end{aligned}$$

Logo, se o limite existir, então, devido ao Teorema 3.0.1 (Unicidade do Limite), ele deverá ser igual a 0.

Quando $(x,y) \to (0,0)$, $3x^2+5y^2 \to 0^+$. Assim, podemos supor, sem perda de generalidade, que $(0 <)\ 3x^2+5y^2 < 1$. Desse modo, $ln(3x^2+5y^2) < 0$. Também

$0 < x^2 + 2y^2 < 3x^2 + 5y^2$. Logo, multiplicando essas últimas desigualdades por $ln(3x^2 + 5y^2)\ (< 0)$, obtemos

$$(3x^2 + 5y^2)ln(3x^2 + 5y^2) < (x^2 + 2y^2)ln(3x^2 + 5y^2) < 0,$$

ou seja,

$$(3x^2 + 5y^2)ln(3x^2 + 5y^2) < f(x,y) < 0.$$

Como, pela Regra de l'Hôspital (considerando, agora, a mudança de variável $u = 3x^2 + 5y^2$), temos $\lim\limits_{(x,y)\to(0,0)} (3x^2 + 5y^2)ln(3x^2 + 5y^2) = 0$, resulta, portanto, pelo Teorema 3.4.1 (Teorema do confronto), aplicado a essas últimas desigualdades, que $\lim\limits_{(x,y)\to(0,0)} f(x, y) = 0$.

No exemplo a seguir, apresentamos o cálculo de um limite relacionado à expressão indeterminada $\dfrac{\infty}{\infty}$.

Exemplo 6. Dada $f : \mathbb{R}^2 - \{(0, 0)\} \to \mathbb{R}$, definida por $f(x, y) = \dfrac{ln(x^2 + y^4)}{x^2 + 3y^2}$, calcule $\lim\limits_{(x,y)\to\infty} f(x, y)$.

Resolução.

Inicialmente, procedamos à conjectura do possível valor desse limite, como segue. Consideremos, por exemplo, $C = \{(x, y) \in \mathbb{R}^2 - \{(0, 0)\} : y = 0\}$ (ou seja, C é o eixo x, menos a origem). Assim, aplicando a Regra de l'Hôspital (considerando, por conveniência, a mudança de variável $t = x^2$), temos

$$\begin{aligned}
\lim_{\substack{(x,y)\to\infty \\ (x,y)\in C}} f(x, y) &= \lim_{x\to\infty} f(x, 0) \\
&= \lim_{x\to\infty} \frac{ln(x^2)}{x^2} \\
&= \lim_{t\to\infty} \frac{ln(t)}{t} \\
&\overset{\text{l'H}}{=} \lim_{t\to\infty} \frac{1}{t} \\
&= 0.
\end{aligned}$$

Logo, se o limite existir, então, devido ao Teorema 3.0.1 (Unicidade do Limite), ele deverá ser igual a 0.

Quando $(x, y) \to \infty$, $t = x^2 + y^2 \to \infty$. Assim, podemos supor, sem perda de generalidade, que $t > 1$. Desse modo, $t < t^2$. Também, como $t = x^2 + y^2$, temos $x^2 \leq t, y^2 \leq t$ ($\Rightarrow y^4 \leq t^2$) e $x^2 + 3y^2 > x^2 + y^2$ ($\Rightarrow x^2 + 3y^2 > t$).

Usando, agora, a monotonicidade da função logarítmica, juntamente com essas desigualdades, temos

$$ln(x^2 + y^4) \leq ln(t + t^2) < ln(2t^2).$$

Logo,

$$0 \leq f(x, y) = \frac{ln(x^2 + y^4)}{x^2 + 3y^2} < \frac{ln(2t^2)}{t} = \frac{ln(2) + 2ln(t)}{t},$$

ou seja,

$$0 \leq f(x, y) < \frac{ln(2) + 2ln(t)}{t}.$$

Como, pela Regra de l'Hôspital, $\lim\limits_{t \to \infty} \frac{ln(2) + 2ln(t)}{t} = 0$, resulta, portanto, do Teorema 3.4.1 (Teorema do confronto), aplicado a essas últimas desigualdades, que $\lim\limits_{(x,y) \to (0,0)} f(x, y) = 0$.

No último exemplo a seguir, apresentamos o cálculo de um limite relacionado à expressão indeterminada $\infty - \infty$ (mais precisamente, $-\infty - (-\infty)$).

Exemplo 7. Dada $f : \{(x, y) \in \mathbb{R}^2 : x > 0, y < 1\} \to \mathbb{R}$, definida por $f(x, y) = ln(\sqrt{x+1} - 1) - ln(x - xy)$, calcule $\lim\limits_{(x,y) \to \left(0, -\frac{1}{2}\right)} f(x, y)$.

Resolução.

Inicialmente, observemos que $f(x, y) = ln\left(\frac{\sqrt{x+1} - 1}{x - xy}\right)$. Como a função logarítmica natural é contínua em seu domínio, resulta do Teorema 3.7.1 (Limite de uma função composta) que

$$\lim_{(x,y) \to \left(0, -\frac{1}{2}\right)} ln\left(\frac{\sqrt{x+1} - 1}{x - xy}\right) = ln\left[\lim_{(x,y) \to \left(0, -\frac{1}{2}\right)} \frac{\sqrt{x+1} - 1}{x - xy}\right]$$

(desde que esse limite exista (> 0)), de modo que é suficiente calcular esse limite.

Podemos proceder como segue:

$$\begin{aligned}
\lim_{(x,y)\to\left(0,-\frac{1}{2}\right)} \frac{\sqrt{x+1}-1}{x-xy} &= \lim_{(x,y)\to\left(0,-\frac{1}{2}\right)} \left(\frac{\sqrt{x+1}-1}{x-xy}\right)\left(\frac{\sqrt{x+1}+1}{\sqrt{x+1}+1}\right) \\
&= \lim_{(x,y)\to\left(0,-\frac{1}{2}\right)} \frac{(x+1)-1}{(x-xy)(\sqrt{x+1}+1)} \\
&= \lim_{(x,y)\to\left(0,-\frac{1}{2}\right)} \frac{x}{x(1-y)(\sqrt{x+1}+1)} \\
&= \lim_{(x,y)\to\left(0,-\frac{1}{2}\right)} \frac{1}{(1-y)(\sqrt{x+1}+1)} \\
&= \frac{1}{3}.
\end{aligned}$$

Portanto, $\lim\limits_{(x,y)\to\left(0,-\frac{1}{2}\right)} f(x,y) = -ln(3)$.

3.14 Exercícios

Seção 3.1

1. Dada $f : \{(x, y) \in \mathbb{R}^2 : x \neq 2, y \neq -1\} \to \mathbb{R}$, definida por $f(x, y) = \dfrac{x^3 + x^2y - 2xy - 2x^2 - 2x + 4}{xy + x - 2y - 2}$, calcule

   a) $\lim\limits_{(x,y)\to(-1,-1)} f(x, y)$.

   b) $\lim\limits_{(x,y)\to(2,-1)} f(x, y)$.

   c) $\lim\limits_{(x,y)\to(2,b)} f(x, y)$, para todo $b \in \mathbb{R}$.

2. Dada $f : \left\{(x, y) \in \mathbb{R}^2 : -1 \leq y \leq 1, y \neq \pm\dfrac{\sqrt{x^2+1}}{x^2+1}\right\} \to \mathbb{R}$, definida por $f(x, y) = \dfrac{x\sqrt{1 - y^2} - y}{xy - \sqrt{1 - y^2}}$, calcule

   a) $\lim\limits_{(x,y)\to\left(1,\frac{\sqrt{2}}{2}\right)} f(x, y)$.

   b) $\lim\limits_{(x,y)\to\left(-1,-\frac{\sqrt{2}}{2}\right)} f(x, y)$.

3. Dada $f : \{(x, y) \in \mathbb{R}^2 : -1 \leq y \leq 1, xy \neq 1\} \to \mathbb{R}$, definida por $f(x, y) = \dfrac{\sqrt{1 - y^2}(x - y)}{xy - 1}$, calcule

   a) $\lim\limits_{(x,y)\to(-1,-1)} f(x, y)$.

   b) $\lim\limits_{(x,y)\to(1,1)} f(x, y)$.

4. Dada $f : \{(x, y) \in \mathbb{R}^2 : y \neq -x\} \to \mathbb{R}$, definida por $f(x, y) = \dfrac{e^x - e^{-y}}{x + y}$, calcule

   a) $\lim\limits_{(x,y)\to(0,0)} f(x, y)$.

   b) $\lim\limits_{(x,y)\to(a,-a)} f(x, y)$, para todo $a \in \mathbb{R}$.

5. Dada $f : \mathbb{R}^2 - \{(0, 0)\} \to \mathbb{R}$, definida por $f(x, y) = \dfrac{x^4 + 4y^4}{x^2 - 2xy + 2y^2}$, calcule $\lim\limits_{(x,y)\to(0,0)} f(x, y)$.

6. Dada $f : \{(x, y) \in \mathbb{R}^2 : x > 0, y > 0, y \neq x\} \to \mathbb{R}$, definida por $f(x, y) = \dfrac{x - y}{lnx - lny}$, calcule $\lim_{(x,y)\to(0,0)} f(x, y)$.

7. Dada $f : \{(x, y) \in \mathbb{R}^2 : x \neq 0\} \to \mathbb{R}$, definida por $f(x, y) = \dfrac{1 - cos\sqrt{|xy|}}{|x|^p}$, em que p é um parâmetro real dado, discuta a existência de $\lim_{(x,y)\to(0,0)} f(x, y)$ em termos de p.

[Extra]

Considere A, B, C subconjuntos de $\mathbb{R}^2$ tais que $A = B \cup C$, e $(a, b) \in B' \cap C'$. Dada $f : A \subseteq \mathbb{R}^2 \to \mathbb{R}$, defina as restrições de f a B e a C: $g : B \to \mathbb{R}$ (ou seja, $g = f_{|B}$) e $h : C \to \mathbb{R}$ (ou seja, $h = f_{|C}$), respectivamente. Demonstre que, se $\lim_{(x,y)\to(a,b)} g(x, y) = L$ e $\lim_{(x,y)\to(a,b)} h(x, y) = L$, então $\lim_{(x,y)\to(a,b)} f(x, y) = L$.

Seção 3.2

[Exercícios 1-6] Dadas as funções reais de duas variáveis reais $f : A \subseteq \mathbb{R}^2 \to \mathbb{R}$ a seguir, demonstre que $\lim_{(x,y)\to(0,0)} f(x, y)$ não existe, por meio de escolhas apropriadas de curvas contidas em seus domínios, que passem pela origem.

1. $f : \{(x, y) \in \mathbb{R}^2 : y \neq -x^2\} \to \mathbb{R}$, definida por $f(x, y) = \dfrac{x^3 + y^3}{x^2 + y}$.

2. $f : \{(x, y) \in \mathbb{R}^2 : y \neq x^3\} \to \mathbb{R}$, definida por $f(x, y) = \dfrac{xy}{y - x^3}$.

3. $f : \{(x, y) \in \mathbb{R}^2 : y \neq -x\} \to \mathbb{R}$, definida por $f(x, y) = \dfrac{x(cosy - 1)}{x^3 + y^3}$.

4. $f : \{(x, y) \in \mathbb{R}^2 : y \neq cosx - 1\} \to \mathbb{R}$, definida por $f(x, y) = \dfrac{x^3 - y^2}{1 - cosx + y}$. (Compare esse exercício com o Exercício 10 da Seção 3.10.)

5. $f : \left\{ (x, y) \in \mathbb{R}^2 : y \neq \dfrac{1 \pm \sqrt{4x^2+1}}{2} \right\} \to \mathbb{R}$, definida por $f(x,y) = \dfrac{y(y^2 - x^2)(y + y^2 - x^2)}{y^3 - (y^2 - x^2)^3}$.

6. $f : \{(x, y) \in \mathbb{R}^2 : y \neq 0, y \neq 4\} \to \mathbb{R}$, definida por $f(x, y) = \dfrac{y + x^4}{y(y-4)}$.

7. Dada $f : \{(x, y) \in \mathbb{R}^2 : x \neq 1 \text{ ou } y \neq 2\} \to \mathbb{R}$, definida por $f(x, y) = \dfrac{xy - 2x - y + 2}{x^2 - 2x + y^2 - 4y + 5}$, demonstre que $\lim\limits_{(x,y)\to(1,2)} f(x, y)$ não existe.

8. Dada $f : \{(x, y) \in \mathbb{R}^2 : y > x^2\} \to \mathbb{R}$, definida por $f(x, y) = \dfrac{xy - 1}{\sqrt{y - x^2}}$, demonstre que $\lim\limits_{(x,y)\to(1,1)} f(x, y)$ não existe.

[Extras]

1. Considere $f : \{(x, y) \in \mathbb{R}^2 : x \neq 0\} \to \mathbb{R}$, definida por $f(x, y) = \dfrac{e^{-\frac{1}{x^2}} y}{e^{-\frac{2}{x^2}} + y^2}$.

a) Demonstre que $\lim\limits_{(x,y)\to(0,0)} f(x, y) = 0$ ao longo de qualquer curva algébrica $y = cx^{\frac{m}{n}}$, em que $c \in \mathbb{R}$ e $m, n \in \mathbb{N}$ ($x \geq 0$ no caso em que a fração exponencial está em forma reduzida e n é par).

b) A despeito do resultado do item a), demonstre que $\lim\limits_{(x,y)\to(0,0)} f(x, y)$ não existe.

2. Considere $f : \mathbb{R}^2 - \{(0, 0)\} \to \mathbb{R}$, definida por $f(x, y) = \dfrac{x^2 y}{x^4 + y^2}$.

a) Demonstre que $\lim\limits_{(x,y)\to(0,0)} f(x, y) = 0$ ao longo de qualquer reta que passa pela origem.

b) Demonstre que $\lim\limits_{(x,y)\to(0,0)} f(x, y) = \pm\infty$ ao longo da curva $y = x^m$, $0 < m < 2$. Considere valores de m cada vez menores. Interprete geometricamente esse resultado comparando-o com o que ocorre ao longo do eixo y (reta $x = 0$).

c) Demonstre que $\lim\limits_{(x,y)\to(0,0)} f(x,y) = \frac{1}{2}$ ao longo da curva $y = x^2$.

d) Demonstre que $\lim\limits_{(x,y)\to(0,0)} f(x,y) = 0$ ao longo da curva $y = x^m$, $m > 2$. Considere valores de m cada vez maiores. Interprete geometricamente esse resultado comparando-o com o que ocorre ao longo do eixo x (reta $y = 0$).

e) Deduza que $\lim\limits_{(x,y)\to(0,0)} f(x,y)$ não existe.

3. Dada $f : \mathbb{R}^2 \to \mathbb{R}$, definida por $f(x,y) = \begin{cases} 1, & \text{se} \quad y \leq 0 \text{ ou } y \geq x^4 \\ 0, & \text{se} \quad 0 < y < x^4 \end{cases}$, calcule

a) $\lim\limits_{(x,y)\to(0,1)} f(x,y)$.

b) $\lim\limits_{(x,y)\to(0,0)} f(x,y)$ ao longo do eixo y.

c) $\lim\limits_{(x,y)\to(0,0)} f(x,y)$ ao longo da parábola $y = x^2$.

4. Dada $f : \{(x,y) \in \mathbb{R}^2 : x \neq 0, y > 0\} \to \mathbb{R}$, definida por $f(x,y) = \dfrac{y^{|x|}\sqrt{x^2+y^2}}{\sqrt{x^2+y^2} + \left|\frac{y}{x}\right|}$, demonstre que $\lim\limits_{(x,y)\to(0,0)} f(x,y)$ não existe.

5. Dada $f : A \subset \mathbb{R}^2 \to \mathbb{R}$, definida por $f\left(x+y, \dfrac{y}{x}\right) = x^2 - y^2$, demonstre que $\lim\limits_{(x,y)\to(0,-1)} f(x,y)$ não existe.

6. Considere $g : \mathbb{R} \to \mathbb{R}$, tal que $g(0) = 1$, $\lim\limits_{x\to 0} g(x) = 0$, e $f : \mathbb{R}^2 - \{(0,0)\} \to \mathbb{R}$, definida por $f(x,y) = \dfrac{3x^2 g(y) - y^2 g(x)}{ln(x^2+y^2+1)}$.

a) Analise se existe $\lim\limits_{(x,y)\to(0,0)} f(x,y)$, para f restrita a $C = \{(x,y) \in \mathbb{R}^2 : xy \neq 0\}$.

b) Analise se existe $\lim\limits_{(x,y)\to(0,0)} f(x,y)$.

7. Dada $f : \{(x,y) \in \mathbb{R}^2 : x \neq 1 \text{ ou } y \neq -2\} \to \mathbb{R}$, definida por $f(x,y) = \dfrac{a^{xy+2x-y-2} - 1}{x^2+y^2+xy+3y+3}$ $(a > 0)$,

a) demonstre que $\lim\limits_{(x,y)\to(1,-2)} f(x,y)$ não existe.

b) calcule $\lim\limits_{(x,y)\to(1,-2)} f(x,y)$ ao longo de cada curva definida pela equação
$x^3 + y^2 - 8x^2 - x^2y + 9x + 5y + 2 = 0$.

8. Dada $f : \{(x,y) \in \mathbb{R}^2 : ax^2 + bxy + cy^2 \neq 0\} \to \mathbb{R}$, definida por $f(x,y) = \dfrac{xy}{ax^2 + bxy + cy^2}$, determine as condições que os parâmetros reais a, b e c devem satisfazer para que $\lim\limits_{(x,y)\to(0,0)} f(x,y)$ exista. Justifique sua resposta.

9. Dada uma função real de duas variáveis reais f, definida para todo $(x,y) \neq (0,0)$, tal que $f(x,x^2) - f(x,x^3) > cos x$, para todo $x \neq 0$, analise se é possível existir $\lim\limits_{(x,y)\to(0,0)} f(x,y)$. Justifique sua resposta.

10. Considere uma função real de duas variáveis reais $f : A \subseteq \mathbb{R}^2 \to \mathbb{R}$, e $(a,b) \in A'$.

a) Usando a definição $\varepsilon - \delta$ de limite, demonstre o seguinte fato: se $\lim\limits_{(x,y)\to(a,b)} f(x,y) = L$, então o limite de f, ao longo de **qualquer** curva, contida no domínio de f, que passe por (a,b), é também L.

b) Represente geometricamente o resultado mencionado no item a).

c) Interprete, em termos de (a,b), $f(x,y)$, ε, δ e L, a representação geométrica do item b).

[Projeto A]

1. Generalize o Exemplo 1 da Seção 3.2 para $f : \{(x,y) \in \mathbb{R}^2 : y \neq -x^{\frac{r}{s}}\} \to \mathbb{R}$, definida por $f(x,y) = \dfrac{x^p y^q}{x^r + y^s}$, $p, q, r, s \in \mathbb{N}$, s ímpar.

2. Dada $f : \{(x,y) \in \mathbb{R}^2 : y \neq x^{\frac{r}{s}}\} \to \mathbb{R}$, definida por $f(x,y) = \dfrac{x^p y^q}{x^r - y^s}$, $p, q, r, s \in \mathbb{N}$, analise $\lim\limits_{(x,y)\to(0,0)} f(x,y)$.

3. Dada $f : \mathbb{R}^2 - \{(0,0)\} \to \mathbb{R}$, definida por $f(x,y) = \dfrac{x^p y^q}{x^r + y^s}$, $p, q, r, s \in \mathbb{N}$, todos pares, demonstre que $\lim\limits_{(x,y)\to(0,0)} f(x,y) = 0$ se e somente se $\dfrac{p}{r} + \dfrac{q}{s} < 1$.

[Projeto B]

Ao considerar funções do tipo daquela apresentada no Exercício 2, variando as potências, é possível, às vezes, construir funções que tendam a zero ao longo de qualquer curva do tipo $y = x^j$, para $j \neq m$, mas não tendam a zero ao longo da curva $y = x^m$, quando (x,y) tende a $(0,0)$.

1. Considere $f : \mathbb{R}^2 - \{(0,0)\} \to \mathbb{R}$, definida por $f(x,y) = \dfrac{x^3 y^3}{x^{12} + y^4}$.

a) Demonstre que $\lim\limits_{(x,y)\to(0,0)} f(x,y) = 0$ ao longo de qualquer reta que passa pela origem.

b) Demonstre que $\lim\limits_{(x,y)\to(0,0)} f(x,y) = \pm\infty$ ao longo da curva $y = x^m, 0 < m < 3$.

c) Demonstre que $\lim\limits_{(x,y)\to(0,0)} f(x,y) = \dfrac{1}{2}$ ao longo da curva $y = x^3$.

d) Demonstre que $\lim\limits_{(x,y)\to(0,0)} f(x,y) = 0$ ao longo da curva $y = x^m$, $m > 3$.

e) Deduza que $\lim\limits_{(x,y)\to(0,0)} f(x,y)$ não existe.

2. De outro modo, dada uma função desse tipo, é útil conhecer as condições sob as quais tal limite não existe.

Dada $f : \{(x,y) \in \mathbb{R}^2 : y \neq -x^{\frac{r}{s}}\} \to \mathbb{R}$, definida por $f(x,y) = \dfrac{x^p y^q}{x^r + y^s}$, em que os parâmetros p, q, r e s são números inteiros positivos, analise os possíveis comportamentos de f ao longo de uma curva do tipo $y = x^j$, $j \in \mathbb{R}_+ - \{0\}$, em termos desses parâmetros, quando (x,y) tende a $(0,0)$.

3. Com base na análise realizada em 2, é necessário verificar a existência do referido limite de uma função daquele tipo, no caso particular em que $q = s$? Justifique sua resposta.

[Projeto C]

Definição. Se $\lim_{x \to x_0)} y(x) = y_0$ e $\lim_{x \to x_0} f(x, y(x)) = L$, dizemos que $f(x, y)$ *se aproxima de L quando* (x, y) *se aproxima de* (x_0, y_0) *ao longo da curva* $y = y(x)$.

a) Demonstre: se $\lim_{(x,y) \to (x_0,y_0)} f(x, y) = L$, então $f(x, y)$ se aproxima de L quando (x, y) se aproxima de (x_0, y_0) ao longo da curva $y = y(x)$ que passa por (x_0, y_0).

b) Dada $f : \mathbb{R}^2 - \{(0, 0)\} \to \mathbb{R}$, definida por $f(x, y) = \dfrac{xy}{x^2 + y^2}$, então $\lim_{(x,y) \to (0,0)} f(x, y)$ não existe, pois, por exemplo, ao longo da curva $y = mx$, tal limite vale $\dfrac{m}{1 + m^2}$ (ou seja, depende da inclinação m da reta $y = mx$. Observe que $\dfrac{y}{x} = m, x \neq 0$).

Motivado pelo ora exposto, após expressar $f(x, y)$ em termos de $\dfrac{y}{x}$, demonstre que $\lim_{x \to 0} f(x, y(x)) = \dfrac{m}{1 + m^2}$ **se** $\lim_{x \to 0} \dfrac{y(x)}{x} = m$.

c) Dada $f : \mathbb{R}^2 - \{(0, 0)\} \to \mathbb{R}$, definida por $f(x, y) = \dfrac{x^3 y^4}{(x^2 + y^6)^3}$, demonstre que $f(x, y)$ se aproxima de 0 quando (x, y) se aproxima de $(0, 0)$ ao longo de uma curva $y = y(x)$ como descrita em b), porém $\lim_{(x,y) \to (0,0)} f(x, y)$ não existe. (*Sugestão*: para escolher uma curva $y = y(x)$ conveniente, observe que, após expressar $f(x, y)$ em termos de "$\dfrac{y}{x}$", $\lim_{x \to 0} f(x, y(x)) = 0$ **se** $\dfrac{y(x)}{x}$ permanece limitado quando x se aproxima de 0.)

d) Esse procedimento se aplica à função que consideramos no Exemplo 1 dessa seção? Justifique sua resposta. (*Sugestão*: compare as expressões, em termos de "$\dfrac{y}{x}$", das funções em b), c) e essa.)

Seção 3.3

1. Dada $h : \mathbb{R}^2 - \{(0,0)\} \to \mathbb{R}$, definida por $h(x,y) = \dfrac{xy|xy|}{x^2+y^4}$, demonstre que $\lim\limits_{(x,y)\to(0,0)} h(x,y) = 0$.

2. Dada $h : \mathbb{R}^2 - \{(0,0)\} \to \mathbb{R}$, definida por $h(x,y) = \dfrac{xy\sqrt{x^2+y^2}}{|x|+|y|}$, demonstre que $\lim\limits_{(x,y)\to(0,0)} h(x,y) = 0$.

3. Dada $h : \{(x,y) \in \mathbb{R}^2 : y \neq -x\} \to \mathbb{R}$, definida por $h(x,y) = \dfrac{2(xy)^{\frac{3}{2}}}{x+y}$, demonstre que $\lim\limits_{(x,y)\to(0,0)} h(x,y) = 0$.

4. Dada $h : \{(x,y) \in \mathbb{R}^2 : xy > 0\} \to \mathbb{R}$, definida por $h(x,y) = \dfrac{2xy(x-y)}{(x+y)\sqrt{xy}}$, demonstre que $\lim\limits_{(x,y)\to(0,0)} h(x,y) = 0$.

5. Dada $h : \mathbb{R}^2 - \{(0,0)\} \to \mathbb{R}$, definida por $h(x,y) = \dfrac{(x+y)xy}{\sqrt{2(x^2+y^2)}}$, demonstre que $\lim\limits_{(x,y)\to(0,0)} h(x,y) = 0$.

[Extra]

Demonstre que $f : \mathbb{R}^2 \to \mathbb{R}$, definida por

$$f(x,y) = \begin{cases} \dfrac{xy^2}{x^2+y^6}, & \text{se} \quad (x,y) \neq (0,0) \\ 0 \quad , & \text{se} \quad (x,y) = (0,0) \end{cases},$$

não é limitada em vizinhança alguma $\mathscr{V}_\delta(0,0)$. (Compare esse exercício com o exemplo imediatamente após a definição de função limitada.)

Seção 3.4

1. Dada a função $f : \{(x,y) \in \mathbb{R}^2 : y \neq 0\} \to \mathbb{R}$, definida por $f(x,y) = |x+y|e^{sen\left(\frac{\pi}{y}\right)}$, calcule $\lim\limits_{(x,y)\to(0,0)} f(x,y)$.

2. Dada $f : \{(x,y) \in \mathbb{R}^2 : |y| \leq a|x|^p\} \to \mathbb{R}$, definida por $f(x,y) = \dfrac{x^2 - 5y^2}{x^2 + 3y^2}$, em que $a > 0$ e $p > 1$ são parâmetros reais dados, calcule $\lim\limits_{(x,y)\to(0,0)} f(x,y)$.

[Extra]

Demonstre o seguinte caso particular do Teorema 3.4.1 (Teorema do confronto)): se $f, g : A \subseteq \mathbb{R}^2 \to \mathbb{R}$ são funções reais de duas variáveis reais tais que, para todo $(x,y) \neq (a,b)$ ($(a,b) \in A'$), $|f(x,y) - L| \leq g(x,y)$ e $\lim\limits_{(x,y)\to(a,b)} g(x,y) = 0$, então $\lim\limits_{(x,y)\to(a,b)} f(x,y) = L$.

Seção 3.5

[Exercícios 1-3] Dadas as funções reais de duas variáveis reais $f : A \subset \mathbb{R}^2 \to \mathbb{R}$ a seguir, demonstre que $\lim\limits_{(x,y)\to(0,0)} f(x,y) = 0$.

1. $f : \{(x,y) \in \mathbb{R}^2 : x \neq 0 \text{ ou } y \neq 0\} \to \mathbb{R}$, definida por $f(x,y) = \dfrac{1 - cos(x^2 y)}{3x^2 + 5y^2}$.

2. $f : \{(x,y) \in \mathbb{R}^2 : x \neq 0\} \to \mathbb{R}$, definida por $f(x,y) = \left[1 - cos\left(\dfrac{y}{x}\right)\right] x^2$.

3. Dada $f : \mathbb{R}^2 - \{(0,0)\} \to \mathbb{R}$, definida por $f(x,y) = \dfrac{xy^2}{x^2 - xy + y^2}$.

4. Dada $f : \{(x,y) \in \mathbb{R}^2 : y \neq 0, y \neq 4\} \to \mathbb{R}$, definida por $f(x,y) = \dfrac{y + x^4}{y(y-4)}$, demonstre que $\lim\limits_{(x,y)\to(0,0)} f(x,y) = 0$, para f restrita a $C = \{(x,y) \in \mathbb{R}^2 : y \geq |x^3|\}$.

[Extra]

Demonstre que, se $f : A \subseteq \mathbb{R}^2 \to \mathbb{R}$ é uma função real de duas variáveis reais, e $(a,b) \in A'$, então $\lim\limits_{(x,y)\to(a,b)} f(x,y) = \lim\limits_{(x,y)\to(0,0)} f(x + a, y + b)$. (Esse exercício tem como objetivo informar ao leitor que a escolha da origem $(0,0)$, em geral, como ponto de acumulação não é uma limitação com a qual devamos nos preocupar, pois podemos sempre transladar a origem do sistema de coordenadas para qualquer ponto particular, transladando, correspondentemente, o argumento da função: (a, b) é ponto de acumulação do domínio de $f(x, y)$ se e somente se $(0, 0)$ é ponto de acumulação do domínio de $f(x + a, y + b)$.)

Seção 3.6

Dadas as funções reais de duas variáveis reais $f : A \subset \mathbb{R}^2 \to \mathbb{R}$ a seguir, demonstre que $\lim\limits_{(x,y)\to(0,0)} f(x, y)$ não existe.

1. $f : \{(x, y) \in \mathbb{R}^2 : y \neq x\} \to \mathbb{R}$, definida por $f(x, y) = \dfrac{x^3 + y^3}{x - y}$.

2. $f : \{(x, y) \in \mathbb{R}^2 : y \neq -x\} \to \mathbb{R}$, definida por $f(x, y) = \dfrac{x^4}{x^3 + y^3}$.

3. $f : \{(x, y) \in \mathbb{R}^2 : y \neq \pm x\} \to \mathbb{R}$, definida por $f(x, y) = \dfrac{xy^2}{x^2 + y^3}$.

Seção 3.7

[Extra]

Considere uma função real de duas variáveis reais $h : A \subseteq \mathbb{R}^2 \to \mathbb{R}$, $(a, b) \in A'$, tal que $\lim\limits_{(x,y)\to(a,b)} h(x, y)$ exista, e $g : B \subseteq \mathbb{R} \to \mathbb{R}$ a função real de uma variável real, definida por $g(t) = \sqrt[n]{t^m}$, para todos $m, n \in \mathbb{N}$. Use o item *i*) do Teorema 3.7.1 (Limite de uma função composta) para demonstrar que

$$\lim_{(x,y)\to(a,b)} \sqrt[n]{[h(x, y)]^m} = \sqrt[n]{\lim_{(x,y)\to(a,b)} [h(x, y)]^m},$$

desde que esses limites existam.

Seção 3.8

1. Dada $h : \{(x, y) \in \mathbb{R}^2 : x \neq 0\} \to \mathbb{R}$, definida por $h(x, y) = |x|^y$, demonstre que não existe $\lim\limits_{(x,y)\to(0,0)} h(x, y)$,

a) usando a teoria dessa seção.

b) usando o Teorema 3.1.1 (Limite da restrição de uma função).

2. Dada $h : \mathbb{R}^2 - \{(0,0)\} \to \mathbb{R}$, definida por $h(x,y) = (x^2+y^2)^{x^2y^2}$, demonstre que $\lim\limits_{(x,y)\to(0,0)} h(x,y) = 1$.

3. Demonstre o seguinte teorema: suponhamos que $h : A \subseteq \mathbb{R}^2 \to \mathbb{R}$ seja uma função real de duas variáveis reais, definida por $h(x,y) = [F(x,y)]^{G(x,y)}$, em que $F(x,y) > 0$, em alguma vizinhança $\mathscr{V}_\delta(a,b)$, para todo $(x,y) \neq (a,b)$, $(x,y) \in \mathscr{V}_\delta(a,b) \cap A$.

i) Se existem $\lim\limits_{(x,y)\to(a,b)} F(x,y)(= M)$ e $\lim\limits_{(x,y)\to(a,b)} G(x,y)(= N)$, então existe $\lim\limits_{(x,y)\to(a,b)} h(x,y)(= M^N)$.

ii) Se $\lim\limits_{(x,y)\to(a,b)} F(x,y)(= M \neq 1)$ e $\lim\limits_{(x,y)\to(a,b)} G(x,y)(= N)$, em que $0 \leq M \leq +\infty$, $-\infty \leq N \leq +\infty$, então $\lim\limits_{(x,y)\to(a,b)} h(x,y)$ é calculado diretamente.

iii) Se $\lim\limits_{(x,y)\to(a,b)} F(x,y) = 1$ e $\lim\limits_{(x,y)\to(a,b)} G(x,y) = +\infty$, então

$$\lim_{(x,y)\to(a,b)} h(x,y) = e^{\lim\limits_{(x,y)\to(a,b)} [F(x,y)-1]G(x,y)}.$$

4. Considerando o teorema mencionado no Exercício 3 dessa seção,

a) use o item *iii*) para fornecer outra resolução do Exemplo 2 dessa seção.

b) dada $h : A \subseteq \mathbb{R}^2 \to \mathbb{R}$, definida por $h(x,y) = (1 + x^2y^2)^{\frac{1}{y^2}}$, use o item *iii*) para calcular $\lim\limits_{(x,y)\to(0,0)} h(x,y)$.

c) resolva o item b) usando a teoria dessa seção.

5. Verifique se os seguintes limites existem:

a) $\lim\limits_{(x,y)\to(0,0)} x^y$.

b) $\lim\limits_{(x,y)\to(0,0)} y^{\frac{1}{x}}$.

c) $\lim\limits_{(x,y)\to(0,1)} y^{\frac{1}{x}}$.

d) $\lim_{(x,y)\to(0,0)} \left(\sqrt{x^2+1}-\sqrt{xy}\right)^{\frac{1}{x+y}}$.

e) $\lim_{(x,y)\to(0,0)} (1+x)^{\frac{1+xy}{x}}$.

[Extra]

Se $F : A \subseteq \mathbb{R}^2 \to \mathbb{R}$ é uma função positiva (isto é, $F(x,y) > 0, \forall (x,y) \in A$), tal que $\lim_{(x,y)\to(a,b)} F(x,y) = 0$, e $G : A \subseteq \mathbb{R}^2 \to \mathbb{R}$ é uma função tal que $\lim_{(x,y)\to(a,b)} G(x,y) = +\infty$, demonstre que

$$\lim_{(x,y)\to(a,b)} [F(x,y)]^{G(x,y)} = 0.$$

(Esse exercício tem como objetivo informar ao leitor que 0^∞ **não** é uma expressão indeterminada, em contraste com ∞^0.)

Seção 3.9

[Exercícios 1-5] Dadas as funções reais de duas variáveis reais $f : A \subseteq \mathbb{R}^2 \to \mathbb{R}$ a seguir, calcule $\lim_{(x,y)\to(0,0)} f(x,y)$.

1. $f : \mathbb{R}^2 - \{(0,0)\} \to \mathbb{R}$, definida por $f(x,y) = \dfrac{e^{-\frac{1}{x^2+y^2}}}{x^4+y^4}$.

2. $f : \mathbb{R}^2 - \left\{(x,y) \in \mathbb{R}^2 : x^2 + \left(y+\dfrac{1}{2}\right)^2 \neq \dfrac{1}{4}\right\} \to \mathbb{R}$, definida por $f(x,y) = \dfrac{y}{x^2+y+y^2}$.

3. $f : \{(x,y) \in \mathbb{R}^2 : y \neq -x\} \to \mathbb{R}$, definida por $f(x,y) = \dfrac{x^2y^2}{x^3+y^3}$.

4. $f : \left\{(x,y) \in \mathbb{R}^2 : -1 < \dfrac{x}{\sqrt{x^2+y^2}} < 0 \text{ ou } 0 < \dfrac{x}{\sqrt{x^2+y^2}} < 1\right\} \to \mathbb{R}$, definida por $f(x,y) = \dfrac{\sqrt{x^2+y^2}}{arccos\left(\dfrac{x}{\sqrt{x^2+y^2}}\right)}$.

5. $f : \mathbb{R}^2 - \{(0,0)\} \to \mathbb{R}$, definida por

$$f(x,y) = \frac{x^5 + y^4 - 3x^3y + 2x^2 + 2y^2}{x^2 + y^2}.$$

6. Dada $f : \mathbb{R}^2 - \{(0,0)\} \to \mathbb{R}$, definida por $f(x,y) = \dfrac{x^3 - x^2y}{x^2 + xy + y^2}$, utilize o Teorema 3.9.1 (Coordenadas polares) para demonstrar que

$$\lim_{(x,y)\to(0,0)} f(x,y) = .$$

(Apenas a título de informação, observe que $\lim\limits_{(x,y)\to(0,0)} f(x,y) = 0$, ao longo de qualquer curva do tipo $y = mx^k$, $k \geq 1$.)

[Extras]

1. Dada $f : \{(x,y) \in \mathbb{R}^2 : x > 0, y \geq 0 \text{ ou } x \geq 0, y > 0\} \to \mathbb{R}$, definida por $f(x,y) = \dfrac{(x+y)^p}{\sqrt{x} + \sqrt{y}}$, discuta a existência de $\lim\limits_{(x,y)\to(0,0)} f(x,y)$ em termos do parâmetro real p dado.

2. Dada $f : \{(x,y) \in \mathbb{R}^2 : x > 0, y > 0\} \to \mathbb{R}$, definida por $f(x,y) = \dfrac{x^p y}{y + x}$, em que p é um parâmetro real dado, discuta a existência de $\lim\limits_{(x,y)\to(0,0)} f(x,y)$ em termos de p.

3. $f : \mathbb{R}^2 - \{(0,0)\} \to \mathbb{R}$, definida por $f(x,y) = \dfrac{|x| + |y| - |x+y|}{(x^2+y^2)^p}$, em que p é um parâmetro real dado, discuta a existência de $\lim\limits_{(x,y)\to(0,0)} f(x,y)$ em termos de p.

4. Dada $f : \{(x,y) \in \mathbb{R}^2 : x > 0, y > 0\} \to \mathbb{R}$, definida por $f(x,y) = \dfrac{x^p y^q}{x^p + y^q}$, em que p e q são parâmetros reais dados, discuta a existência de $\lim\limits_{(x,y)\to(0,0)} f(x,y)$ em termos de p e de q.

5. Dada $f : \{(x, y) \in \mathbb{R}^2 : x > 0, y > 0\} \rightarrow \mathbb{R}$, definida por $f(x, y) = \dfrac{x^p + y^q}{x^2 + y^2}$, em que p e q são parâmetros reais positivos dados, discuta a existência de $\lim\limits_{(x,y)\to(0,0)} f(x, y)$ em termos de p e de q.

Seção 3.10

Dadas as funções reais de duas variáveis reais a seguir, calcule $\lim\limits_{(x,y)\to(0,0)} f(x, y)$.

1. $f : \mathbb{R}^2 - \{(0, 0), (1, 0)\} \rightarrow \mathbb{R}$, definida por

$$f(x, y) = \frac{[(x-1)^2 + y^2] ln[(x-1)^2 + y^2]}{|x| + |y|}.$$

2. $f : \{(x, y) \in \mathbb{R}^2 : |y| \neq cos x - 1\} \rightarrow \mathbb{R}$, definida por $f(x, y) = \dfrac{x^3 - y^2}{1 - cos x + |y|}$. (Compare esse exercício com o Exercício 4 da Seção 3.2.)

3. $f : \{(x, y) \in \mathbb{R}^2 : x \neq 0\} \rightarrow \mathbb{R}$, definida por $f(x, y) = \dfrac{x^2 + y^2}{sen^2 y + ln(1 + x^2)}$.

[Extra]

Dada $f : \{(x, y) \in \mathbb{R}^2 : y \neq -x^2\} \rightarrow \mathbb{R}$, definida por $f(x, y) = \dfrac{sen(x^3 + y^3)}{x^2 + y}$, demonstre que $\lim\limits_{(x,y)\to(0,0)} f(x, y)$ não existe.

Seção 3.11

[Exercícios 1-10] Dadas as funções reais de duas variáveis reais a seguir,

i) calcule $\lim\limits_{y\to 0} \left[\lim\limits_{x\to 0} f(x, y)\right]$;

ii) calcule $\lim\limits_{x\to 0} \left[\lim\limits_{y\to 0} f(x, y)\right]$;

iii) verifique se $\lim\limits_{(x,y)\to(0,0)} f(x, y)$ existe.

iv) comente, com base no **Teorema 3.11.2 (Moore-Osgood)**, os resultados obtidos.

1. $f : \mathbb{R}^2 - \{(0,0)\} \to \mathbb{R}$, definida por $f(x,y) = \dfrac{sen(x^2 - y^2)}{x^2 + y^2}$.

2. Dada $f : \{(x,y) \in \mathbb{R}^2 : x \neq 0\} \to \mathbb{R}$, definida por $f(x,y) = sen\left(\dfrac{1}{x}\right) seny$.

3. Dada $f : \{(x,y) \in \mathbb{R}^2 : x \neq 0, y \neq 0\} \to \mathbb{R}$, definida por $f(x,y) = |x|^{\frac{1}{|y|}}$.

4. Dada $f : \mathbb{R}^2 \to \mathbb{R}$, definida por

$$f(x,y) = \begin{cases} \dfrac{x^2y}{x^4 + y^2}, & \text{se} \quad (x,y) \neq (0,0) \\ 0 \quad , & \text{se} \quad (x,y) = (0,0). \end{cases},$$

5. Dada $f : \mathbb{R}^2 \to \mathbb{R}$, definida por

$$f(x,y) = \begin{cases} \dfrac{|y|}{x^2} \cdot 2^{-\frac{|y|}{x^2}}, & \text{se} \quad x \neq 0 \\ 0 \quad , & \text{se} \quad x = 0. \end{cases},$$

6. Dada $f : \mathbb{R}^2 \to \mathbb{R}$, definida por

$$f(x,y) = \begin{cases} \dfrac{x^2y^2}{x^2 + y^2}, & \text{se} \quad (x,y) \neq (0,0) \\ 0 \quad , & \text{se} \quad (x,y) = (0,0). \end{cases},$$

7. Dada $f : \mathbb{R}^2 \to \mathbb{R}$, definida por $f(x,y) = \lfloor x + y \rfloor$ (função maior inteiro).

8. Dada $f : \mathbb{R}^2 \to \mathbb{R}$, definida por

$$f(x,y) = \begin{cases} x + \dfrac{xy}{|x|}, & \text{se} \quad x \neq 0 \\ 0 \quad , & \text{se} \quad x = 0. \end{cases},$$

9. Dada $f : \mathbb{R}^2 \to \mathbb{R}$, definida por

$$f(x,y) = \begin{cases} \dfrac{xy}{|x|} + xsen\left(\dfrac{1}{y}\right), & \text{se} \quad xy \neq 0 \\ 0 & \text{, se} \quad xy = 0. \end{cases},$$

10. Dada $f : \mathbb{R}^2 \to \mathbb{R}$, definida por

$$f(x,y) = \begin{cases} \dfrac{1}{x} sen(x^2 + |xy|), & \text{se} \quad x \neq 0 \\ 0 & \text{, se} \quad x = 0. \end{cases},$$

[Extras]

1. Dada $f : \{(x,y) \in \mathbb{R}^2 : 0 < x \neq 1, y > -x\} \to \mathbb{R}$, definida por $f(x,y) = log_x(x+y)$, calcule os seguintes limites iterados:

a) $\lim\limits_{y\to 0}\left[\lim\limits_{x\to 1} f(x,y)\right]$ e $\lim\limits_{x\to 1}\left[\lim\limits_{y\to 0} f(x,y)\right]$.

b) $\lim\limits_{y\to 1}\left[\lim\limits_{x\to 0^+} f(x,y)\right]$ e $\lim\limits_{x\to 0^+}\left[\lim\limits_{y\to 1} f(x,y)\right]$.

c) $\lim\limits_{y\to 0}\left[\lim\limits_{x\to 0^+} f(x,y)\right]$ e $\lim\limits_{x\to 0^+}\left[\lim\limits_{y\to 0} f(x,y)\right]$.

Verifique se algum dos limites a seguir existe:

a') $\lim\limits_{(x,y)\to(1,0)} f(x,y)$.

b') $\lim\limits_{(x,y)\to(0,1)} f(x,y)$.

c') $\lim\limits_{(x,y)\to(0,0)} f(x,y)$.

2. Dada uma função real de duas variáveis reais f tal que

$$\lim_{x\to 0}\left[\lim_{y\to 0} f(x,y)\right] = 1,$$

analise se é possível que $\lim\limits_{(x,y)\to(0,0)} f(x,y) = 2$ ao longo da curva $y = x^2$. Justifique sua resposta.

3. Dada $f : \mathbb{R}^2 \to \mathbb{R}$, definida por

$$f(x, y) = \begin{cases} 1, & \text{se} \quad xy \neq 0 \\ 0, & \text{se} \quad xy = 0 \end{cases},$$

demonstre que

a) $\lim\limits_{y \to 0} f(x, y) (\equiv \psi(x))$ existe uniformemente em x.

b) $\lim\limits_{x \to 0} f(x, y) (\equiv \varphi(y))$ existe uniformemente em y.

c) $\lim\limits_{x \to 0} \psi(x) = \lim\limits_{y \to 0} \varphi(y)$.

d) $\lim\limits_{(x,y) \to (0,0)} f(x, y)$ não existe.

Por que tais resultados não contradizem o **Teorema 3.11.2 (Moore-Osgood)**? Justifique sua resposta.

4. Demonstre o **Teorema 3.11.2 (Moore-Osgood)**, com a hipótese *ii*) substituída pela hipótese mais fraca ("*limite subuniforme*"):

$$(\forall \varepsilon > 0)(\exists \delta > 0)(\forall x \in \mathcal{V}_\delta^*(a))(\forall y \in \mathcal{V}_\delta^*(b)) |f(x, y) - \psi(x)| < \varepsilon,$$

com os limites iterados definidos como

$$L = \lim_{x \to a} \left[\lim_{y \to b} f(x, y) \right]$$

se

$$(\forall \varepsilon > 0)(\exists \delta' > 0)(\forall x \in \mathcal{V}_{\delta'}^*(a))(\exists \delta_x'' > 0)(\forall y \in \mathcal{V}_{\delta_x''}^*(b)) |f(x, y) - L| < \varepsilon.$$

[Exercícios 5-9]

Os Exercícios 5-9 a seguir baseiam-se na seguinte definição alternativa de limite duplo.

Definição. Uma função $f : A \times B \subseteq \mathbb{R}^2 \to \mathbb{R}$ tem **limite duplo** $L \in \mathbb{R}$ em um ponto $(a, b) \in (A \times B)'$, denotado por

$$L = \lim_{\substack{x \to a \\ y \to b}} f(x, y),$$

se, para todo $\varepsilon > 0$, existe $\delta > 0$ tal que $|f(x, y) - L| < \varepsilon$, sempre que $x \in \mathscr{V}_\delta(a)$ e $y \in \mathscr{V}_\delta(b)$.

Em símbolos:

$$(\forall \varepsilon > 0)(\exists \delta > 0)(\forall x \in \mathscr{V}_\delta(a))(\forall y \in \mathscr{V}_\delta(b))|f(x, y) - L| < \varepsilon.$$

Observe que esse é o limite *relativo* ao longo de

$$C = (A - \{a\}) \times (B - \{b\}),$$

excluindo as duas "retas" $x = a$ e $y = b$.

Se f é restrita a C, então esse limite coincide com o limite não relativo *ordinário*, denotado por

$$L = \lim_{(x,y)\to(a,b)} f(x, y),$$

em que apenas o ponto (a, b) é excluído.

Nesse caso, temos

$$(\forall \varepsilon > 0)(\exists \delta > 0)(\forall (x, y) \in \mathscr{V}_\delta((a, b)))|f(x, y) - L| < \varepsilon,$$

de modo que coincide com o limite *duplo* que definimos nesse livro.

5. A continuidade de $f : A \times B \subseteq \mathbb{R}^2 \to \mathbb{R}$ implica a existência de

a) limites iterados?

b) limite duplo?

(*Sugestão.* Exercícios 6-10 do conjunto de Exercícios [1-10].)

6. Demonstre o **Teorema 3.11.2 (Moore-Osgood)** sob as seguintes hipóteses mais fortes.

Teorema 3.11.2 (Moore-Osgood)

Consideremos $f : A \times B \subseteq \mathbb{R}^2 \to \mathbb{R}$ uma função real de duas variáveis reais, $a \in A'$, $b \in B'$. Se *i*) $\lim_{x \to a} f(x, y)(\equiv \varphi(y))$ existe para cada $y \in B - \{b\}$,

ii) $\lim_{y \to b} f(x, y)(\equiv \psi(x))$ existe uniformemente em $x \in A - \{a\}$,

então os três limites

$$\lim_{x \to a} \left[\lim_{y \to b} f(x, y) \right], \quad \lim_{y \to b} \left[\lim_{x \to a} f(x, y) \right], \quad \lim_{\substack{x \to a \\ y \to b}} f(x, y)$$

existem e são iguais.

7. Demonstre o seguinte:

i) se $\lim_{y \to b} f(x, y) = \psi(x)$ e $\lim_{\substack{x \to a \\ y \to b}} f(x, y) = L$ existem para todos $x \in \mathscr{V}_\delta(a)$ e $y \in \mathscr{V}_\delta(b)$, então

$$\lim_{x \to a} \left[\lim_{y \to b} f(x, y) \right] = L.$$

ii) se o limite duplo e um dos limites iterados existe, então eles não são, *necessariamente*, iguais.

8. Adicione ao **Teorema 3.11.2 (Moore-Osgood)** as hipóteses

$$\psi(x) = f(x, b), \text{ para todo } x \in A - \{a\} \quad \text{e}$$

$$\varphi(y) = f(a, y), \text{ para todo } y \in B - \{b\}.$$

Demonstre que $\lim_{(x,y) \to (a,b)} f(x, y)$ existe e iguala o limite duplo.

9. Com base no exercício anterior, demonstre que $f : A \times B \subseteq \mathbb{R}^2 \to \mathbb{R}$ é contínua em $(a, b) \in (A \times B)'$ se

$$\lim_{x \to a} f(x, y) = f(a, y) \quad \text{e} \quad \lim_{y \to b} f(x, y) = f(x, b),$$

para todo $(x, y) \in \mathscr{V}_\delta(a, b)$, e pelo menos um desses limites é uniforme.

Seção 3.12

Dadas as funções reais de duas variáveis reais a seguir, realize a análise geométrica para verificar se $\lim_{(x,y)\to(0,0)} f(x,y)$ existe.

1. $f : \{(x,y) \in \mathbb{R}^2 : y \neq \pm x\} \to \mathbb{R}$, definida por $f(x,y) = \dfrac{x^3}{x^2 - y^2}$.

2. $f : \{(x,y) \in \mathbb{R}^2 : y \neq x\} \to \mathbb{R}$, definida por $f(x,y) = \dfrac{xy^2}{x^3 - y^3}$.

3. $f : \mathbb{R}^2 - \{(0,0)\} \to \mathbb{R}$, definida por $f(x,y) = \dfrac{y(x^2 + y^2)}{y^2 + (x^2 + y^2)^2}$.

4. $f : \left\{(x,y) \in \mathbb{R}^2 : y \neq \dfrac{1 \pm \sqrt{4x^2+1}}{2}\right\} \to \mathbb{R}$, definida por $f(x,y) = \dfrac{y(y^2 - x^2)(y + y^2 - x^2)}{y^3 - (y^2 - x^2)^3}$.

Seção 3.13

1. Dada $f : \mathbb{R}^2 - \{(0,0)\} \to \mathbb{R}$, definida por $f(x,y) = \dfrac{max\{|x|,|y|\}}{\sqrt{x^4 + y^4}}$, calcule $\lim_{(x,y)\to\infty} f(x,y)$.

2. Dada $f : \mathbb{R}^2 - \{(0,0)\} \to \mathbb{R}$, definida por $f(x,y) = \dfrac{x+y}{x^2+y^2}$, calcule $\lim_{(x,y)\to\infty} f(x,y)$.

3. Dada $f : \{(x,y) \in \mathbb{R}^2 : x > 0, y > 0\} \to \mathbb{R}$, definida por $f(x,y) = ln(\sqrt{xy+1} - 1) - ln(y\sqrt{x})$, calcule $\lim_{(x,y)\to(1,0)} f(x,y)$.

4. Dada $f : \{(x,y) \in \mathbb{R}^2 : x \geq 0, y \geq 0, y \neq x\} \to \mathbb{R}$, definida por $f(x,y) = \dfrac{sen(\sqrt{x}) - sen(\sqrt{y})}{x - y}$, calcule $\lim_{(x,y)\to\infty} f(x,y)$.

5. Dada $f : \{(x,y) \in \mathbb{R}^2 : x > y > 0\} \to \mathbb{R}$, definida por $f(x,y) = \dfrac{x-y}{e^x - e^y}$, calcule $\lim_{(x,y)\to\infty} f(x,y)$.

6. Dada $f : \mathbb{R}^2 \to \mathbb{R}$, definida por $f(x,y) = x^2 e^{-(x^2-y)}$, demonstre que $\lim_{\rho \to \infty} f(x,y) = 0$, ao longo de qualquer raio $x = \rho cos\theta, y = \rho sen\theta$, $\rho \in [0, +\infty)$, porém $\lim_{(x,y)\to\infty} f(x,y)$ não existe.

[Extra]

Dada $f : \mathbb{R}^2 - \{(0,0)\} \to \mathbb{R}$, definida por $f(x,y) = \dfrac{|x|^p |y|^q}{(x^2+y^2)^{\frac{r}{2}}}$, para quais valores não negativos de p, q e r, $\lim_{(x,y)\to(0,0)} f(x,y)$ existe (incluindo a possibilidade de ser $+\infty$)? Justifique sua resposta.

Capítulo 4

Continuidade de funções reais de duas variáveis reais: noções gerais

Nesse capítulo, tratamos das noções gerais do conceito de continuidade de uma função real de duas variáveis reais. Ao mesmo tempo em que enfatizamos a diferença entre os conceitos de limite e de continuidade, discutimos esta noção em termos daquela. Também apresentamos a clássica interpretação geométrica de continuidade, alguns tipos especiais (clássicos) de funções reais contínuas de duas variáveis reais e finalizamos o capítulo considerando alguns resultados importantes pertinentes.

O conceito de função contínua é fundamental em toda a Matemática. A modelagem matemática de um determinado fenômeno sob estudo, por meio de uma função, requer, por vezes, que tal função seja, essencialmente, contínua. De modo geral, a razão desse fato é que o valor de uma função contínua em um ponto do seu domínio é "estável" por pequenas variações nesse ponto, no seguinte sentido: considere $f : A \subseteq \mathbb{R}^2 \to \mathbb{R}$ uma função real de duas variáveis. Dado $(a, b) \in A$, f associa (a, b) a $f(a, b)$. Dada uma aproximação (x, y) de (a, b) (ou seja, x é uma aproximação de a, e y é uma aproximação de b), o que podemos afirmar a respeito de $f(x, y)$ (o valor de f calculado na aproximação) e $f(a, b)$ (o valor de f calculado em (a, b))? Se f é contínua, podemos afirmar que $f(x, y)$ é uma aproximação de $f(a, b)$ tão boa quanto desejarmos, desde que (x, y) esteja suficientemente próximo de (a, b) (ou seja, x esteja suficientemente próximo de a, e y esteja suficientemente próximo de b). O significado desse fato, do ponto de vista da modelagem matemática que mencionamos, é que o modelo será tanto mais preciso quanto mais precisas forem as aproximações daquele ponto.

Ora o conceito de continuidade de uma função é condição suficiente, ora é tanto condição necessária quanto suficiente para garantir a validez de alguns dos resultados mais importantes da Análise Matemática.

A seguir, mencionamos alguns dos conceitos, definições e teoremas que usam a noção de continuidade de uma função real de duas variáveis reais, com os quais o leitor terá a oportunidade de ter contato em alguns dos seus estudos posteriores em Matemática:

1) a continuidade é condição necessária e suficiente para o seguinte:

a) Teorema de Weierstrass (também conhecido como Teorema do Valor Extremo);

b) Teorema do Valor Intermediário;

c) Teorema de Fubini (também conhecido como Teorema da Inversão da Ordem nas Integrais Repetidas);

d) Teorema da Mudança para Coordenadas Polares em uma Integral Dupla;

e) definição de área da superfície de uma equação $z = f(x, y)$;

f) Teorema da Mudança de Variáveis em uma integral Dupla;

g) Teorema do Valor Médio para Integrais Duplas.

2) a continuidade é condição suficiente para o seguinte:

a) diferenciabilidade (consequentemente, exigência de continuidade das derivadas parciais);

b) Regra da Cadeia;

c) Teorema da Função Implícita;

d) Teste da Segunda Derivada;

e) Teorema de Clairaut;

f) existência da integral;

g) Valor Médio de uma função.

4.1 A noção de função real contínua de duas variáveis reais

O conceito de continuidade de uma função real de duas variáveis reais é análogo ao de continuidade de uma função real de uma variável real.

Consideremos uma função real de duas variáveis reais $f : A \subseteq \mathbb{R}^2 \to \mathbb{R}$. Intuitivamente, dizemos que f é contínua em $(a, b) \in A$ se é possível tornar $f(x, y)$ arbitrariamente próximo de $f(a, b)$, desde que consideremos (x, y) suficientemente próximo de (a, b). Assim, diferentemente da noção de limite (a qual está relacionada ao estudo do comportamento da função na vizinhança de um ponto de acumulação do seu domínio, independentemente de essa função estar ou não definida em tal ponto), a noção de continuidade relaciona o comportamento da função na vizinhança de um ponto do seu domínio com o valor dela nesse ponto.

A definição a seguir torna matematicamente preciso esse conceito intuitivo de continuidade de uma função real de duas variáveis reais.

Definição 4.1.1. Consideremos uma função real de duas variáveis reais $f : A \subseteq \mathbb{R}^2 \to \mathbb{R}$, e $(a, b) \in A$. f é *contínua* em (a, b) se, para todo número real $\varepsilon > 0$ dado arbitrariamente, existe um número real $\delta > 0$ tal que, se $(x, y) \in A$, $\sqrt{(x-a)^2 + (y-b)^2} < \delta$, então $|f(x, y) - f(a, b)| < \varepsilon$.

Em linguagem simbólica:

$$\forall \varepsilon > 0, \exists \delta > 0 : \forall (x, y) \in A, \sqrt{(x-a)^2 + (y-b)^2} < \delta \Rightarrow |f(x, y) - f(a, b)| < \varepsilon.$$

Observações.

1) (**Diferença entre as definições de limite e continuidade**). Diferentemente da definição de limite, só há sentido em estudar a continuidade de f em um ponto (a, b) que pertença ao domínio A de f.

2) (**Caso trivial de continuidade**). Se (a, b) é ponto isolado de A, então **toda** função real de duas variáveis reais $f : A \subseteq \mathbb{R}^2 \to \mathbb{R}$ é, necessariamente, contínua em (a, b). (Se (a, b) é um ponto isolado de A, então, da definição de ponto

isolado decorre que, para todo $\varepsilon > 0$, existe $\delta > 0$ tal que $\mathscr{V}_\delta(a,b) \cap A = \{(a,b)\}$. Considerando esse δ, decorre, para todo $(x,y) \in A$, que $\sqrt{(x-a)^2+(y-b)^2} < \delta \Rightarrow (x,y) = (a,b) \Rightarrow |f(x,y) - f(a,b)| = 0 < \varepsilon$.) Em particular, se A é discreto (todos os pontos de A são isolados), então qualquer função $f : A \subseteq \mathbb{R}^2 \to \mathbb{R}$ é contínua (ou seja, **toda função definida em um conjunto discreto é, necessariamente, contínua**).

3) (**Noção de continuidade em termos da noção de limite**). Consideremos (a,b) um ponto de acumulação de A que pertença a A, de modo que $f(a,b)$ esteja definido. Suponhamos que $\lim\limits_{(x,y)\to(a,b)} f(x,y)$ exista. O valor desse limite pode ou não coincidir com $f(a,b)$. Em caso afirmativo, temos o seguinte fato: $\boldsymbol{f : A \subseteq \mathbb{R}^2 \to \mathbb{R}}$ **é contínua em** $\boldsymbol{(a,b)}$ **se e somente se** $\boldsymbol{\lim\limits_{(x,y)\to(a,b)} f(x,y) = f(a,b)}$. Esse fato (o qual é comumente usado como definição de função contínua) reduz essencialmente a noção de função contínua àquela de limite. Reciprocamente, podemos definir $\lim\limits_{(x,y)\to(a,b)} f(x,y) = L$ por meio da condição de ser contínua em (a,b) a função $f^* : A \cup \{(a,b)\} \subseteq \mathbb{R}^2 \to \mathbb{R}$, definida por

$$f^*(x,y) = \begin{cases} f(x,y), & \text{se} \quad (x,y) \in A \\ \quad L \quad , & \text{se} \quad (x,y) = (a,b) \end{cases}.$$

(O conceito de limite caracteriza o comportamento de f nas proximidades de (a,b), porém mantendo-se sempre diferente de (a,b), o que nos permite alterar o valor de f no ponto como desejarmos, sem que alteremos o valor do limite.) Denominamos a função f^*, assim definida, *extensão contínua* de f. No caso da existência de tal função, dizemos que f é *estendível por continuidade* a $A \cup \{(a,b)\}$.

Funções do tipo de f^* acima são as que mais nos interessam em nosso estudo de continuidade. Mais precisamente, o principal problema de interesse nesse contexto é o seguinte: dada uma função $f : A \subseteq \mathbb{R}^2 \to \mathbb{R}$, juntamente com um ponto de acumulação (a,b) do seu domínio, **não pertencente** a esse, desejaremos estudar a possibilidade de estender f a uma função $f^* : A \cup \{(a,b)\} \subseteq \mathbb{R}^2 \to \mathbb{R}$ que seja contínua em (a,b). A observação sob análise nos fornece a solução desse problema: tal função f^* existe se e somente se existe $\lim_{(x,y)\to(a,b)} f(x,y)$ $(= L)$, em cujo caso afirmativo, f^* é, necessariamente, a função que definimos acima.

Em particular, se f é contínua em (a,b), então o cálculo de $\lim_{(x,y)\to(a,b)} f(x,y)$ reduz-se à simples substituição de x por a e de y por b na expressão que define f, o que torna tal cálculo demasiadamente simples[1].

4) **(Continuidade implica continuidade em cada variável separadamente)**. Se f é contínua em (a,b), então f é contínua, separadamente, em a e em b.
Demonstração: como, por hipótese, f é contínua em (a,b), decorre que, para todo $\varepsilon > 0$ dado arbitrariamente, existe $\delta > 0$ tal que, se $(x,y) \in A$,

$$\sqrt{(x-a)^2 + (y-b)^2} < \delta,$$

então $|f(x,y) - f(a,b)| < \varepsilon$. Fixando $y = b$, resulta que essa condição se reduz à

$$|x-a| < \delta \Rightarrow |f(x,b) - f(a,b)| < \varepsilon,$$

ou seja, f é contínua em $x = a$.

Analogamente, fixando $x = a$, resulta que a mesma condição se reduz à

$$|y-b| < \delta \Rightarrow |f(a,y) - f(a,b)| < \varepsilon,$$

ou seja, f é contínua em $y = b$.

Entretanto, a recíproca desse fato é falsa. Um contraexemplo é o da função $f : \mathbb{R}^2 \to \mathbb{R}$, definida por

$$f(x,y) = \begin{cases} \dfrac{xy}{x^2+y^2}, & \text{se} \quad (x,y) \neq (0,0) \\ \quad 0 \quad , & \text{se} \quad (x,y) = (0,0) \end{cases}.$$

Fixando $y = y_0$ (y_0 constante arbitrária), obtemos a função real de uma variável real $f_{y_0} : \mathbb{R} \to \mathbb{R}$, definida por $f_{y_0}(x) = \dfrac{xy_0}{x^2+y_0^2}$, que é contínua, para

[1] É o que ocorre, por exemplo, em relação às funções polinomiais, bem como em relação às funções racionais (*vide* Observações 6 e 7 ao Teorema 2.4.1 (Propriedades operatórias de limites)).

todo $x \in \mathbb{R}$, pois, quando $y_0 \neq 0$, o denominador é $x^2 + y_0^2 \neq 0$, enquanto que quando $y_0 = 0$, $f_{y_0} \equiv 0$. Analogamente, fixando $x = x_0$ (x_0 constante arbitrária), obtemos a função real de uma variável real $f_{x_0} : \mathbb{R} \to \mathbb{R}$, definida por $f_{x_0}(y) = \dfrac{x_0 y}{x_0^2 + y^2}$, que é contínua, para todo $y \in \mathbb{R}$, pois, quando $x_0 \neq 0$, o denominador é $x_0^2 + y^2 \neq 0$, enquanto que quando $x_0 = 0$, $f_{x_0} \equiv 0$. Contudo, f é descontínua em $(0, 0)$, pois não existe $\lim\limits_{(x,y)\to(0,0)} f(x, y)$ (por exemplo, ao longo de qualquer reta do tipo $y = mx$, esse limite é igual a $\dfrac{m}{1 + m^2}$, o qual depende de m).

5) (**A importância do domínio da função para o estudo da sua continuidade**). Ao analisar a continuidade de uma função f em um ponto (ou em um subconjunto) do seu domínio, é fundamental o conhecimento preciso do domínio de f que estivermos considerando em um dado contexto. Um possível tal contexto típico é o seguinte: consideremos $f : A \subseteq \mathbb{R}^2 \to \mathbb{R}$, $B \subset A$ e as seguintes afirmações:

i) f é contínua em todos os pontos de B;

ii) $f \mid_B$ é contínua.

Temos, evidentemente, a implicação $i) \Rightarrow ii)$, mas a recíproca é falsa: basta considerarmos B finito (ou, mais geralmente, um conjunto B cujos pontos sejam todos isolados). Sob tal consideração, em virtude da Observação 2, decorre que $f \mid_B$ é sempre contínua, mas $f : A \subseteq \mathbb{R}^2 \to \mathbb{R}$ pode ser descontínua em algum ponto de B. A justificativa desses fatos é simples: a afirmação *i*) refere-se ao comportamento de $f(x, y)$, (x, y) próximo de (a, b), para qualquer $(x, y) \in A$, enquanto a afirmação *ii*) refere-se apenas aos pontos de B.

A seguir, apresentamos um exemplo concreto dessa observação.

Exemplo. Consideremos $\xi : \mathbb{R}^2 \to \mathbb{R}$, definida por

$$\xi(x, y) = \begin{cases} 1, & \text{se} \quad (x, y) \in \mathbb{Q} \times \mathbb{Q} \\ 0, & \text{se} \quad (x, y) \in (\mathbb{Q} \times \mathbb{Q})^c \end{cases}.$$

(ξ é denominada *função característica* do conjunto $\mathbb{Q} \times \mathbb{Q}$)[2]

Afirmação: ξ é descontínua em todo ponto $(a, b) \in \mathbb{R}^2$.

Demonstração: devemos demonstrar que existe $\varepsilon > 0$ tal que, para todo $\delta > 0$, podemos obter $(x_\delta, y_\delta) \in \mathbb{R}^2$ tal que $\sqrt{(x_\delta - a)^2 + (y_\delta - b)^2} < \delta \Rightarrow |\xi(x_\delta, y_\delta) - \xi(a, b)| \geq \varepsilon$. Consideremos $\varepsilon = \frac{1}{2}$ (no que segue, o leitor perceberá que, em verdade, podemos considerar qualquer ε tal que $0 < \varepsilon \leq 1$). Dado $\delta > 0$, consideremos $(x_\delta, y_\delta) \in \mathbb{R}^2$ tal que $\sqrt{(x_\delta - a)^2 + (y_\delta - b)^2} < \delta$, sendo $(x_\delta, y_\delta) \in \mathbb{Q} \times \mathbb{Q}$ se $(a, b) \in (\mathbb{Q} \times \mathbb{Q})^c$, e vice-versa. Logo, $|\xi(x_\delta, y_\delta) - \xi(a, b)| = 1 \geq \frac{1}{2}$. Portanto, como $(a, b) \in \mathbb{R}^2$ é arbitrário, resulta que ξ é descontínua em todo ponto $(a, b) \in \mathbb{R}^2$.

Observamos que $\xi\,|_{\mathbb{Q}\times\mathbb{Q}}$ (respectivamente, $\xi\,|_{(\mathbb{Q}\times\mathbb{Q})^c}$) é contínua, mas ξ não é contínua em ponto algum de $\mathbb{Q} \times \mathbb{Q}$ (respectivamente, $(\mathbb{Q} \times \mathbb{Q})^c$). ($\mathbb{R}^2 = (\mathbb{Q} \times \mathbb{Q}) \cup (\mathbb{Q} \times \mathbb{Q})^c$ é união de dois conjuntos tais que ξ, restrita a cada um deles, é contínua, pois é constante ali.)

4.2 Interpretações geométricas da definição de continuidade de uma função real de duas variáveis reais

Podemos interpretar geometricamente a definição de continuidade de uma função real de duas variáveis reais $f : A \subseteq \mathbb{R}^2 \to \mathbb{R}$ de qualquer das três formas (equivalentes) seguintes:

i) podemos tornar a distância de $f(x, y)$ a $f(a, b)$ ($|f(x, y) - f(a, b)|$) arbitrariamente pequena (menor que qualquer $\varepsilon > 0$ dado), desde que consideremos

[2] Essa função é a análoga da função de Dirichlet (introduzida por P. G. L. Dirichlet, em 1829) $f : \mathbb{R} \to \mathbb{R}$, definida por $f(x) = \begin{cases} 1, & \text{se} \quad x \in \mathbb{Q} \\ 0, & \text{se} \quad x \in \mathbb{Q}^c \end{cases}$, a qual é descontínua em todo ponto $x \in \mathbb{R}$.

a distância entre (x, y) e (a, b) (ou seja, $\sqrt{(x-a)^2+(y-b)^2}$) suficientemente pequena (ou seja, menor que algum $\delta > 0$).

ii) se $\varepsilon > 0$ é dado, então podemos obter $\delta > 0$ tal que, se (x, y) pertence à vizinhança $\mathscr{V}_\delta(a, b)$, então sua imagem em $\mathbb{S}$ (superfície que descreve o gráfico de f) estará entre os planos horizontais $z = f(a, b) - \varepsilon$ e $z = f(a, b) + \varepsilon$.

iii) dado um pequeno intervalo aberto de centro $f(a, b)$ e raio ε $((f(a, b) - \varepsilon, f(a, b) + \varepsilon))$, contido no eixo z, então podemos obter uma bola aberta de centro (a, b) e raio δ, $\mathscr{V}_\delta(a, b)$, tal que f transforme todos os pontos dessa bola naquele intervalo.

4.3 Alguns resultados sobre continuidade de uma função real de duas variáveis reais

Nessa seção, apresentamos alguns resultados sobre continuidade de uma função real de duas variáveis reais análogos aos Teoremas 2.4.1 (Propriedades operatórias de limites), 3.1.1 (Limite da restrição de uma função) e 3.6.1 (Limitação local), bem como o importante teorema sobre a continuidade de uma função composta (Teorema 4.3.1 a seguir), de modo que suas demonstrações decorrem imediatamente de tal analogia, juntamente com a Observação 3 (noção de continuidade em termos da noção de limite) referente à definição de continuidade.

O teorema a seguir, o qual é uma simples consequência das propriedades operatórias de limites, estabelece as propriedades operatórias básicas com funções reais contínuas de duas variáveis reais: adição, multiplicação de função por escalar, subtração, multiplicação de funções, divisão, potenciação e radiciação.

Teorema 4.3.1. (Propriedades operatórias de funções contínuas) *Se $f, g : A \subseteq \mathbb{R}^2 \to \mathbb{R}$ são funções reais de duas variáveis reais, contínuas em $(a, b) \in A$, e c é um número real qualquer, então*

i) $f + g$, definida por $(f+g)(x, y) \overset{def.}{=} f(x, y) + g(x, y)$, é contínua em $(a, b) \in A$.

ii) cf, *definida por* $(cf)(x,y) \overset{def.}{=} cf(x,y)$, *é contínua em* $(a,b) \in A$.

iii) $f - g$, *definida por* $(f-g)(x,y) \overset{def.}{=} f(x,y) - g(x,y)$, *é contínua em* $(a,b) \in A$.

iv) fg, *definida por* $(fg)(x,y) \overset{def.}{=} f(x,y)g(x,y)$, *é contínua em* $(a,b) \in A$.

v) $\frac{f}{g}$, *definida por* $\left(\frac{f}{g}\right)(x,y) \overset{def.}{=} \frac{f(x,y)}{g(x,y)}$, *para todo* $(x,y) \in A$, *tal que* $g(x,y) \neq 0$, *é contínua em* $(a,b) \in A$, *desde que* $g(a,b) \neq 0$.

vi) $\sqrt{f}$, *definida por* $(\sqrt{f})(x,y) \overset{def.}{=} \sqrt{f(x,y)}$, *para todo* $(x,y) \in A$, *tal que* $f(x,y) > 0$, *é contínua em* $(a,b) \in A$, *desde que* $f(a,b) > 0$.

vii) f^g, *definida por* $(f^g)(x,y) \overset{def.}{=} f(x,y)^{g(x,y)}$, *para todo* $(x,y) \in A$, *tal que* $f(x,y) > 0$, *é contínua em* $(a,b) \in A$, *desde que* $f(a,b) > 0$.

Referimo-nos comumente a esse teorema afirmando simplesmente que **"a continuidade é preservada sob as operações usuais do Cálculo"**.

No exemplo a seguir, aplicamos esse teorema para fornecer outra demonstração de que toda função polinomial é contínua.

Exemplo. Toda função polinomial (de duas variáveis reais) é contínua, pois é soma, diferença e produto das funções contínuas (projeções) $\pi_k : \mathbb{R}^2 \to \mathbb{R}$ $(k = 1, 2)$, definidas por $\pi_1(x,y) = x$ e $\pi_2(x,y) = y$, ou seja, mais precisamente, dada $p(x,y) = \sum_{i,j=0}^{m,n} a_{ij}x^i y^j$, temos $p(x,y) = \sum_{i,j=0}^{m,n} a_{ij}[\pi_1(x,y)]^i[\pi_2(x,y)]^j$.

Todas as funções "elementares" estudadas em Cálculo Diferencial e Integral de Funções de Uma Variável Real, tais como polinomial, racional, seno, cosseno, exponencial, logarítmica, são funções contínuas em seus respectivos domínios. Se f é uma função real contínua de duas variáveis reais, então todas essas funções, quando compostas com f (desde que tal composição seja possível), ou seja, as funções elementares cujos argumentos são substituídos por $f(x,y)$, produzem funções contínuas. De modo geral, em combinação com o Teorema 4.3.1 (Propriedades operatórias de funções contínuas), a operação de composição de funções contínuas nos fornece uma ampla classe de funções contínuas de duas variáveis reais (a qual é suficiente para muitos propósitos práticos), conforme nos mostra o próximo teorema.

Teorema 4.3.2. (Continuidade de uma função composta) *Se $f : A \subseteq \mathbb{R}^2 \to \mathbb{R}$ é uma função real de duas variáveis reais, contínua em A, e $g : B \subseteq \mathbb{R} \to \mathbb{R}$, tal que $f(A) \subseteq B$, é uma função real de uma variável real, contínua em B, então $h : A \subseteq \mathbb{R}^2 \to \mathbb{R}$, definida por $h(x, y) = g(f(x, y))$, também é contínua em (a, b).*

Costumamos nos referir a esse teorema simplesmente como **"a composta de duas funções contínuas é contínua"**.

Naturalmente, esse teorema permanece válido para uma quantidade arbitrária finita de funções, desde que todas as composições consideradas sejam possíveis.O exemplo a seguir é bastante apropriado para ilustrar esse fundamental teorema.

Exemplo. Dada $h : \mathbb{R}^2 - \{(0, 0)\} \to \mathbb{R}$, definida por

$$f(x, y) = \frac{sen[ln(x^2 + y^2)]}{cos^2 y + y^2 e^x},$$

demonstre que f é contínua.

Resolução.

Podemos considerar a função h dada como o quociente $h = \dfrac{f}{g}$, em que $f : \mathbb{R}^2 - \{(0, 0)\} \to \mathbb{R}$ é definida por $f(x, y) = sen[ln(x^2 + y^2)]$, e $g : \mathbb{R}^2 \to \mathbb{R}$ é definida por $g(x, y) = cos^2 y + y^2 e^x$, de modo que, pelo item *v*) do Teorema 4.3.1 (Propriedades operatórias de funções contínuas), é suficiente demonstrar que f e g são contínuas, $g(x, y) \neq 0$, para todo $(x, y) \in \mathbb{R}^2 - \{(0, 0)\}$.

Inicialmente, observemos que h está bem definida, pois tanto f quanto g o estão, bem como, realmente, $g(x, y) \neq 0$, para todo $\mathbb{R}^2$ (em particular, para todo $(x, y) \in \mathbb{R}^2 - \{(0, 0)\}$, domínio de h).

Temos:

1) $\begin{array}{rcl} \alpha : \mathbb{R}^2 - \{(0,0)\} & \longrightarrow & \mathbb{R}_+ - \{0\} \\ (x,y) & \longmapsto & \alpha(x,y) = x^2 + y^2 \end{array}$ é contínua (pois é polinomial).

2) $\begin{array}{rcl} \beta : \mathbb{R}_+ - \{0\} & \longrightarrow & \mathbb{R} \\ r & \longmapsto & \beta(r) = ln(r) \end{array}$ é contínua (pois é logarítmica).

3) $\begin{array}{rcl} \gamma : \mathbb{R}^2 - \{(0,0)\} & \longrightarrow & \mathbb{R} \\ (x,y) & \longmapsto & \gamma(x,y) = (\beta \circ \alpha)(x,y) = ln(x^2 + y^2) \end{array}$ é contínua, pelo Teorema 4.3.2.

4) $\begin{array}{rcl} \delta : \mathbb{R} & \longrightarrow & \mathbb{R} \\ s & \longmapsto & \delta(s) = sens \end{array}$ é contínua (função seno).

Logo, pelo Teorema 4.3.2,

$$\begin{array}{rcl} f : \mathbb{R}^2 - \{(0,0)\} & \longrightarrow & \mathbb{R} \\ (x,y) & \longmapsto & f(x,y) = \delta \circ (\beta \circ \alpha)(x,y) = sen[ln(x^2 + y^2)] \end{array}$$

é contínua.

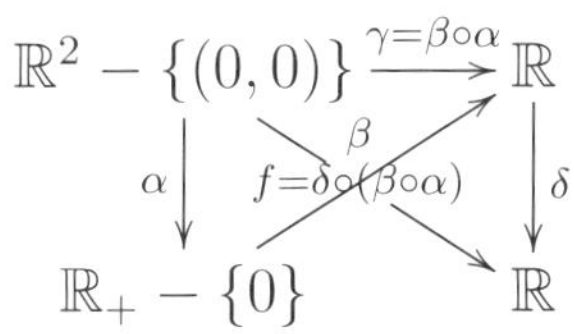

Também

4) $\begin{array}{rcl} \pi_1 : \mathbb{R}^2 & \longrightarrow & \mathbb{R} \\ (x,y) & \longmapsto & \pi_1(x,y) = x \end{array}$ é contínua (primeira projeção).

5) $\begin{array}{rcl} \pi_2 : \mathbb{R}^2 & \longrightarrow & \mathbb{R} \\ (x,y) & \longmapsto & \pi_2(x,y) = y \end{array}$ é contínua (segunda projeção).

6) $\begin{array}{rcl} cos : \mathbb{R} & \longrightarrow & \mathbb{R} \\ t & \longmapsto & cost \end{array}$ é contínua (função cosseno).

7) $\begin{array}{rcl} exp : \mathbb{R} & \longrightarrow & \mathbb{R} \\ u & \longmapsto & e^u \end{array}$ é contínua (função exponencial).

Logo, pelo Teorema 4.3.2,

$$\begin{array}{rcl} cos \circ \pi_2 : \mathbb{R}^2 & \longrightarrow & \mathbb{R} \\ (x,y) & \longmapsto & (cos \circ \pi_2)(x,y) = cosy, \end{array}$$

bem como

$$\begin{array}{rccc} exp \circ \pi_1 : & \mathbb{R}^2 & \longrightarrow & \mathbb{R} \\ & (x,y) & \longmapsto & (exp \circ \pi_1)(x,y) = e^x, \end{array}$$

são contínuas (consequentemente, devido ao item *iv*) do Teorema 4.3.1, $(cos \circ \pi_2)^2 : \mathbb{R}^2 \to \mathbb{R}$, definida por $(cos \circ \pi_2)^2(x,y) = cos^2 y$, e $(\pi_2)^2 : \mathbb{R}^2 \to \mathbb{R}$, definida por $(\pi_2)^2(x,y) = y^2$, são também contínuas, e, finalmente, devido ao item *i*) desse mesmo teorema, g é contínua).

Portanto, h é contínua.

Na prática, costumamos substituir verificações rotineiras como essas pelo procedimento que comentamos preliminarmente a esse exemplo, a saber, a simples observação de que, para obtermos $h(x,y)$, submetemos as suas variáveis independentes x e y a operações definidas por funções contínuas, operações essas estabelecidas no Teorema 4.3.1 (Propriedades operatórias de funções contínuas).

O próximo teorema torna precisa a Observação 4 (a importância do domínio da função para o estudo da sua continuidade) referente à definição de continuidade, no sentido de que ele estabelece a condição que a afirmação *ii*) deve satisfazer para implicar a afirmação *i*) que consideramos ao apresentar tal observação. Mais precisamente, tal teorema assegura-nos que, se uma dada função é contínua em um ponto do seu domínio, então qualquer restrição sua a um subconjunto do seu domínio que contenha aquele ponto é também contínua ali. A recíproca é verdadeira se tal subconjunto é a interseção de uma bola aberta de centro naquele ponto com o domínio daquela função dada.

Teorema 4.3.3. (Restrição de uma função contínua) *Consideremos uma função real de duas variáveis reais $f : A \subseteq \mathbb{R}^2 \to \mathbb{R}$, contínua em $(a,b) \in A$.*

i) Dado $B \subset A$ tal que $(a,b) \in B$, se $g = f\mid_B$, então $g : B \subseteq \mathbb{R}^2 \to \mathbb{R}$ é contínua em (a,b);

ii) Dado $B = \mathscr{V} \cap A$, em que $\mathscr{V}$ é uma vizinhança aberta que contém (a,b), se $g = f\mid_B$ é contínua em (a,b), então $f : A \subseteq \mathbb{R}^2 \to \mathbb{R}$ também é contínua em (a,b).

Referimo-nos comumente a esse teorema simplesmente como **"toda restrição de uma função contínua é contínua"**.

O item *ii*) (recíproco do item *i*)) desse teorema nos informa que a noção de continuidade em um ponto é um fenômeno local, ou seja, depende apenas do comportamento da função nas proximidades de tal ponto: se f coincide, nas proximidades de (a, b), com uma função que é contínua em (a, b)[3], então f também é contínua nesse ponto (em particular, resulta desse fato que, se, para toda parte limitada $B \subset A$, $f\mid_B$ é contínua, então $f : A \subseteq \mathbb{R}^2 \to \mathbb{R}$ é também contínua).

Os exemplos a seguir são clássicos.

Exemplo 1. (Função localmente hölderiana) Uma função real de duas variáveis reais $f : A \subseteq \mathbb{R}^2 \to \mathbb{R}$ é denominada *localmente hölderiana* se existe uma bola aberta B tal que a restrição $f\mid_B$ é hölderiana[4].

Sendo $f\mid_B$, por definição, hölderiana, decorre que $f\mid_B$ é contínua. Portanto, pelo Teorema 4.3.3, resulta que f é contínua, ou seja, **toda função localmente hölderiana é contínua**.

Exemplo 2. (Função localmente lipschitziana) Uma função real de duas variáveis reais $f : A \subseteq \mathbb{R}^2 \to \mathbb{R}$ é denominada *localmente lipschitziana* se existe uma bola aberta B tal que a restrição $f\mid_B$ é lipschitziana[5].

---

[3] Coincidir com uma função contínua nas proximidades de (a, b) significa o que está expresso no teorema acima: para alguma vizinhança aberta $\mathscr{V}$ que contenha (a, b), a restrição $f\mid_{(\mathscr{V} \cap A)}$ é contínua em (a, b).

[4] Uma função real de duas variáveis reais $f : A \subseteq \mathbb{R}^2 \to \mathbb{R}$ é denominada *Hölder-contínua* (ou simplesmente *hölderiana*) se satisfaz a seguinte condição:

$$|f(\mathbf{x}) - f(\mathbf{y})| \leq H||\mathbf{x} - \mathbf{y}||^{\alpha},$$

para todos $\mathbf{x}, \mathbf{y} \in A \subseteq \mathbb{R}^2$, em que H e α são constantes reais positivas, denominadas, respectivamente, constante de Hölder de f e expoente de Hölder de f.

[5] Uma função real de duas variáveis reais $f : A \subseteq \mathbb{R}^2 \to \mathbb{R}$ é denominada *Lipschitz-contínua* (ou simplesmente *lipschitziana*) se satisfaz a seguinte condição:

$$|f(\mathbf{x}) - f(\mathbf{y})| \leq L||\mathbf{x} - \mathbf{y}||,$$

Sendo $f\mid_B$, por definição, lipschitziana, decorre que $f\mid_B$ é contínua. Portanto, pelo Teorema 4.3.3, resulta que f é contínua, ou seja, **toda função localmente lipschitziana é contínua**.

Exemplo 3. (Função localmente constante) Uma função real de duas variáveis reais $f : A \subseteq \mathbb{R}^2 \to \mathbb{R}$ é denominada *localmente constante* se existe uma bola aberta B tal que a restrição $f\mid_B$ é constante.

Sendo $f\mid_B$, por definição, constante, ela é contínua. Portanto, pelo Teorema 4.3.3, resulta que f é contínua, ou seja, **toda função localmente constante é contínua**.

O último teorema assegura-nos que existe certa relação entre a continuidade de uma função real de duas variáveis reais com a limitação local de tal função. Desse teorema decorre (por contrapositividade) que, se uma função é ilimitada em uma vizinhança de um ponto do seu domínio, então ela é, necessariamente, descontínua nesse ponto. Trata-se, pois, de um resultado útil para demonstrar a descontinuidade de tal classe de funções.

Teorema 4.3.4. (Limitação local de uma função contínua)
Se $f : A \subseteq \mathbb{R}^2 \to \mathbb{R}$ é uma função real de duas variáveis reais, contínua em $(a, b) \in A$, então f é limitada em uma vizinhança $\mathscr{V}_\delta(a, b)$, ou seja,

$$(\exists\delta > 0)(\exists M > 0)(\forall(x, y) \in A)\sqrt{(x-a)^2 + (y-b)^2} < \delta \Rightarrow |f(x, y)| < M.$$

---

para todos $\mathbf{x}, \mathbf{y} \in A \subseteq \mathbb{R}^2$, em que L é uma constante real positiva, denominada constante de Lipschitz de f.

4.4 Exercícios

Introdução

1. Demonstre que a continuidade de uma função não implica que pequenos incrementos de valores da função produzem pequenos incrementos das variáveis independentes. (*Sugestão*: considere $f : \mathbb{R}^2 \to \mathbb{R}$, definida por $f(x,y) = \begin{cases} x^2+y^2-1, & \text{se} \quad x^2+y^2>1 \\ 0 & , \text{se} \quad x^2+y^2 \leq 1 \end{cases}$.)

2. Demonstre que a condição de que pequenos incrementos de valores da função conduzem a pequenos incrementos das variáveis independentes não garante continuidade da função. (*Sugestão*: considere $f : \mathbb{R}^2 \to \mathbb{R}$, definida por $f(x,y) = \begin{cases} x^2+y^2-1, & \text{se} \quad x<0 \\ x^2+y^2 & , \text{se} \quad x \geq 0 \end{cases}$. Observe que tanto incrementos pequenos quanto incrementos grandes das variáveis independentes correspondem a pequenos incrementos dos valores da função.)

Seção 4.1

1. Dada $f : \mathbb{R}^2 \to \mathbb{R}$, definida por

$$f(x,y) = \begin{cases} sen\left(\dfrac{x}{y}\right), & y>0 \ \text{ e } \ 0 \leq x \leq \pi y \\ 0 & , y \leq 0 \text{ ou } x<0 \text{ ou } x>\pi y \end{cases},$$

demonstre que

a) $f(x, y_0)$ é contínua para todo x.

b) $f(x_0, y)$ é contínua para todo y.

c) f é descontínua em $(0,0)$.

2. Considere $f : \mathbb{R}^2 \to \mathbb{R}$, definida por

$$f(x,y) = \begin{cases} \dfrac{|y| \cdot 2^{-\frac{|y|}{x^2}}}{x^2}, & x \neq 0 \\ 0 & , \; x = 0 \end{cases}.$$

a) Demonstre que $\lim\limits_{(x,y)\to(0,0)} f(x,y) = 0$ ao longo de qualquer reta que passa pela origem.

b) Demonstre que $\lim\limits_{(x,y)\to(0,0)} f(x,y) = \dfrac{1}{2}$ ao longo da parábola $y = x^2$.

c) Conclua que f é contínua em $(0,0)$ em x e y, *separadamente*, porém não *conjuntamente*.

[Projeto]

O objetivo desse projeto é que o leitor entenda melhor o importante fato de que continuidade parcial não implica continuidade, por meio do conceito de continuidade de uma função com respeito a (ou em) uma dada direção, o qual definiremos na sequência.

Inicialmente, consideremos uma definição preliminar.

Definição. Dado $v \in \mathbb{R}^2$, $||v|| = 1$, o conjunto

$$\gamma_{v,\mathrm{x},\rho} := \{\mathrm{y} \in \mathbb{R}^2 : \mathrm{y} = tv + \mathrm{x}, |t| < \rho\}$$

é denominado **segmento de reta que passa por** $\mathrm{x} \equiv (x,y)$ **na direção de** v**, com comprimento** 2ρ:

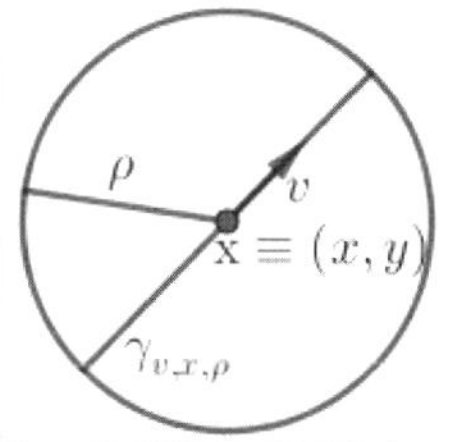

Figura 4.1: $\gamma_{v,\mathrm{x},\rho}$ é o segmento de reta que passa por $\mathrm{x} \equiv (x, y)$ na direção de v, com comprimento 2ρ.

Para $A \subseteq \mathbb{R}^2$ aberto, $\mathrm{x} \in A$ e $\mathscr{V}_\rho(\mathrm{x}) \subset A$, todo segmento de reta $\gamma_{v,\mathrm{x},\rho}$ pertence a A, pois $\gamma_{v,\mathrm{x},\rho} \subset \mathscr{V}_\rho(\mathrm{x})(\subset A)$. Para $\mathrm{y} \in \gamma_{v,\mathrm{x},\rho}$, temos uma representação $\mathrm{y} = t_0 v + \mathrm{x}$, para algum t_0, $|t_0| < \rho$. Assim, podemos definir, para $f : A \subseteq \mathbb{R}^2 \to \mathbb{R}$, a função

$$h_{\gamma_{v,\mathrm{x},\rho}} : (-\rho, \rho) \to \mathbb{R}, \ h_{\gamma_{v,\mathrm{x},\rho}}(t) = f(tv + \mathrm{x}).$$

Observe que, em particular, $h_{\gamma_{v,\mathrm{x},\rho}}(0) = f(\mathrm{x})$.

Agora, estamos em condições de introduzir a definição de continuidade de uma função com respeito a (ou em) uma dada direção.

Definição. Uma função $f : A \subseteq \mathbb{R}^2 \to \mathbb{R}$, A aberto, é denominada **contínua em $\mathbf{x} \in A$ na direção de v, $||v|| = 1$,** se $h_{\gamma_{v,\mathrm{x},\rho}}$ é contínua em 0.

Observe que a continuidade de $h_{\gamma_{v,\mathrm{x},\rho}}$ não depende de ρ (embora ρ, por sua vez, possa depender de v, caso em que denotamos $\rho \equiv \rho_v$).

O resultado principal relacionado com essa definição (cuja simples demonstração o leitor pode fornecer) é o seguinte

Teorema. Se $f : A \subseteq \mathbb{R}^2 \to \mathbb{R}$, A aberto, é contínua em $\mathrm{x} \in A$, então, para toda direção $v \in \mathbb{R}^2$, $||v|| = 1$, f é contínua em x na direção de v.

À primeira vista, pode parecer surpreendente que, mesmo que $f : A \subseteq \mathbb{R}^2 \to \mathbb{R}$ seja contínua em $\mathrm{x} \in A$ para todas as direções $v \in \mathbb{R}^2$, $||v|| = 1$, então f ainda não seja necessariamente contínua em $\mathrm{x} \in A$, conforme o exemplo a seguir.

Exemplo. Considere $f : \mathbb{R}^2 \to \mathbb{R}$, definida por

$$f(x, y) = \begin{cases} 0, & \text{se} \quad x \neq y^2 \\ 0, & \text{se} \quad x = y = 0 \\ 1, & \text{se} \quad x = y^2, x > 0 \end{cases}.$$

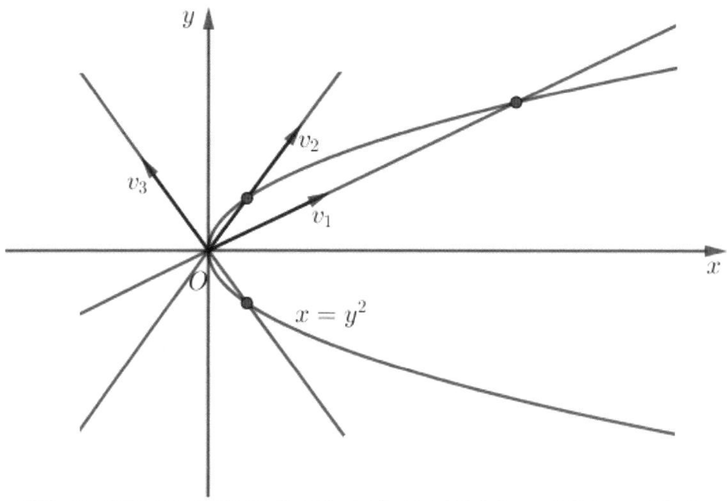

Figura 4.2: segmentos de reta que passam por $(0, 0)$ intersectam a parábola $x = y^2$ em exatamente um ponto.

1. Demonstre que todo segmento de reta que passa pela origem intersecta a parábola $x = y^2$ em exatamente um ponto. Conclua que f, restrita a tal segmento de reta, é zero em todo ponto, exceto no ponto de interseção com essa parábola, em que vale 1.

2. Demonstre a seguinte afirmação: **a interseção de $\gamma_{v,(0,0),\rho}$ com a parábola $x = y^2$ tem uma distância à origem estritamente positiva.** Conclua que $f \mid \gamma_{v,(0,0),\rho_v} = 0$, de modo que, para todo $v = (v_1, v_2)$, $v_1 \neq 0$, f é contínua em $(0,0)$ na direção de v, bem como que a continuidade de f na direção de $\pm e_2 = (0, \pm 1)$ é trivial.

3. Defina $g : \mathbb{R} \to \mathbb{R}^2, g(t) = (t^2, t)$. Demonstre que $\lim_{t \to 0^+} f(g(t)) \neq f(\lim_{t \to 0^+} g(t))$. Conclua que f não é contínua em $(0,0)$.

Capítulo 5

Continuidade de uma função real de duas variáveis reais: obtenção da extensão contínua

Nesse último capítulo, analisamos a continuidade de algumas funções reais de duas variáveis reais sob o ponto de vista prático, com o objetivo de responder às seguintes perguntas:

i) dada uma função $f : A \to \mathbb{R}$ definida em um subconjunto próprio A de $\mathbb{R}^2$, ela é contínua em A?;

ii) dada uma função $f : \mathbb{R}^2 \to \mathbb{R}$, ela é contínua em todo o $\mathbb{R}^2$? (Em caso negativo, é possível estendê-la continuamente a todo o $\mathbb{R}^2$?);

iii) dada uma função $f : A \to \mathbb{R}$, contínua em um subconjunto próprio A de $\mathbb{R}^2$, é possível estendê-la continuamente a todo o $\mathbb{R}^2$? (Em caso negativo, qual é o maior subconjunto de $\mathbb{R}^2$ ao qual é possível estendê-la continuamente?).

Motivados por esses questionamentos, introduzimos algumas terminologias que lhe são inerentes, as quais são importantes para a adequada consecução dos nossos propósitos, quais sejam, responder às perguntas ora formuladas.

Definição 5.0.1. Uma função $f : A \subseteq \mathbb{R}^2 \to \mathbb{R}$ é denominada *contínua* se é contínua em todos os pontos do seu domínio A.

Exemplo 1. Dada $f : \mathbb{R}^2 \to \mathbb{R}$, definida por

$$f(x,y) = \begin{cases} \dfrac{(3^x - 1)seny}{xy}, & \text{se} \quad x \neq 0 \text{ e } y \neq 0 \\ \quad p \quad, & \text{se} \quad x = 0 \text{ ou } y = 0 \end{cases}.$$

obtenha o valor de p para que f seja contínua em todo o seu domínio ($\mathbb{R}^2$).

Resolução.

Inicialmente, observemos que podemos expressar f como segue:

$$f(x,y) = \begin{cases} g(x)h(y), & \text{se} \quad x \neq 0 \text{ e } y \neq 0 \\ p \quad , & \text{se} \quad x = 0 \text{ ou } y = 0 \end{cases}.$$

em que $g(x) = \dfrac{3^x - 1}{x}$, para todo $x \neq 0$, e $h(y) = \dfrac{seny}{y}$, para todo $y \neq 0$. Como, pela Regra de l'Hôspital, $\lim\limits_{x \to 0} g(x) = ln3$, e $\lim\limits_{y \to 0} h(y) = 1$ (limite trigonométrico "fundamental"), resulta que $\lim\limits_{(x,y)\to(0,0)} f(x,y) = ln3$.

Portanto, para que f seja contínua em todo o seu domínio ($\mathbb{R}^2$), devemos ter $p = ln3$.

Pode ocorrer que a condição de continuidade que mencionamos na Definição 5.0.1 não se verifique em um dado ponto $(a, b) \in A$, caso em que denominamos tal ponto, naturalmente, ponto de *descontinuidade* de f.

Exemplo 2. Dada $f : \mathbb{R}^2 \to \mathbb{R}$, definida por

$$f(x,y) = \begin{cases} (y - x^2)\left(\dfrac{x}{y}\right)^4, & \text{se} \quad |y| > x^2 \\ 0 \quad , & \text{se} \quad |y| \leq x^2 \end{cases},$$

a) demonstre que f é contínua em $(0, 0)$ ao longo de toda reta que passa por $(0, 0)$.

b) f não é limitada em qualquer vizinhança $\mathscr{V}_\delta(0, 0)$.

c) f é descontínua apenas em $(0, 0)$.

Resolução.

a) Por definição, f é identicamente 0 ao longo dos eixos coordenados.

Restringindo f à reta $y = mx$ $(m \neq 0)$, temos o seguinte:

i) para $|x| \geq |m|$, f é identicamente 0, por definição.

ii) para $|x| < |m|$,

$$\lim_{(x,y)\to(0,0)} f(x,y) = \lim_{x\to 0}(mx - x^2)\left(\frac{x}{mx}\right)^4 = \lim_{x \to 0} \frac{mx - x^2}{m^4} = 0.$$

Logo, f é contínua em $(0,0)$ ao longo de toda reta que passa por $(0,0)$.

b) Ao longo da curva $y = x^{\frac{3}{2}}$ (*vide* Figura 5.1 a seguir), temos

$$\lim_{\substack{(x,y)\to(0,0)\\ y=x^{\frac{3}{2}}}} f(x,y) = \lim_{x\to 0^+} (x^{\frac{3}{2}} - x^2)\left(\frac{x}{x^{\frac{3}{2}}}\right)^4 = \lim_{x\to 0^+}\left(\frac{1}{x^{\frac{1}{2}}} - 1\right) = +\infty.$$

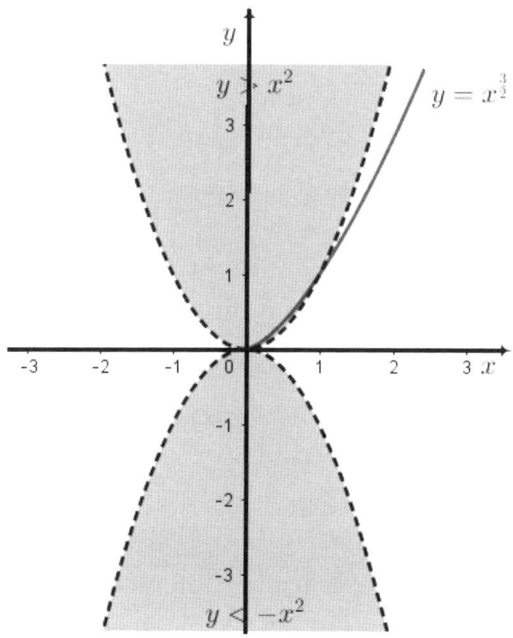

Figura 5.1: a curva $y = x^{\frac{3}{2}}$, contida em $y > x^2$ (parte superior de $|y| > x^2$), em uma vizinhança $\mathscr{V}_\delta(0,0)$.

Logo, f não é limitada em qualquer vizinhança $\mathscr{V}_\delta(0,0)$.

Nota. É instrutivo que o leitor entenda a escolha de tal curva, como parte da análise da situação pertinente mais geral, a saber, do comportamento de f, quando (x,y) tende a $(0,0)$, ao longo da curva $y = mx^p$ $(m, p \neq 0)$.

c) Uma vez que, em seu domínio, ou f é zero ou f resulta de operações algébricas entre funções contínuas, o fato de que f é descontínua apenas em $(0,0)$ decorre do item b) (de outro modo, *vide* o Teorema 3.6.1 (Limitação local)).

Conforme a relação existente entre a noção de limite e a noção de continuidade que descrevemos na Observação 3 na Seção 4.1, podemos classificar os tipos possíveis de descontinuidade de uma função dos seguintes modos:

i) descontinuidade *removível* (*não essencial* ou *estendível*): se existe $\lim\limits_{(x,y)\to(a,b)} f(x,y)$, porém $\lim\limits_{(x,y)\to(a,b)} f(x,y) \neq f(a,b)$;

ii) descontinuidade *não removível* (*essencial* ou *não estendível*): se não existe $\lim\limits_{(x,y)\to(a,b)} f(x,y)$.

Exemplo 3. Dada $f : \mathbb{R}^2 \to \mathbb{R}$, definida por $f(x,y) = \lfloor x^2 - x + y \rfloor$ (*função piso*), obtenha o conjunto dos pontos nos quais f é contínua.

Resolução.

Consideremos (a,b) pertencente à parábola $x^2 - x + y = k$ $(k \in \mathbb{Z})$.

Por um lado, ao longo de uma curva C_1 contida no interior dessa parábola, ou seja, $C_1 = \{(x,y) \in \mathbb{R}^2 : x^2 - x + y < k\}$, temos $\lfloor x^2 - x + y \rfloor = k - 1$, de modo que $\lim\limits_{\substack{(x,y)\to(a,b)\\ C_1}} f(x,y) = k - 1$.

Por outro lado, ao longo de uma curva C_2 contida no exterior dessa parábola, ou seja, $C_2 = \{(x,y) \in \mathbb{R}^2 : x^2 - x + y > k\}$, temos $\lfloor x^2 - x + y \rfloor = k$, de modo que $\lim\limits_{\substack{(x,y)\to(a,b)\\ C_2}} f(x,y) = k$.

Logo, $\lim\limits_{\substack{(x,y)\to(a,b)\\ C_1}} f(x,y) \neq \lim\limits_{\substack{(x,y)\to(a,b)\\ C_2}} f(x,y)$, para todo $k \in \mathbb{Z}$, de modo que não existe $\lim\limits_{(x,y)\to(a,b)} f(x,y)$.

Portanto, f é contínua em $\mathbb{R}^2 - \{(x,y) \in \mathbb{R}^2 : x^2 - x + y = k \ (k \in \mathbb{Z})\}$.

Observamos (*vide* Observação 3 na Seção 4.1) que a não existência do limite é, por si só, condição suficiente para a descontinuidade. Sendo, de outro modo, a existência do limite apenas condição necessária para a continuidade, de que modo podemos torná-la também uma condição suficiente? A definição a seguir, na qual se fundamenta a terminologia *estendível* que mencionamos em *i*), fornece-nos a resposta precisa a essa pergunta.

Definição 5.0.2. Uma função $f : A \subseteq \mathbb{R}^2 \to \mathbb{R}$ é denominada *estendível por continuidade* a $A \cup \{(a, b)\}$, se existe uma função $f^* : A \cup \{(a,b)\} \subseteq \mathbb{R}^2 \to \mathbb{R}$, a qual coincide com f em A, tal que, em (a, b), o seu valor é $f^*(a, b) = \lim\limits_{(x,y)\to(a,b)} f(x, y)(- L)$:

$$f^*(x, y) = \begin{cases} f(x, y), & \text{se} \quad (x, y) \in A \\ L \quad , & \text{se} \quad (x, y) = (a, b) \end{cases}.$$

Nesse caso, dizemos que f^* é a *extensão de* f*, por continuidade, a* (a, b).

Assim, se o limite existe, é suficiente, de acordo com essa definição, que definamos a função no ponto limite pelo seu limite nesse ponto.

Essa definição não apenas responde à pergunta ora formulada, mas também, juntamente com a definição que a antecede, torna precisa a definição de função descontínua, como segue.

Definição 5.0.3. Uma função $f : A \subseteq \mathbb{R}^2 \to \mathbb{R}$ é denominada *descontínua* em um ponto de acumulação (a, b) de A se f não é contínua em (a, b) ($(a, b) \in A$), nem estendível por continuidade a (a, b).

Denominamos *ponto de descontinuidade* de f o ponto (a, b) que mencionamos nessa definição.

Tendo introduzido a terminologia necessária ao objeto de estudo sob análise, estamos, agora, em condições de tratar da continuidade, do ponto de vista prático, conforme os aspectos que motivaram a introdução desse conceito, nessa seção.

Dividiremos o nosso estudo (tão somente para propósitos didáticos) conforme os casos a seguir.

5.1 Continuidade de uma função em todo o seu domínio (subconjunto próprio de $\mathbb{R}^2$)

Nessa seção, analisamos algumas funções reais de duas variáveis reais, com o objetivo de responder à seguinte pergunta: dada uma função $f : A \to \mathbb{R}$ definida em um subconjunto próprio A de $\mathbb{R}^2$, ela é contínua em A?

As funções às quais nos referimos nesse contexto são aquelas definidas por partes. Para estudar a continuidade de uma função real definida por partes, devemos estudar a continuidade em cada uma de tais partes, bem como a continuidade nos pontos de fronteira dessas partes. Formalmente, **uma função real definida por partes é contínua em todo o seu domínio se e somente se ela é contínua nos pontos de cada uma das partes que a define, bem como nos pontos de fronteira comuns a elas.**

Exemplo 1. Dada $f : A \subset \mathbb{R}^2 \to \mathbb{R}$, definida por

$$f(x,y) = \begin{cases} \sqrt{x^3 + xy^2 - 3}\ , & \text{se} \quad x^3 + xy^2 > 3 \\ sen(x^2 + y^2 - 3), & \text{se} \quad x^2 + y^2 \leq 3 \end{cases},$$

verifique se f é contínua em seu domínio.

Resolução.

O domínio de f é $A = \{(x,y) \in \mathbb{R}^2 : x^3 + xy^2 > 3\} \cup \{(x,y) \in \mathbb{R}^2 : x^2 + y^2 \leq 3\}$. Devemos verificar se f é contínua em cada uma das partes que a define, bem como nos pontos de fronteira comuns a elas, ou seja, nos pontos de interseção das curvas $x^3 + xy^2 = 3$ e $x^2 + y^2 = 3$, como segue.

i) a primeira parte da expressão que define f, $\sqrt{x^3 + xy^2 - 3}$, é uma função contínua em $x^3 + xy^2 > 3$.

ii) a segunda parte da expressão que define f, $sen(x^2 + y^2 - 3)$, é a composta das funções contínuas $g : \mathbb{R} \to \mathbb{R}$, definida por $g(t) = sent$, e $h : \mathbb{R}^2 \to \mathbb{R}$, definida por $h(x,y) = x^2 + y^2 - 3$, de modo que é contínua em $\mathbb{R}^2$, devido ao

Teorema 4.3.2 (Continuidade de uma função composta). Tal parte é, pois, em particular, contínua em todo ponto que satisfaz a condição $x^2 + y^2 \leq 3$.

iii) para estudar a continuidade de f nos pontos de interseção das curvas $x^3 + xy^2 = 3$ e $x^2 + y^2 = 3$, podemos, inicialmente, resolver o sistema constituído por essas curvas, para obter tais pontos (Figura 5.2 a seguir):

$$\begin{cases} x^3 + xy^2 = 3 \\ x^2 + y^2 = 3 \end{cases} \Leftrightarrow \begin{cases} x(x^2 + y^2) = 3 \\ x^2 + y^2 = 3 \end{cases} \Leftrightarrow \begin{cases} x = 1 \\ y = \pm\sqrt{2} \end{cases}.$$

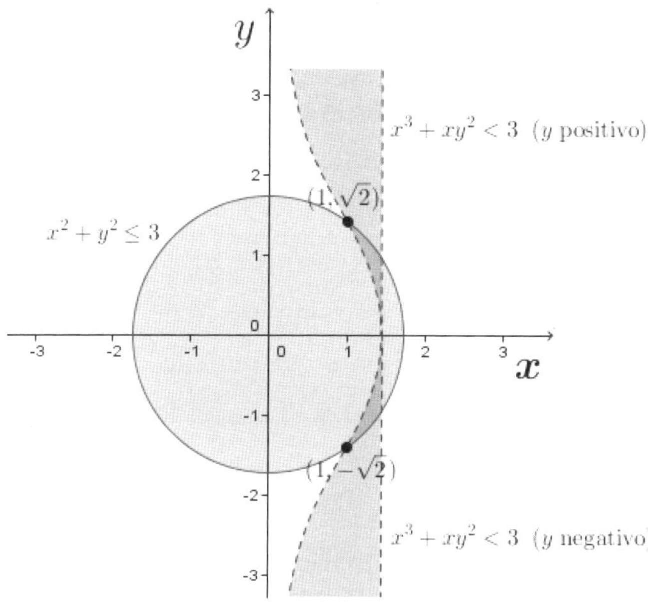

Figura 5.2: domínio de $f : A \subset \mathbb{R}^2 \to \mathbb{R}$, $f(x, y) = \sqrt{x^3 + xy^2 - 3}$, se $x^3 + xy^2 > 3$; $sen(x^2 + y^2 - 3)$, se $x^2 + y^2 \leq 3$.

Assim, o estudo da continuidade de f nos pontos de interseção das curvas $x^3 + xy^2 = 3$ e $x^2 + y^2 = 3$ equivale à verificação das seguintes igualdades:

$$\lim_{(x,y)\to(1,-\sqrt{2})} \sqrt{x^3 + xy^2 - 3} = \lim_{(x,y)\to(1,-\sqrt{2})} sen(x^2 + y^2 - 3) = f(1, -\sqrt{2})$$

e

$$\lim_{(x,y)\to(1,\sqrt{2})} \sqrt{x^3 + xy^2 - 3} = \lim_{(x,y)\to(1,\sqrt{2})} sen(x^2 + y^2 - 3) = f(1, \sqrt{2}).$$

Da definição de f decorre que $f(1,-\sqrt{2}) = 0$, bem como $f(1,\sqrt{2}) = 0$. Calculando esses limites, obtemos

$$\lim_{(x,y)\to(1,-\sqrt{2})} \sqrt{x^3+xy^2-3} = 0, \quad \lim_{(x,y)\to(1,-\sqrt{2})} sen(x^2+y^2-3) = 0,$$

bem como

$$\lim_{(x,y)\to(1,\sqrt{2})} \sqrt{x^3+xy^2-3} = 0, \quad \lim_{(x,y)\to(1,\sqrt{2})} sen(x^2+y^2-3) = 0.$$

Logo, f é contínua nos pontos de interseção das curvas $x^3+xy^2 = 3$ e $x^2+y^2 = 3$. Portanto, decorre de *i*), *ii*) e *iii*) que f é contínua em todo o seu domínio.

Observação: o leitor deve ter percebido que, ao resolver o sistema constituído pelas curvas $x^3+xy^2 = 3$ e $x^2+y^2 = 3$, obtivemos, de modo relativamente simples, os seus pontos de interseção. Um modo alternativo de proceder (sem ter que obter explicitamente esses pontos, o que, às vezes, pode ser bastante difícil) se baseia na seguinte observação simples: como um ponto de interseção dessas curvas é, por definição, um ponto que pertence a ambas as curvas, segue que tal ponto pertence, **necessariamente**, a uma delas, em particular. Sob esse ponto de vista, o problema de verificar se f é contínua em um **ponto de interseção** das curvas $x^3+xy^2 = 3$ e $x^2+y^2 = 3$ equivale a verificar se

i) f é contínua em um ponto arbitrário fixado de uma dessas curvas;

ii) o ponto em *i*) é também um ponto que pertence à outra curva;

iii) os valores dos limites de f em tal ponto comum coincidem, um com o outro, bem como com o valor de f nesse ponto.

A seguir, apresentamos a resolução alternativa desse exemplo, com base nessa observação.

Resolução alternativa.

Consideremos (x_0, y_0) um ponto arbitrário fixado do círculo de equação $x^2+y^2 = 3$, ou seja, $x_0^2+y_0^2 = 3$. Assim, f é contínua em (x_0, y_0) se e somente se

$$\lim_{(x,y)\to(x_0,y_0)} \sqrt{x^3+xy^2-3} = \lim_{(x,y)\to(x_0,y_0)} sen(x^2+y^2-3) = f(x_0,y_0).$$

Da definição de f decorre que $f(x_0, y_0) = 0$. Calculando esses limites, obtemos

$$\lim_{(x,y)\to(x_0,y_0)} \sqrt{x^3+xy^2-3} = \lim_{(x,y)\to(x_0,y_0)} \sqrt{x(x^2+y^2)-3} = \sqrt{x_0(x_0^2+y_0^2)-3} = \sqrt{3x_0-3}$$

e

$$\lim_{(x,y)\to(x_0,y_0)} sen(x^2+x^2-3) = \lim_{(x,y)\to(x_0,y_0)} \sqrt{x_0^2+y_0^2-3} = sen(0) = 0.$$

Logo, relativamente ao círculo de equação $x^2+y^2=3$, f é contínua apenas nos pontos (x_0, y_0) cujas abscissas satisfazem a igualdade $\sqrt{3x_0-3}=0$, os quais são

$(x_0, y_0) = (1, -\sqrt{2})$ e $(x_0, y_0) = (1, \sqrt{2})$. Podemos, agora, observar facilmente que esses pontos são os únicos que também pertencem à outra curva, $x^3+xy^2 = 3$, de modo que eles são, **precisamente**, os pontos de interseção dessas duas curvas. Logo, f é contínua nos pontos de interseção das curvas $x^3+xy^2 = 3$ e $x^2+y^2=3$.

Portanto, conforme discussão que precede a resolução anterior, f é contínua em todo o seu domínio.

Exemplo 2. Considere $f : \left(-\frac{\pi}{2}, \frac{\pi}{2}\right) \to \mathbb{R}$ continuamente derivável. Defina $g : \left\{(x,y) \in \left(-\frac{\pi}{2}, \frac{\pi}{2}\right) \times \left(-\frac{\pi}{2}, \frac{\pi}{2}\right) : y \neq x\right\} \to \mathbb{R}$ por $g(x,y) = \dfrac{f(x)-f(y)}{senx - seny}$. Demonstre que g tem uma extensão contínua em $\left(-\frac{\pi}{2}, \frac{\pi}{2}\right) \times \left(-\frac{\pi}{2}, \frac{\pi}{2}\right)$.

Resolução.

Pelo Teorema do Valor Médio (de Cauchy), para cada $y \neq x$, existe um número real $\theta \equiv \theta(x,y)$ entre x e y tal que

$$g(x,y) = \frac{f'(\theta)}{cos\theta}.$$

Uma vez que $\lim_{y\to x} \theta(x,y) = x$, definimos $g(x,x) = \dfrac{f'(x)}{cosx}$.

Portanto, a extensão contínua de g é (para todo $(x,y) \in \left(-\frac{\pi}{2}, \frac{\pi}{2}\right)\times\left(-\frac{\pi}{2}, \frac{\pi}{2}\right)$)

$$g^*(x,y) = \begin{cases} \dfrac{f(x)-f(y)}{senx - seny}, & \text{se} \quad y \neq x \\ \dfrac{f'(x)}{cosx}, & \text{se} \quad y = x \end{cases}.$$

Exemplo 3. Dada $f : A \subset \mathbb{R}^2 \to \mathbb{R}$, definida por $f(x, y) = \dfrac{xy}{x+y}$,

a) demonstre que não é possível estender f continuamente a qualquer conjunto que contenha o seu domínio, no caso em que $A = \{(x, y) \in \mathbb{R}^2 : y \neq -x\}$ (domínio maximal de f).

b) demonstre que é possível estender f continuamente a $A \cup \{(0, 0)\}$, no caso em que $A = \{(x, y) \in \mathbb{R}^2 : x \geq 0, y \geq 0, x^2 + y^2 > 0\}$ (domínio restrito de f).

c) Compare a expressão que define $f : A \subset \mathbb{R}^2 \to \mathbb{R}$ (no caso do item b)) com a fórmula da resistência de uma conexão de dois resistores em paralelo. Conclua que f nada mais é que a resistência resultante, em que $x > 0$ e $y > 0$ denotam as resistências.

Resolução.

a) Por um lado, ao longo de qualquer dos eixos coordenados (por exemplo, do eixo dos x), temos que $f(x, 0) = 0$, de modo que $\lim\limits_{\substack{(x,y)\to(0,0)\\ y=0}} f(x, y) = 0$. Por outro lado, ao longo da parábola $y = x^2 - x$, temos que $f(x, x^2 - x) = \dfrac{x^3 - x^2}{x^2}$, de modo que $\lim\limits_{\substack{(x,y)\to(0,0)\\ y=x^2-x}} f(x, y) = -1$.

Logo, $\lim\limits_{(x,y)\to(0,0)} f(x, y)$ não existe.

Portanto, não podemos estender f continuamente a qualquer conjunto que contenha o seu domínio, no caso em que $A = \{(x, y) \in \mathbb{R}^2 : y \neq -x\}$.

b) Uma vez que, agora, $A = \{(x, y) \in \mathbb{R}^2 : x \geq 0, y \geq 0, x^2 + y^2 > 0\}$, temos a estimativa

$$0 < max\{x, y\} \leq x + y, \quad \forall (x, y) \in A.$$

Assim, $\forall (x, y) \in A$, temos

$$0 \leq |f(x, y) - 0| = \left| \frac{x}{x+y} \right| |y| \leq |y|.$$

Logo, pelo Teorema 3.4.1 (Teorema do confronto), temos que $\lim\limits_{(x,y)\to(0,0)} f(x, y) = 0, \forall (x, y) \in A$.

Portanto, podemos estender f ao conjunto $A = \{(x, y) \in \mathbb{R}^2 : x \geq 0, y \geq 0, x^2 + y^2 > 0\} \cup \{(0,0)\}$, sendo a sua extensão contínua dada por

$$f^*(x,y) = \begin{cases} \dfrac{xy}{x+y}, & \text{se} \quad (x,y) \in A \\ 0 \quad , & \text{se} \quad (x,y) = (0,0) \end{cases}.$$

c) Por rearranjo,

$$\frac{1}{f(x,y)} = \frac{x+y}{xy} = \frac{1}{x} + \frac{1}{y}, \quad x > 0, \; y > 0,$$

obtemos a relação para a fórmula da resistência resultante para uma conexão em paralelo.

5.2 Continuidade de uma função em todo o seu domínio (o próprio $\mathbb{R}^2$)

Nessa seção, analisamos algumas funções reais de duas variáveis reais, com o objetivo de responder à seguinte pergunta: dada uma função $f : \mathbb{R}^2 \to \mathbb{R}$, ela é contínua em todo o $\mathbb{R}^2$? (Em caso negativo, é possível estendê-la continuamente a todo o $\mathbb{R}^2$?)

Tal como na seção anterior, as funções às quais nos referimos nesse contexto são aquelas definidas por partes. Para estudar a continuidade de uma função real definida por partes, devemos estudar a continuidade em cada uma de tais partes, bem como a continuidade nos pontos que separam essas partes. Formalmente, **uma função real definida por partes é contínua em todo o seu domínio se e somente se ela é contínua nos pontos de cada uma das partes que a define, bem como pontos de fronteira comuns a elas.**

Em particular, consideramos os casos nos quais a função dada depende de um (ou mais) parâmetro(s) real(reais), nos seguintes sentidos:

i) caso no qual uma dessas partes é definida como sendo um parâmetro real p (a ser determinado): a condição necessária e suficiente acima requer que $\lim\limits_{(x,y)\to(a,b)} f(x,y) = p$, em que (a, b) é ponto comum a tais partes;

ii) caso no qual uma dessas partes depende de um (ou mais) parâmetro(s) real(reais) e a outra é um número real dado: a condição necessária e suficiente acima requer que $\lim\limits_{(x,y)\to(a,b)} f(x,y)$, em que (a,b) é ponto comum a tais partes, seja igual a esse número real dado;

iii) caso no qual uma dessas partes depende de um (ou mais) parâmetro(s) real(reais) e a outra é definida como sendo outro parâmetro real p (a ser determinado): a condição necessária e suficiente acima requer que existam aqueles parâmetros reais de modo que exista $\lim\limits_{(x,y)\to(a,b)} f(x,y)$, em que (a,b) é ponto comum a tais partes, bem como $\lim\limits_{(x,y)\to(a,b)} f(x,y) = p$.

Assim, em outras palavras,

i') é suficiente que $\lim\limits_{(x,y)\to(a,b)} f(x,y)$ não exista, para que possamos concluir que f é descontínua em (a,b). Entretanto, é apenas necessário que $\lim\limits_{(x,y)\to(a,b)} f(x,y)$ exista para que f seja contínua: a suficiência nos é garantida ao impormos que $\lim\limits_{(x,y)\to(a,b)} f(x,y) = p$, o que nos garante a continuidade de f em todo o $\mathbb{R}^2$;

ii') é suficiente que $\lim\limits_{(x,y)\to(a,b)} f(x,y)$ não exista, para que possamos concluir que f é descontínua em (a,b). Entretanto, é apenas necessário que $\lim\limits_{(x,y)\to(a,b)} f(x,y)$ exista para que f seja contínua: a suficiência nos é garantida ao impormos que $\lim\limits_{(x,y)\to(a,b)} f(x,y)$ seja igual ao número real dado;

iii') é suficiente que $\lim\limits_{(x,y)\to(a,b)} f(x,y)$ não exista, para que possamos concluir que f seja descontínua em (a,b). Entretanto, é apenas necessário que existam aqueles parâmetros reais de modo que $\lim\limits_{(x,y)\to(a,b)} f(x,y)$ exista: a suficiência nos é garantida ao impormos que $\lim\limits_{(x,y)\to(a,b)} f(x,y) = p$.

Em resumo, tal discussão revela-nos que o problema de saber se uma função $f : \mathbb{R}^2 \to \mathbb{R}$ definida por partes é contínua em todo o $\mathbb{R}^2$ consiste, essencialmente, em verificar se existe $\lim\limits_{(x,y)\to(a,b)} f(x,y)$, para todo ponto (a,b) comum às partes que definem f, em cujo caso afirmativo, basta definirmos a outra parte como sendo o valor desse limite.

Nos exemplos a seguir, apresentamos o estudo da continuidade de algumas funções reais definidas por partes, em todo o $\mathbb{R}^2$, conforme descrevemos.

Exemplo 1. Dada $f : \mathbb{R}^2 \to \mathbb{R}$, definida por

$$f(x,y) = \begin{cases} \sqrt{x^2+y^2}, & \text{se} \quad x+y>0 \\ x+y \quad , & \text{se} \quad x+y \leq 0 \end{cases},$$

f é contínua em todo o $\mathbb{R}^2$? (Em caso negativo, verifique se é possível estendê-la por continuidade a todo o $\mathbb{R}^2$).

Resolução.

Devemos verificar se f é contínua em cada uma das partes que a define, bem como nos pontos de fronteira comuns a elas, ou seja, nos pontos da reta de equação $x+y=0$, como segue:

i) a primeira parte da expressão que define f, $\sqrt{x^2+y^2}$, é uma função contínua no domínio $\mathbb{R}^2$ de f (em particular, é contínua em todo (x,y) que satisfaz a condição $x+y>0$).

ii) a segunda parte da expressão que define f, $x+y$, é também uma função contínua no domínio $\mathbb{R}^2$ de f (em particular, é contínua em todo (x,y) que satisfaz a condição $x+y<0$).

iii) para estudar a continuidade de f nos pontos da reta de equação $x+y=0$, ou seja, nos pontos do tipo $(x_0,-x_0)$, consideremos os seguintes conjuntos:

$X = \{(x,y) \in \mathbb{R}^2 : x+y>0\}$,

$Y = \{(x,y) \in \mathbb{R}^2 : x+y<0\}$,

$Z = \{(x,y) \in \mathbb{R}^2 : x+y=0\}$.

Assim, a função f é contínua em Z se e somente se

$$\lim_{\substack{(x,y)\to(x_0,-x_0)\\(x,y)\in X}} f(x,y) = \lim_{\substack{(x,y)\to(x_0,-x_0)\\(x,y)\in Y}} f(x,y) = f(x_0,-x_0).$$

Da definição de f decorre que $f(x_0,-x_0)=0$. Calculando esses limites, obtemos

$$\begin{aligned}\lim_{\substack{(x,y)\to(x_0,-x_0)\\(x,y)\in X}} f(x,y) &= \lim_{(x,y)\to(x_0,-x_0)} \sqrt{x^2+y^2}\\ &= \sqrt{{x_0}^2+(-x_0)^2}\\ &= \sqrt{2{x_0}^2},\end{aligned}$$

$$\begin{aligned}\lim_{\substack{(x,y)\to(x_0,-x_0)\\(x,y)\in Y}} f(x,y) &= \lim_{(x,y)\to(x_0,-x_0)} (x+y)\\ &= x_0+(-x_0)\\ &= 0.\end{aligned}$$

Portanto, relativamente à reta de equação $x + y = 0$, f é contínua **apenas** no ponto $(x_0, -x_0)$ tal que $\sqrt{2{x_0}^2} = 0$, ou seja, no ponto $(x_0, -x_0) = (0, 0)$, de modo que f não é estendível por continuidade a todo o $\mathbb{R}^2$. (f é contínua em $\{(x, y) \in \mathbb{R}^2 : y \neq -x\} \cup \{(0, 0)\}$.)

Exemplo 2. Dada $f : \mathbb{R}^2 \to \mathbb{R}$, definida por

$$f(x,y) = \begin{cases} \dfrac{1}{1-ln(x^2+y^2)}, & \text{se} \quad x^2+y^2 \neq e \ \text{ e } x^2+y^2 \neq 0 \\ 0 \quad , & \text{se} \quad x^2+y^2 = e \ \text{ ou } x^2+y^2 = 0 \end{cases},$$

f é contínua em todo o $\mathbb{R}^2$? (Em caso negativo, verifique se é possível estendê-la por continuidade a todo o $\mathbb{R}^2$).

Resolução.

Devemos verificar se f é contínua em cada uma das partes que a define, a saber:

$X = \{(x, y) \in \mathbb{R}^2 : x^2 + y^2 \neq e \text{ e } x^2 + y^2 \neq 0\}$,

$Y = \{(x, y) \in \mathbb{R}^2 : x^2 + y^2 = e\}$,

$Z = \{(x, y) \in \mathbb{R}^2 : x^2 + y^2 = 0\}(= \{(0, 0)\})$.

i) f é contínua em X, que é o próprio domínio da primeira parte que define f.

ii) Como

$$\lim_{\substack{(x,y)\to(x_0,y_0)\\(x_0,y_0)\in Y}} f(x,y) = \lim_{(x,y)\to\left(x_0,\pm\sqrt{e-x_0^2}\right)} \frac{1}{1-ln(x^2+y^2)} = \infty,$$

ou seja, o limite não existe (consequentemente, f não é contínua em Y), não podemos estender f por continuidade aos pontos de Y.

iii) Como

$$\lim_{\substack{(x,y)\to(x_0,y_0)\\(x,y)\in Z}} f(x,y) = \lim_{(x,y)\to(0,0)} \frac{1}{1-ln(x^2+y^2)} = 0\ (= f(0,0)),$$

segue que f é contínua em Z.

Portanto, f é contínua em $\{(x,y)\in\mathbb{R}^2 : x^2+y^2\neq e\}$, mas não é possível estendê-la por continuidade a todo o $\mathbb{R}^2$.

Exemplo 3. Dada $f:\mathbb{R}^2\to\mathbb{R}$, definida por

$$f(x,y) = \begin{cases} \dfrac{(x+y)^p}{x^2+y^2}, & \text{se} \quad (x,y)\neq(0,0) \\ 0 \quad , & \text{se} \quad (x,y)=(0,0) \end{cases},$$

discuta a continuidade de f em termos do parâmetro real p.

Resolução.

Uma vez que a primeira parte de f é uma função racional cujo domínio é $\mathbb{R}^2-\{(0,0)\}$, temos que f é contínua em todo o seu domínio ($\mathbb{R}^2$) se e somente se $\lim\limits_{(x,y)\to(0,0)} f(x,y) = f(0,0)(=0)$.

Dado que $(x+y)^2 \le 2(x^2+y^2)$, temos

$$|(x+y)^p| = (|x+y|^2)^{\frac{p}{2}} \le [2(x^2+y^2)]^{\frac{p}{2}} = 2^{\frac{p}{2}}(x^2+y^2)^{\frac{p}{2}}.$$

Assim, para todo $(x,y)\neq(0,0)$, temos

$$|f(x,y)-0| = \left|\frac{(x+y)^p}{x^2+y^2}\right| = \frac{|(x+y)^p|}{x^2+y^2} \le 2^{\frac{p}{q}}\frac{(x^2+y^2)^{\frac{p}{2}}}{x^2+y^2} = 2^{\frac{p}{2}}(x^2+y^2)^{\frac{p}{2}-1}.$$

Assim, se $\dfrac{p}{2}-1>0$, ou seja, se $p>2$, então $\lim\limits_{(x,y)\to(0,0)} 2^{\frac{p}{2}}(x^2+y^2)^{\frac{p}{2}-1}=0$, de modo que, para $p>2$, f é contínua em $(0,0)$ (consequentemente, em todo o $\mathbb{R}^2$, de acordo com a definição de f).

Agora, por exemplo, ao longo do eixo x (menos a origem), temos

$$\begin{aligned}\lim_{\substack{(x,y)\to(0,0)\\ y=0}} f(x,y) &= \lim_{x\to 0} f(x,0)\\ &= \lim_{x\to 0} x^{p-2}\\ &= \begin{cases} 1\ , & \text{se} \quad p=2\\ \pm\infty, & \text{se} \quad p<2 \ (p \text{ par ou ímpar, respectivamente})\end{cases},\end{aligned}$$

o que nos permite afirmar que, para $p \leq 2$, f não é contínua em $(0,0)$, nem é possível estendê-la por continuidade a todo o $\mathbb{R}^2$.

5.3 Extensão contínua de uma função em seu domínio (subconjunto próprio de $\mathbb{R}^2$) a todo o $\mathbb{R}^2$

Nessa última seção, analisamos algumas funções reais de duas variáveis reais, com o objetivo de responder à seguinte pergunta: dada uma função $f : A \to \mathbb{R}$, contínua em um subconjunto próprio A de $\mathbb{R}^2$, é possível estendê-la continuamente a todo o $\mathbb{R}^2$? (Em caso negativo, qual é o maior subconjunto de $\mathbb{R}^2$ ao qual é possível estendê-la continuamente?)

As funções às quais nos referimos nesse contexto são aquelas definidas por uma única expressão (normalmente, funções racionais). Tais funções são, pois, sempre contínuas em seus respectivos domínios (subconjuntos próprios de $\mathbb{R}^2$). Assim, estamos interessados em saber se é possível estendê-las continuamente a todo o $\mathbb{R}^2$. Sendo $f : A \subset \mathbb{R}^2 \to \mathbb{R}$, contínua em A (A um subconjunto próprio de $\mathbb{R}^2$), o problema de saber se é possível estender f continuamente a todo o $\mathbb{R}^2$ consiste, essencialmente, em verificar se existe $\lim\limits_{(x,y)\to(a,b)} f(x,y)$. Em caso afirmativo ($\lim\limits_{(x,y)\to(a,b)} f(x,y) = L$), é suficiente definirmos $f(a,b)$ como sendo o valor desse limite. A função

$$f^*(x,y) = \begin{cases} f(x,y), & \text{se} \quad (x,y)\in A\\ \quad L\ , & \text{se} \quad (x,y)=(a,b)\end{cases}$$

é, portanto, a solução desse problema.

Nos exemplos a seguir, apresentamos o estudo da extensão contínua de algumas funções definidas em subconjuntos próprios de $\mathbb{R}^2$, conforme descrevemos.

No primeiro exemplo, usamos o Teorema 3.2.1 (Limite ao longo de curvas) para conjecturar a possível existência do limite.

Exemplo 1. Dada $f : \mathbb{R}^2 - \{(0,0)\} \to \mathbb{R}$, definida por $f(x,y) = \dfrac{x^2+y^2-x^3y^3}{x^2+y^2}$, verifique se é possível estendê-la por continuidade a todo o $\mathbb{R}^2$.

Resolução.

f é contínua em seu domínio, pois é uma função racional (*vide* item *v*) do Teorema 4.3.1). Para verificarmos se é possível estender f por continuidade a todo o $\mathbb{R}^2$, devemos analisar se $\lim\limits_{(x,y)\to(0,0)} f(x,y)$ existe. Como, por exemplo, ao longo do eixo x, menos a origem, temos

$$\lim_{\substack{(x,y)\to(0,0)\\ y=0}} f(x,y) = \lim_{\substack{(x,y)\to(0,0)\\ y=0}} \frac{x^2+y^2-x^3y^3}{x^2+y^2} = \lim_{x\to 0}\frac{x^2}{x^2} = 1.$$

Logo, se $\lim\limits_{(x,y)\to(0,0)} f(x,y)$ existir, então seu valor deverá ser igual a 1, devido ao Teorema 3.0.1 (Unicidade do limite), em cujo caso, será possível estender f por continuidade a todo o $\mathbb{R}^2$, definindo $f(0,0)$ como sendo 1 (o valor desse limite). Assim, o problema ora proposto se resume, em última análise, a verificar se $\lim\limits_{(x,y)\to(0,0)} f(x,y)$ existe $(=1)$. Observemos, inicialmente, que, para todo (x,y) pertencente ao domínio de f, temos

$$f(x,y) = \frac{x^2+y^2-x^3y^3}{x^2+y^2} = \frac{x^2+y^2}{x^2+y^2} - \frac{x^3y^3}{x^2+y^2} = 1 - \frac{x^3y^3}{x^2+y^2},$$

de modo que, para demonstrar que $\lim\limits_{(x,y)\to(0,0)} f(x,y) = 1$, é suficiente demonstrar que $\lim\limits_{(x,y)\to(0,0)} \dfrac{x^3y^3}{x^2+y^2} = 0$, devido ao item *iii*) do Teorema 2.4.1 (Propriedades operatórias de limites).

Temos

$$0 \leq \left|\frac{x^3y^3}{x^2+y^2}\right| = \frac{x^2}{x^2+y^2}|xy^3| \leq |xy^3|.$$

Assim, decorre do Teorema 3.4.1 (Teorema do confronto) que

$$\lim_{(x,y)\to(0,0)} \left| \frac{x^3y^3}{x^2+y^2} \right| = 0,$$

de modo que, pelo Teorema 3.5.1 (Limite do valor absoluto de uma função), $\displaystyle\lim_{(x,y)\to(0,0)} \frac{x^3y^3}{x^2+y^2} = 0.$

Portanto, é possível estender f por continuidade a todo o $\mathbb{R}^2$, sendo a sua extensão f^* definida por

$$f^*(x,y) = \begin{cases} \dfrac{x^2+y^2-x^3y^3}{x^2+y^2}, & \text{se} \quad (x,y) \neq (0,0) \\ 1 & , \text{se} \quad (x,y) = (0,0) \end{cases}.$$

Exemplo 2. Dada $f : \{(x,y) \in \mathbb{R}^2 : y \neq x\} \to \mathbb{R}$, definida por $f(x,y) = \dfrac{x^3-y^3}{x-y}$, verifique se é possível estendê-la por continuidade a todo o $\mathbb{R}^2$.

Resolução.

f é contínua em seu domínio, pois é uma função racional (*vide* item v) do Teorema 4.3.1). Para verificar se é possível estender f por continuidade a todo o $\mathbb{R}^2$, devemos analisar se existe $\displaystyle\lim_{(x,y)\to(x_0,x_0)} f(x,y) (= f(x_0,x_0))$, em que (x_0,x_0) é um ponto arbitrário fixado pertencente à reta $y = x$. Como

$$\begin{aligned} \lim_{(x,y)\to(x_0,x_0)} \frac{x^3-y^3}{x-y} &= \lim_{(x,y)\to(x_0,x_0)} \frac{(x-y)(x^2+xy+y^2)}{x-y} \\ &= \lim_{(x,y)\to(x_0,x_0)} (x^2+xy+y^2) \\ &= 3x_0^2, \end{aligned}$$

decorre que é possível estender f por continuidade a todo o $\mathbb{R}^2$, definindo $f(x_0,x_0)$ como sendo $3x_0^2$ (o valor do limite ora calculado) (mais precisamente, $f(x,y) = 3x^2$, devido à arbitrariedade do ponto (x_0,x_0)), sendo, pois, a sua extensão f^* definida por

$$f^*(x,y) = \begin{cases} \dfrac{x^3-y^3}{x-y}, & \text{se} \quad y \neq x \\ 3x^2 & , \text{se} \quad y = x \end{cases}.$$

Exemplo 3. Dada $f : \{(x, y) \in \mathbb{R}^2 : y \neq \pm x\} \to \mathbb{R}$, definida por $f(x, y) = \dfrac{x - y}{x^2 - y^2}$, verifique se é possível estendê-la por continuidade a todo o $\mathbb{R}^2$.

Resolução.

f é contínua em seu domínio, pois é uma função racional (*vide* item v) do Teorema 4.3.1). Para verificar se é possível estender f por continuidade a todo o $\mathbb{R}^2$, devemos analisar se existe $\displaystyle\lim_{(x,y)\to(x_0,x_0)} f(x, y) (= f(x_0, x_0))$, em que (x_0, x_0) é um ponto arbitrário fixado pertencente à reta $y = x$, bem como se existe $\displaystyle\lim_{(x,y)\to(x_0,-x_0)} f(x, y) (= f(x_0, -x_0))$, em que $(x_0, -x_0)$ é um ponto arbitrário fixado pertencente à reta $y = -x$. O seguinte cálculo

$$\begin{aligned}
\lim_{(x,y)\to(x_0,x_0)} \frac{x - y}{x^2 - y^2} &= \lim_{(x,y)\to(x_0,x_0)} \frac{x - y}{(x - y)(x + y)} \\
&= \lim_{(x,y)\to(x_0,x_0)} \frac{1}{x + y} \\
&= \frac{1}{2x_0},
\end{aligned}$$

desde que $x_0 \neq 0$, nos mostra que é possível estender f por continuidade a todos os pontos da reta $y = x$, exceto à origem, definindo $f(x_0, x_0)$ como sendo $\dfrac{1}{2x_0}$ (o valor do limite ora calculado) (mais precisamente, $f(x, y) = \dfrac{1}{2x}$, devido à arbitrariedade do ponto (x_0, x_0)), sendo, pois, a sua extensão f^* definida por

$$f^*(x, y) = \begin{cases} \dfrac{1}{x + y}, & \text{se} \quad y \neq x \ (y \neq -x) \\ \dfrac{1}{2x}, & \text{se} \quad y = x, \text{ exceto } (0,0) \end{cases}.$$

Embora tenhamos mostrado que não é possível estender f por continuidade a todo o $\mathbb{R}^2$, mas apenas aos pontos da reta $y = x$, exceto à origem, não podemos, ao contrário, estender f por continuidade a qualquer que seja o ponto $(x_0, -x_0)$ da reta $y = -x$, pois

$$\begin{aligned}
\lim_{(x,y)\to(x_0,-x_0)} \frac{x - y}{x^2 - y^2} &= \lim_{(x,y)\to(x_0,-x_0)} \frac{x - y}{(x - y)(x + y)} \\
&= \lim_{(x,y)\to(x_0,-x_0)} \frac{1}{x + y} \\
&= \pm\infty,
\end{aligned}$$

de modo que não existe possibilidade alguma de definir $f(x,-x)$ tal que f se torne contínua em $y=-x$.

5.4 Exercícios

Introdução

1. Demonstre que $f:\mathbb{R}^2\to\mathbb{R}$, definida por

$$f(x,y)=\begin{cases}\dfrac{1-cos x}{xysenx}ln(1+y), & \text{se} \quad 0\neq y>-1, x\neq n\pi\ (n\in\mathbb{Z})\\ \dfrac{1}{2} \quad , & \text{caso contrário}\end{cases},$$

é contínua em $(0,0)$.

2. Dada $f:\mathbb{R}^2\to\mathbb{R}$, definida por

$$f(x,y)=\begin{cases}(1+xy)^{\frac{1}{x}}, & \text{se} \quad x\neq 0 \text{ e } xy>-1\\ g(y) \quad , & \text{se} \quad x=0 \text{ ou } xy\leq -1\end{cases},$$

obtenha a função g tal que f seja contínua em todo o $\mathbb{R}^2$.

3. Dada $f:\mathbb{R}^2\to\mathbb{R}$, definida por

$$f(x,y)=\begin{cases}\frac{x^2-4y^2}{x-2y}, & \text{se} \quad x\neq 2y\\ g(x) \quad , & \text{se} \quad x=2y\end{cases},$$

obtenha a função g tal que f seja contínua em $\mathbb{R}^2$.

4. Considere $g:\mathbb{R}\to\mathbb{R}$ uma função real de variável real de classe C^1 (ou seja, g é derivável e sua derivada é contínua). Dada $f:\mathbb{R}^2\to\mathbb{R}$, definida por

$$f(x,y)=\begin{cases}\frac{g(x)-g(y)}{x-y}, & \text{se} \quad x\neq y\\ g'(x) \quad , & \text{se} \quad x=y\end{cases},$$

verifique se f é contínua em $\mathbb{R}^2$.

5. Considere $f : \mathbb{R}^2 \to \mathbb{R}$, definida por

$$f(x,y) = \begin{cases} \frac{x^2y^2}{x^2y^2-(x^2+y^2)}, & \text{se} \quad x^2y^2 \neq x^2+y^2 \\ \quad p \quad , & \text{se} \quad x^2y^2 = x^2+y^2 \end{cases}.$$

a) Dado $A = \{(x,y) \in \mathbb{R}^2 : x^2+y^2 < r\}$, obtenha o maior valor de r tal que f esteja definida em A.

b) Analise se f é contínua em A, para algum $p \in \mathbb{R}$.

6. Considere $f : \mathbb{R}^2 \to \mathbb{R}$, definida por

$$f(x,y) = \begin{cases} 0, & \text{se} \quad |y| > x^2 \text{ ou } y = 0 \\ 1, & \text{se} \quad |y| \leq x^2 \text{ e } y \neq 0 \end{cases}.$$

a) Demonstre que f é contínua em $(0,0)$ ao longo de qualquer reta que passa pela origem.

b) Demonstre que f é descontínua em $(0,0)$.

c) Forneça exemplo de uma função real de duas variáveis reais que seja contínua em $(0,0)$ ao longo de qualquer parábola que passa pela origem, porém é descontínua em $(0,0)$. (*Sugestão*: baseie-se na função dada. (É possível generalizar esse exercício substituindo "parábola" pela curva $y = mx^n$, para todos $m \in \mathbb{R} - \{0\}$ e $n \in \mathbb{N}$? Justifique sua resposta).)

7. Dada $f : \mathbb{R}^2 \to \mathbb{R}$, definida por

$$f(x,y) = \begin{cases} \dfrac{y^2}{x}, & \text{se} \quad x \neq 0 \\ 0\ , & \text{se} \quad x = 0 \end{cases},$$

demonstre que f é contínua em $(0,0)$ ao longo de qualquer reta que passa pela origem, porém não é limitada em qualquer vizinhança $\mathscr{V}_\delta(0,0)$.

8. Dada $f : \mathbb{R}^2 \to \mathbb{R}$, definida por

$$f(x,y) = \begin{cases} sen\left(\dfrac{\pi y}{x^2}\right), & \text{se} \quad 0 < y < x^2 \\ 0 \quad , & \text{se} \quad y \leq 0 \text{ ou } y \geq x^2 \end{cases},$$

demonstre que

a) a restrição de f a qualquer segmento de reta que passa pela origem é contínua.

b) f é descontínua em $(0,0)$.

9. Considere $f : \mathbb{R}^2 \to \mathbb{R}$, definida por

$$f(x,y) = \begin{cases} 0, & \text{se} \quad y \leq 0 \quad \text{ou} \quad y \geq x^4 \\ 1, & \text{se} \quad 0 < y < x^4 \end{cases}.$$

a) Demonstre que $\lim_{(x,y)\to(0,0)} f(x,y) = 0$, para todo $(x,y) \in C = \{(x,y) \in \mathbb{R}^2 : y = mx^a,\ a < 4\}$.

b) Apesar do resultado do item a), demonstre que f é descontínua em $(0,0)$.

c) Demonstre que f é descontínua em duas curvas inteiras.

10. Considere $f : \mathbb{R}^2 \to \mathbb{R}$, definida por

$$f(x,y) = \begin{cases} 0, & \text{se} \quad y \leq 0 \text{ ou } y \geq x^2 \\ 1, & \text{se} \quad 0 < y < x^2 \end{cases}.$$

a) Demonstre que $\lim_{(x,y)\to(0,0)} f(x,y) = 0$, para todo $(x,y) \in C = \{(x,y) \in \mathbb{R}^2 : y = mx\}$.

b) Obtenha uma curva que passe pela origem, ao longo da qual f tenha valor 1.

c) f é contínua na origem? Justifique sua resposta.

11. Considere $A = \{(x, y) \in \mathbb{R}^2 : x > 0 \text{ e } 0 < y < x^2\}$.

a) Demonstre que toda reta que passa por $(0, 0)$ contém um intervalo em torno de $(0, 0)$ que está contido em $\mathbb{R}^2 - A$.

b) Defina $f : \mathbb{R}^2 \to \mathbb{R}$ por $f(x, y) = \begin{cases} 1, & \text{se} \quad x \in A \\ 0, & \text{se} \quad x \notin A \end{cases}$. Para cada $\mathbf{a} \in \mathbb{R}^2$, defina $g_{\mathbf{a}} : \mathbb{R} \to \mathbb{R}$ por $g_{\mathbf{a}} = f(t\mathbf{a})$, $t \in \mathbb{R}$. Demonstre que cada $g_{\mathbf{a}}$ é contínua em 0, mas f é descontínua em $(0, 0)$.

12. Demonstre que $f : \mathbb{R}^2 \to \mathbb{R}$, definida por

$$f(x, y) = \begin{cases} \dfrac{xsenx + yseny}{x^2 + y^2}, & \text{se} \quad (x, y) \neq (0, 0) \\ \quad 1 \quad , & \text{se} \quad (x, y) = (0, 0) \end{cases},$$

é contínua.

[Extras]

1. Considere $f : \mathbb{R}^2 \to \mathbb{R}$, dada por

$$f(x, y) = \begin{cases} \dfrac{ln(1 + x^4 + x^2y^2 + y^6)}{x^2 + y^2}, & \text{se} \quad (x, y) \neq (0, 0) \\ \quad 0 \quad , & \text{se} \quad (x, y) = (0, 0) \end{cases}.$$

a) Calcule $\lim\limits_{(x,y)\to(0,0)} f(x, y)$.

b) Calcule $\lim\limits_{(x,y)\to\infty} f(x, y)$.

c) Conclua, com base nos resultados dos itens a) e b), que existe $a \in \mathbb{R}$, $a > 0$, tal que $f(\mathbb{R}^2) = [0, a]$.

2. Dada $f : A \subseteq \mathbb{R}^2 \to \mathbb{R}$, verifique se a seguinte afirmação é verdadeira ou falsa (justifique sua resposta): se A é compacto, se f toma, em algum ponto de A, um valor positivo, e, em algum outro ponto de A, um valor negativo, e se f não se anula em ponto algum de A, então f não pode ser contínua em A.

Seção 5.1

1. Considere $f : \{(x, y) \in \mathbb{R}^2 : y \neq 0\} \to \mathbb{R}$ definida por $f(x, y) = e^{\frac{x}{y}}$.

a) É possível definir f na fronteira do seu domínio? Justifique sua resposta.

b) Calcule $\lim\limits_{(x,y)\to(0,0)} f(x, y)$.

c) O domínio de f pode ser estendido de modo que a função resultante seja contínua em $\mathbb{R}^2$? Justifique sua resposta.

2. Considere $f : \mathbb{R}^2 \to \mathbb{R}$, dada por

$$f(x,y) = \begin{cases} \dfrac{x^2y^2}{x^2y^2 + x^8 + y^8}, & \text{se} \quad (x,y) \neq (0,0) \\ 1 \quad , & \text{se} \quad (x,y) = (0,0) \end{cases}.$$

a) Demonstre que f não é contínua em $(0, 0)$.

b) Demonstre que não é possível estender f continuamente a todo o seu domínio $\mathbb{R}^2$.

c) Demonstre que f é contínua em $A = \{(x, y) \in \mathbb{R}^2 : y \geq x^2, x \geq y^2\}$.

3. Considere $f : \{(x, y) \in \mathbb{R}^2 : y \neq -x^2\} \to \mathbb{R}$, dada por $f(x, y) = \dfrac{ysen(x + y)}{x^2 + y}$.

a) f pode ser entendida continuamente à origem? Justifique sua resposta.

b) Demonstre que é possível estender f continuamente a $A = \{(x, y) \in \mathbb{R}^2 : y > 0\}$.

4. Considere $f : (a, b) \to \mathbb{R}$ e $g : (a, b) \to \mathbb{R}$ continuamente deriváveis, $g' \neq 0$. Defina $h : \{(x, y) \in (a, b)^2 : y \neq x\} \to \mathbb{R}$ por

$h(x,y) = \dfrac{f^2(x) - f^2(y)}{g(x) - g(y)}$. Demonstre que h tem uma extensão contínua em $(a,b)^2$.

[Projeto]

Demonstre que a função dada no Exercício 2 dessa seção é contínua, mais geralmente, em $A = \{(x,y) \in \mathbb{R}^2 : y \geq x^{\frac{6-p}{2}}, x \geq y^{\frac{6-q}{2}}, 0 < p, q < 6, (6-p)\cdot(6-q) > 4\}$.

Seção 5.2

[Exercícios 1-20] Verifique quais das funções reais de duas variáveis reais $f : \mathbb{R}^2 \to \mathbb{R}$ dadas a seguir são contínuas:

1. $f(x,y) = \begin{cases} \frac{x^2-xy}{x+y}, & \text{se} \quad y \neq -x \\ 0 \quad, & \text{se} \quad y = -x \end{cases}.$

2. $f(x,y) = \begin{cases} \frac{xy}{x^2-y^2}, & \text{se} \quad y \neq \pm x \\ 1 \quad, & \text{se} \quad y = \pm x \end{cases}.$

3. $f(x,y) = \begin{cases} \frac{x^3+3y^2}{x^2-5y^2}, & \text{se} \quad y \neq \pm\dfrac{\sqrt{5}}{5}x \\ 0 \quad, & \text{se} \quad y = \pm\dfrac{\sqrt{5}}{5}x \end{cases}.$

4. $f(x,y) = \begin{cases} \frac{x^3y}{x^4+y^2}, & \text{se} \quad (x,y) \neq (0,0) \\ 0 \quad, & \text{se} \quad (x,y) = (0,0) \end{cases}.$

5. $f(x,y) = \begin{cases} \frac{sen(x-y)}{|x|+|y|}, & \text{se} \quad (x,y) \neq (0,0) \\ 0 \quad, & \text{se} \quad (x,y) = (0,0) \end{cases}.$

6. $f(x,y) = \begin{cases} \frac{(x^2-y)^2y^2}{x^8}, & \text{se} \quad x > 0 \text{ e } 0 < y < x^2 \\ 0 \quad, & \text{se} \quad x \leq 0 \text{ ou } y \leq 0 \text{ ou } y \geq x^2 \end{cases}.$

7. $f(x,y) = \begin{cases} \frac{(x^2-y)^2y^2}{x^7\sqrt{x}}, & \text{se} \quad x > 0 \text{ e } 0 < y < x^2 \\ 0 \quad, & \text{se} \quad x \leq 0 \text{ ou } y \leq 0 \text{ ou } y \geq x^2 \end{cases}.$

8. $f(x,y) = \begin{cases} 0, & \text{se} \quad x^2 < y < 2x^2 \\ 1, & \text{se} \quad y \leq x^2 \text{ ou } y \geq 2x^2 \end{cases}.$

9. $f : \mathbb{R}^2 \to \mathbb{R}$, definida por

$$f(x,y) = \begin{cases} \dfrac{sen(xy)}{\sqrt{x^2+y^2}}, & \text{se} \quad (x,y) \neq (0,0) \\ 0 \quad , & \text{se} \quad (x,y) = (0,0) \end{cases}.$$

10. $f : \mathbb{R}^2 \to \mathbb{R}$, definida por

$$f(x,y) = \begin{cases} \dfrac{x}{\sqrt{y^2-x^2}}, & \text{se} \quad y < -|x| \text{ ou } y > |x| \\ 0 \quad , & \text{se} \quad -|x| \leq y \leq |x| \end{cases}.$$

11. $f : \mathbb{R}^2 \to \mathbb{R}$, definida por

$$f(x,y) = \begin{cases} \dfrac{y}{x}, & \text{se} \quad |y| < x^2 \\ 0, & \text{se} \quad |y| \geq x^2 \end{cases}.$$

12. $f : \mathbb{R}^2 \to \mathbb{R}$, definida por

$$f(x,y) = \begin{cases} e^{y-x} \quad , & \text{se} \quad y \leq x \\ ln(y-x), & \text{se} \quad y > x \end{cases}.$$

13. $f : \mathbb{R}^2 \to \mathbb{R}$, definida por

$$f(x,y) = \begin{cases} \dfrac{x}{3-y} ln(1-x), & \text{se} \quad x < 1 \text{ e } y \neq 3 \\ x^2 + y^3 \quad , & \text{se} \quad x \geq 1 \text{ ou } y = 3 \end{cases}.$$

14. $f : \mathbb{R}^2 \to \mathbb{R}$, definida por

$$f(x,y) = \begin{cases} \dfrac{x+y}{\sqrt{x^2+y^2}}, & \text{se} \quad 0 < x^2+y^2 < 4 \\ e^{x^2+y^2-4} \quad , & \text{se} \quad x^2+y^2 \geq 4 \\ 0 \quad , & \text{se} \quad x^2+y^2 = 0 \end{cases}.$$

15. $f : \mathbb{R}^2 \to \mathbb{R}$, definida por

$$f(x,y) = \begin{cases} \dfrac{x^2}{x^2+(y-1)^2}, & \text{se} \quad x > 0, y > 0 \text{ e } x^2+(y-1)^2 < 1 \\ 0 \quad , & \text{se} \quad x \leq 0 \text{ ou } y \leq 0 \text{ ou } x^2+(y-1)^2 \geq 1 \end{cases}.$$

16. $f : \mathbb{R}^2 \to \mathbb{R}$, definida por

$$f(x,y) = \begin{cases} \dfrac{xseny + ysenx}{x+y}, & \text{se} \quad y \neq -x \\ 0 \quad , & \text{se} \quad y = -x \end{cases}.$$

17. $f : \mathbb{R}^2 \to \mathbb{R}$, definida por

$$f(x,y) = \begin{cases} \dfrac{senx - seny}{x-y}, & \text{se} \quad y \neq x \\ cosx \quad , & \text{se} \quad y = x \end{cases}.$$

18. $f : \mathbb{R}^2 \to \mathbb{R}$, definida por

$$f(x,y) = \begin{cases} \dfrac{e^x - e^{-y}}{x+y}, & \text{se} \quad y \neq -x \\ e^x \quad , & \text{se} \quad y = -x \end{cases}.$$

19. $f : \mathbb{R}^2 \to \mathbb{R}$, definida por

$$f(x,y) = \begin{cases} \dfrac{x^2y}{y+senx}, & \text{se} \quad y \neq -xsenx \\ cosx \quad , & \text{se} \quad y = xsenx \end{cases}.$$

20. $f : \mathbb{R}^2 \to \mathbb{R}$, definida por

$$f(x,y) = \begin{cases} \dfrac{e^{-\frac{1}{x^2+y^2}}}{sen(\sqrt{x^2+y^2})}, & \text{se} \quad x^2+y^2 \neq n^2\pi^2 \\ 0 \quad , & \text{se} \quad x^2+y^2 = n^2\pi^2 \end{cases} \quad (n \in \mathbb{Z}).$$

[Exercícios 21-30] Dadas as funções reais de duas variáveis reais definidas a seguir, obtenha os possíveis valores dos parâmetros reais p, q e r, para que elas sejam contínuas em $\mathbb{R}^2$.

21. $f : \mathbb{R}^2 \to \mathbb{R}$, definida por

$$f(x,y) = \begin{cases} \dfrac{2y^3 - x^3}{x^2+y^2}, & \text{se} \quad (x,y) \neq (0,0) \\ p \quad , & \text{se} \quad (x,y) = (0,0) \end{cases}.$$

22. $f : \mathbb{R}^2 \to \mathbb{R}$, definida por

$$f(x,y) = \begin{cases} \dfrac{ln(x^2+y^2)}{3y-1}, & \text{se} \quad y \neq \frac{1}{3} \text{ e } (x,y) \neq (0,0) \\ p \quad , & \text{se} \quad y = \frac{1}{3} \text{ ou } (x,y) = (0,0) \end{cases}.$$

23. $f : \mathbb{R}^2 \to \mathbb{R}$, definida por

$$f(x,y) = \begin{cases} \dfrac{cos(x+y)-1}{(x+y)sen(x+y)}, & \text{se} \quad y \neq -x + m\pi,\ m \in \mathbb{Z} \\ p \quad , & \text{se} \quad y = -x + m\pi,\ m \in \mathbb{Z} \end{cases}.$$

24. $f : \mathbb{R}^2 \to \mathbb{R}$, definida por

$$f(x,y) = \begin{cases} \dfrac{(x+y)^p}{\sqrt{x}+\sqrt{y}}, & \text{se} \quad (x \geq 0 \text{ e } y > 0) \text{ ou } (x > 0 \text{ e } y \geq 0) \\ 0 \quad , & \text{se} \quad (x < 0 \text{ ou } y \leq 0) \text{ e } (x \leq 0 \text{ ou } y < 0) \end{cases}.$$

25. $f : \mathbb{R}^2 \to \mathbb{R}$, definida por

$$f(x,y) = \begin{cases} \dfrac{|x| + |y| - |x+y|}{(x^2+y^2)^p}, & \text{se} \quad (x,y) \neq (0,0) \\ q & , \text{se} \quad (x,y) = (0,0) \end{cases}.$$

26. $f : \mathbb{R}^2 \to \mathbb{R}$, definida por

$$f(x,y) = \begin{cases} \dfrac{ax^2 + 2bxy + cy^2}{(x^2+y^2)^p}, & \text{se } (x,y) \neq (0,0) \\ 0 & , \text{se } (x,y) = (0,0) \end{cases},$$

em que $a, b, c \in \mathbb{R}$ (a, b, c dados, não todos nulos).

27. $f : \mathbb{R}^2 \to \mathbb{R}$, definida por

$$f(x,y) = \begin{cases} \dfrac{xy^p + qy}{x^2+y^2}, & \text{se} \quad (x,y) \neq (0,0) \\ 0 & , \text{se} \quad (x,y) = (0,0) \end{cases}.$$

28. $f : \mathbb{R}^2 \to \mathbb{R}$, definida por

$$f(x,y) = \begin{cases} \dfrac{x^p y^q}{x^2 - xy + y^2}, & \text{se} \quad (x,y) \neq (0,0) \\ 0 & , \text{se} \quad (x,y) = (0,0) \end{cases}.$$

29. $f : \mathbb{R}^2 \to \mathbb{R}$, definida por

$$f(x,y) = \begin{cases} \dfrac{x^p y^q}{ax^2 + bxy + cy^2}, & \text{se } ax^2 + bxy + cy^2 \neq 0 \\ 0 & , \text{se } ax^2 + bxy + cy^2 = 0 \end{cases},$$

em que $a, b, c \in \mathbb{R}$ (a, b, c dados, não todos nulos).

30. $f : \mathbb{R}^2 \to \mathbb{R}$, definida por

$$f(x,y) = \begin{cases} \dfrac{x^p y^q}{(x^2+y^2)^r}, & \text{se} \quad (x,y) \neq (0,0) \\ 0 \quad , & \text{se} \quad (x,y) = (0,0) \end{cases}.$$

[Extras]

1. Dada $f : \mathbb{R}^2 \to \mathbb{R}$, definida por

$$f(x,y) = \begin{cases} |x|^p \dfrac{sen y}{x^2+y^2}, & \text{se} \quad (x,y) \neq (0,0) \\ 0 \quad , & \text{se} \quad (x,y) = (0,0) \end{cases},$$

a) demonstre que, se $p > 1$, então f é contínua em $\mathbb{R}^2$.

b) demonstre que, se $0 \leq p \leq 1$, então f é contínua em $\mathbb{R}^2 - \{(0,0)\}$.

2. Dada $f : \mathbb{R}^2 \to \mathbb{R}$, definida por

$$f(x,y) = \begin{cases} \dfrac{(xy)^p}{x^4+y^4}, & \text{se} \quad (x,y) \neq (0,0) \\ 0 \quad , & \text{se} \quad (x,y) = (0,0) \end{cases},$$

obtenha os possíveis valores do parâmetro real p, para que f seja contínua em $\mathbb{R}^2$.

3. Considere a função característica $\chi_H : (H =)\{(x,y) \in \mathbb{R}^2 : y < x\} \to \{0,1\}$, ou seja,

$$\chi_H(x,y) = \begin{cases} 1, & \text{se} \quad (x,y) \in H \\ 0, & \text{se} \quad (x,y) \in H \end{cases},$$

a) Demonstre que χ_H é contínua ao longo de qualquer reta paralela à reta $y = x$.

b) Demonstre que χ_H é contínua ao longo da própria reta $y = x$.

c) Demonstre que χ_H não é contínua ao longo de qualquer outra reta que passa por (x, x).

Seção 5.3

[Exercícios 1-10] Dadas as funções reais de duas variáveis reais a seguir, verifique se é possível estendê-las por continuidade a todo o $\mathbb{R}^2$. Nos casos afirmativos, forneça as correspondentes extensões contínuas.

1. $f : \mathbb{R}^2 - \{(0,0)\} \to \mathbb{R}$, definida por $f(x,y) = \dfrac{x^2}{|x| + |y|}$.

2. $f : \{(x,y) \in \mathbb{R}^2 : y \neq -xsenx\} \to \mathbb{R}$, definida por $f(x,y) = \dfrac{x^2 y}{y + xsenx}$.

3. $f : \mathbb{R}^2 - \{(0,0)\} \to \mathbb{R}$, definida por $f(x,y) = \dfrac{x^2|y|}{x^2 + |y|}$.

4. $f : \mathbb{R}^2 - \{(0,0)\} \to \mathbb{R}$, definida por $f(x,y) = xy\dfrac{x^2 - y^2}{x^2 + y^2}$.

5. $f : \mathbb{R}^2 - \{(0,0)\} \to \mathbb{R}$, definida por $f(x,y) = xy^2\dfrac{x - y}{x^2 + y^2}$.

6. $f : \mathbb{R}^2 - \{(0,0)\} \to \mathbb{R}$, definida por $f(x,y) = \dfrac{y^2 cos^3 x + x^3 sen^2 y}{x^4 + y^4 + 2x^2y^2}$.

7. $f : \mathbb{R}^2 - \{(0,0)\} \to \mathbb{R}$, definida por $f(x,y) = \dfrac{y^2 sen^3 x + x^3 sen^2 y}{x^4 + y^4 + 2x^2y^2}$. (Compare esse exercício com o anterior.)

8. $f : \{(x,y) \in \mathbb{R}^2 : y \neq x\} \to \mathbb{R}$, definida por $f(x,y) = \dfrac{senx - seny}{x - y}$.

9. $f : \{(x,y) \in \mathbb{R}^2 : y \neq -x\} \to \mathbb{R}$, definida por $f(x,y) = \dfrac{e^x - e^{-y}}{x + y}$.

10. $f : \{(x,y) \in \mathbb{R}^2 : x^2 + y^2 \neq n^2\pi^2, n \in \mathbb{Z}\} \to \mathbb{R}$, definida por $f(x,y) = \dfrac{e^{-\frac{1}{x^2+y^2}}}{sen(\sqrt{x^2 + y^2})}$.

11. Dada $f : \{(x,y) \in \mathbb{R}^2 : x \geq 0, y > 0 \text{ ou } x \leq 0, y < 0\} \to \mathbb{R}$, definida por $f(x,y) = \dfrac{cos\sqrt{xy} - 1}{y}$, verifique se é possível estendê-la por continuidade ao conjunto $C = \left\{(x,y) \in \mathbb{R}^2 : |x| < \dfrac{\pi}{2}, |y| < \dfrac{\pi}{2}\right\}$.

12. Dada $f : \{(x,y) \in \mathbb{R}^2 : x \neq (2k+1)\frac{\pi}{2}, y \neq (2l+1)\frac{\pi}{2}, x - y \neq m\pi,\ k, l, m \in \mathbb{Z}\} \to \mathbb{R}$, definida por $f(x,y) = \dfrac{senx - seny}{tgx - tgy}$, verifique se é possível estendê-la por continuidade ao conjunto $C = \left\{(x,y) \in \mathbb{R}^2 : |x| < \dfrac{\pi}{2}, |y| < \dfrac{\pi}{2}\right\}$.

13. Dada $f : S \subset \mathbb{R}^2 \to \mathbb{R}$ contínua, em que S é o círculo de centro na origem e raio unitário, estenda-a à bola fechada de centro na origem e raio unitário.

Referências bibliográficas

[1] APOSTOL, T. M. **Calculus v. II (Multivariable Calculus and Linear Algebra, with Applications to Differential Equations and Probability)**. 2nd ed. New York: John Wiley and Sons, 1969.

[2] BARTLE, R. G. **The Elements of Real Analysis**. 2nd ed. New York: John Wiley & Sons. Inc., 1976.

[3] CANUTO, C., TABACCO, A. **Mathematical Analysis II**. Italia: Springer-Verlag, 2008.

[4] COURANT, R., JOHN, F. **Introduction to Calculus and Analysis**. v. II. New York: Springer-Verlag, 1989.

[5] DARRIBA, J. B. F., POUSO, Ó. L. **Límites utilizando coordenadas polares**. La Gaceta de la RSME, v. 7.2 (2004), pp. 405-434.

[6] GUIDORIZZI, H. L. **Um curso de cálculo**, v. 2, 5ª ed. Rio de Janeiro: LTC, 2002.

[7] LIMA, E. L. **Curso de Análise**, v. 1, 14ª ed (2ª imp.). Rio de Janeiro: IMPA, 2013. (Coleção Projeto Euclides)

[8] LIMA, E. L. **Curso de Análise**, v. 2, 11ª ed (5ª imp.). Rio de Janeiro: IMPA, 2014. (Coleção Projeto Euclides)

[9] KADELBURG, Z., MARJANOVIC, M. M. **Interchanging Two Limits**. THE TEACHING OF MATHEMATICS Vol. VIII, 1, pp. 15-29, 2005.

[10] PASTOR, J. R, CELLEJA, P. P., TREJO, C. A. **Análisis matemático (Volumen II: Cálculo infinitesimal de varias variables. Aplicaciones)**. Buenos Aires: Editorial Kapelusz, 1957.

[11] ROMÁN, J. de B. **Cálculo Infinitesimal de Varias Variaveis**. Madrid: McGraw-Hill/Interamericana de España, S.A, 1995.

[12] RUDIN, W. **Principles of Mathematical Analysis**. 3th ed. New York: McGraw-Hill, 1976.

[13] SHABANOV, S. V. **Concepts in Calculus III (Multivariable Calculus)**. 2th ed. University Press of Florida, Gainesville, 2013.

[14] SILVA, P. N. **Singularidades e não existência de limite de funções de duas variáveis**. Rio de Janeiro: Revista Cadernos do IME-UERJ Série Matemática, n. 16, 2004.

[15] SPIVAK, M. **Calculus on Manifolds - A Modern Approach to Classical Theorems os Advanced Calculus**. Massachusetts: Addison-Wesley Publishing Company, 1994.

Índice

R

S

T

V

Impressão e Acabamento
Bartiragráfica
(011) 4393-2911